高等职业教育土建类专业课程改革规划教材

省级精品课程配套教材

# 建筑施工组织

主　编　程玉兰
副主编　李　光
参　编　刘振华　侯洪涛
　　　　杨海萍　张　耿
主　审　危道军

机械工业出版社

本书主要依据我国现行的设计规范和行业标准，结合学生毕业后的职业岗位要求，根据教育部对高职高专人才培养目标要求编写的。

本书的内容编排以“任务驱动”为原则和思路，按照企业的实际工作任务、工作流程组织教学内容，以培养全面素质为基础，以锻炼职业能力为本位，重点突出实用性和可操作性。全书共分为四个项目，主要内容包括建筑工程施工组织认知、建筑工程施工准备工作、单位工程施工组织设计的编制、施工组织设计的实施。全书内容深入浅出，简明扼要，并配有工程实例与实训练习题，具有一定的示范价值。

本书可作为高职高专院校建筑工程技术、工程管理等专业的教材，也可作为岗位培训教材或供土建工程技术人员学习参考。

为方便教学，本书配有电子课件及习题参考答案，凡使用本书作为教材的教师可登录机械工业出版社教育服务网 www. cmpedu. com 注册下载。咨询邮箱：cmpgaozhi@ sina. com。咨询电话：010-88379375。

**图书在版编目（CIP）数据**

建筑施工组织/程玉兰主编．—北京：机械工业出版社，2013.9（2017.6 重印）
高等职业教育土建类专业课程改革规划教材
ISBN 978-7-111-44099-4

Ⅰ. ①建…　Ⅱ. ①程…　Ⅲ. ①建筑工程—施工组织—高等职业教育—教材
Ⅳ. ①TU721

中国版本图书馆 CIP 数据核字（2013）第 222105 号

机械工业出版社（北京市百万庄大街 22 号　邮政编码 100037）
策划编辑：覃密道　责任编辑：覃密道　张　欣
版式设计：常天培　责任校对：薛　娜
封面设计：张　静　责任印制：李　昂
北京瑞德印刷有限公司印刷（三河市胜利装订厂装订）

2017 年 6 月第 1 版第 3 次印刷
184mm×260mm · 13.5 印张 · 332 千字
6001—7900 册
标准书号：ISBN 978-7-111-44099-4
定价：33.00 元

凡购本书，如有缺页、倒页、脱页，由本社发行部调换
电话服务
服务咨询热线：010-88379833
读者购书热线：010-88379649

网络服务
机 工 官 网：www.cmpbook.com
机 工 官 博：weibo.com/cmp1952
教育服务网：www.cmpedu.com
金 书 网：www.golden-book.com

# 前　言

“建筑施工组织”课程是高职高专建筑工程技术专业的一门核心专业课程，具有较强的综合性及应用性，对学生职业能力的培养和职业素养的养成起主要支撑作用。通过本课程的学习，学生可以掌握建筑施工现场施工组织管理所必备的基本知识，具备基本的施工组织与管理技能。

本书打破传统建筑施工组织教材的理论体系，采用“任务驱动教学法”的教材编写思路，围绕就业岗位，基于实际工程建筑施工组织设计的内容和工作过程，以《建筑施工组织设计规范》（GB/T 50502—2009）的内容为参照，注重与岗位能力的对接，紧扣国家、行业制定的新法规、规范和标准，运用项目式课程结构，以典型工作任务作为载体设计教学内容，通过完成工作任务学习理论知识。

本书突出了工程的实用性，强化了施工管理实践能力的训练，具有内容翔实、深浅适度、可操作性强、适用面广等特点。

本书由新疆建设职业技术学院程玉兰任主编，新疆建设职业技术学院李光任副主编。其中项目1由程玉兰编写；项目2由李光编写、项目3由新疆建设职业技术学院程玉兰、张耿编写；项目4由宁夏建设职业技术学院刘振华编写；附录由济南工程职业技术学院侯洪涛、新疆建设职业技术学院杨海萍编写。全书由湖北城市建设职业技术学院危道军主审。

本书在编写过程中参考了大量的文献资料，在此谨向原著作者们致以诚挚的谢意！

由于水平有限，书中难免存在疏漏和错误，恳请读者批评指正。联系邮箱：cyl2010@ sina. cn。

编　者

# 目　　录

# 项目 1　建筑工程施工组织认知

## 任务 1　建设项目的组成及其施工程序

**【工作任务】**

正确表述建筑工程施工程序。

**【任务目标】**

**知识目标：**了解建设项目的组成；掌握建筑工程施工程序。

**能力目标：**能够正确区分建设项目的组成，正确遵循建筑工程施工程序。

### 1.1.1　建设项目及其组成

基本建设项目简称建设项目，是指有独立计划和总体设计文件，并能按总体设计要求组织施工，建成后具有完整的系统，可以独立形成生产能力或使用价值的建设工程。在工业建设中，一般以拟建的厂矿企事业单位作为一个建设项目，如一个制药厂、纺织厂等；在民用建设中，一般以拟建的企事业单位作为一个建设项目，如一所学校、一所医院等。

按照项目分解管理的需要，可将建设项目分为单项工程、单位（子单位）工程、分部（子分部）工程、分项工程和检验批。

**1. 单项工程**

单项工程是指具有独立的设计文件，能够独立组织施工，竣工后可以独立发挥生产能力和效益的工程，又称工程项目。一个建设项目可以由一个或若干个单项工程组成，例如一所学校通常由教学楼、实验楼和办公楼等单项工程组成。

**2. 单位工程**

单位工程是指具有单独的设计图纸，可以独立施工，但竣工后一般不能独立发挥生产能力和经济效益的工程。一个单项工程通常都由若干个单位工程组成，例如一个工厂车间通常由建筑工程、管道安装工程、设备安装工程、电气安装工程等单位工程组成。

对于建设规模较大的单位工程，还可将其能形成独立使用功能的部分划分为若干个子单位工程。

**3. 分部工程**

分部工程一般是指按单位工程的部位、构件性质、使用的材料或设备种类等划分的工程。例如一栋房屋按部位可以划分为基础、主体、屋面和装修等分部工程；按其工种可以划分为土方工程、砌筑工程、钢筋混凝土工程、防水工程和抹灰工程等分部工程。

当分部工程较大或较复杂时，可按材料种类、施工特点、施工程序、专业系统及类别等划分为若干个子分部工程。

**4. 分项工程**

分项工程是分部工程的组成部分，分项工程应按分部工程的主要工种、材料、施工工艺、设备类别等进行划分，例如房屋的基础分部工程可以划分为挖土方、混凝土垫层、砌毛石基础和回填土等分项工程。

**5. 检验批**

《建筑工程施工质量验收统一标准》（GB 50300—2001）规定：建筑工程质量验收时，可将分项工程进一步划分为检验批。检验批是指按同一生产条件或按规定的方式汇总起来供检验用的，由一定数量的样件组成的检验体。一个分项工程可由一个或若干个检验批组成，检验批可根据施工、质量控制和专业验收需要，按楼层、施工段、变形缝等进行划分。

### 1.1.2 建筑工程施工程序

建筑工程施工程序是工程项目整个施工阶段必须遵循的施工顺序，是经多年施工实践总结的客观规律，一般是指从接受施工任务直到交工验收所包括的各主要阶段的先后顺序。通常可分为5个阶段：确定施工任务阶段、施工规划阶段、施工准备阶段、组织施工阶段和竣工验收阶段。

**1. 确定施工任务阶段**

建筑施工企业承接施工任务的方式主要有三种：第一种是国家或上级主管单位统一安排，直接下达任务；第二种是建筑施工企业自己主动对外接受的任务或是建设单位主动委托的任务；第三种是参加社会公开的投标后，中标而得到的任务。招投标方式是最具有竞争机制、较为公平合理的承接施工任务的方式，在我国已得到广泛普及。

无论以哪种方式承接施工任务，建筑施工单位都必须与建设单位签订施工合同。签订了施工合同的施工任务，才是落实的施工任务。当然，签订合同的施工任务，必须是经建设单位主管部门正式批准的，有计划任务书、初步设计和总概算，且已列入年度基本建设计划，落实了投资的施工任务，否则不能签订施工合同。

施工合同是指建设单位与建筑施工单位根据《中华人民共和国经济合同法》、《中华人民共和国建筑法》及其他有关法律、法规而签订的具有法律效力的文件。双方必须严格履行合同，如果任何一方不履行合同，给对方造成损失，都要负法律责任，并进行赔偿。

**2. 施工规划阶段**

建筑施工企业与建设单位签订施工合同后，在调查、分析资料的基础上，拟订施工规划、编制施工组织总设计、部署施工力量、安排施工总进度、确定主要工程施工方案、规划整个施工现场，统筹安排，做好全面施工规划，经批准后，安排、组织施工，先遣人员进入现场与建设单位密切配合，做好施工规划中确定的各项全局性施工准备工作，为施工任务全面、正式地开工创造条件。

**3. 施工准备阶段**

做好施工准备工作是建筑施工顺利进行的根本保证。施工准备工作主要有技术准备、物资准备、劳动组织准备和施工现场准备。当一项施工任务进行了图纸会审，编制了单位工程施工组织设计、施工图预算和施工预算（获得批准），组织好材料、半成品和构配件的生产和加工运输，组织好施工机具进场，搭设了临时建筑物，建立了现场管理机构，调遣了施工队伍，拆迁了原有建筑物，做好“三通一平”（电通、水通、路通，施工场地平），并进行了场区测量和建筑物定位放线等准备工作后，施工单位即可向主管部门提出开工报告，经审查批准后，可正式开工。

**4. 组织施工阶段**

组织拟建工程的全面施工是建筑施工全过程中最重要的阶段，必须在开工报告批准后，才能开始。它是把设计者的意图、建设单位的期望变成现实的建筑产品的加工、制作过程，必须严格按照设计图纸的要求，根据施工组织设计的规定，精心组织施工、加强各项管理，完成全部的分部、分项工程施工任务。这个过程决定了施工工期、施工的质量和成本，以及建筑施工企业的经济效益，因此在施工中要跟踪检查，进行进度、质量、成本和安全控制，保证达到预期的目的。施工过程中，常需要多单位、多专业进行共同协作，故要加强现场指挥、调度，进行多方面的平衡和协调工作，并在有限的场地上投入大量的材料、构配件、机具和人力，应进行全面统筹安排，组织均衡、连续的施工。

**5. 竣工验收阶段**

竣工验收是指对施工任务的全面考核。建筑施工企业完成了设计文件所规定的内容后，可以组织竣工验收。在竣工验收前，建筑施工单位内部应先进行预验收，检查各分项工程的施工质量，整理各项交工验收资料；在此基础上，由建设单位组织有关单位进行竣工验收，经验收合格后，办理工程移交证书，并交付生产使用。

## 任务2　建筑产品及其生产特点

**【工作任务】**

正确描述建筑工程施工特点。

**【任务目标】**

**知识目标：**了解建筑产品的特点；熟悉建筑工程施工特点。

**能力目标：**能够掌握建筑工程施工的特点，了解工作环境，为今后的工作夯实基础。

建筑产品是建筑施工的最终成果，建筑产品多种多样，但归纳起来有固定性、多样性、体形庞大性、综合性等特点。这些特点决定了建筑产品的生产与一般工业产品的生产不同，只有对建筑产品及其生产特点进行研究，才能更好地组织建筑产品的生产，保证产品的质量。

### 1.2.1　建筑产品的特点

**1. 建筑产品的固定性**

建筑产品是按使用要求在固定地点兴建的。建筑产品的基础与作为地基的土地直接联系，与选定地点的土地不可分割，从建造开始直至拆除一般不能移动，所以建筑产品的建造和使用地点在空间上是固定的。

**2. 建筑产品的多样性**

建筑产品不但要满足各种使用功能的要求，而且还要体现出各个地区的民族风格、物质文明和精神文明，同时也受到各个地区自然条件等诸多因素的限制，使建筑产品在规模、结构、构造、形式、基础和装饰等诸多方面变化丰富，因此建筑产品的类型多样。

**3. 建筑产品的体形庞大性**

建筑产品无论复杂还是简单，为了满足其使用功能的需要，都需要大量的物质资源、占据广阔的平面与空间，因此建筑产品的体形比较庞大。

**4. 建筑产品的综合性**

建筑产品是一个完整的固定资产实物体系，不仅在艺术风格、建筑功能、结构构造、装饰做法等方面较为复杂，而且其工艺设备，采暖通风、供水、供电、卫生设备，办公自动化系统，以及通信自动化系统等各类设施也错综复杂。

### 1.2.2 建筑产品生产的特点

**1. 建筑产品生产的流动性**

建筑产品的固定性决定了建筑产品生产的流动性。一般的工业产品都是在固定的工厂、车间内进行生产，而建筑产品的生产是在不同的地区或同一地区的不同现场或同一现场的不同单位工程，或者同一单位工程的不同部位，组织工人、机械围绕着同一建筑产品进行生产，因此建筑产品的生产在地区与地区之间、现场之间、单位工程之间和单位工程不同部位之间流动。

**2. 建筑产品生产的单件性**

建筑产品的固定性和多样性决定了产品生产的单件性。一般的工业产品是在一定的时期里、统一的工艺流程中进行批量生产，而具体的一个建筑产品应在国家或地区的统一规划内，根据其使用功能，在选定的地点上单独设计和单独施工。即使是按照标准设计、采用通用构件或配件，也会由于建筑产品所在地区自然、技术、经济条件的不同而不同，因此，建筑产品的生产具有单件性。

**3. 建筑产品生产的地区性**

建筑产品的固定性决定了同一使用功能的建筑产品会因其建造地点的不同而受到不同的自然、技术、经济和社会条件的约束，使其在结构、构造、艺术形式、室内设施、材料、施工方案等方面均各异，因此建筑产品的生产具有地区性。

**4. 建筑产品生产的周期长、占用流动资金大**

建筑产品的固定性和体形庞大决定了建筑产品生产的周期长。建筑产品体形庞大，使得建筑产品的最终建成必然要耗费大量的人力、物力和财力；同时，建筑产品的生产全过程还受到工艺流程和生产程序的制约，使得各专业、工种间必须按照合理的施工顺序进行配合和衔接；由于建筑产品的固定性，使得施工活动的空间具有局限性，因此建筑产品生产周期长、占用流动资金大。

**5. 建筑产品生产的露天作业多**

建筑产品的固定性和体形庞大决定了其必须露天作业。随着建筑技术的发展、工厂预制化水平的不断提高，建造体形庞大的建筑物，也可能在工厂车间内生产构件或配件，但仍需在露天现场装配后才可形成最终产品。

**6. 建筑产品生产的高空作业多**

随着城市的现代化，在土地资源日益紧张的社会环境下，体形庞大的建筑产品必将向高度上发展，因此建筑产品的生产高空作业多。

**7. 建筑产品生产的组织协作关系综合复杂**

从上述建筑产品生产的特点可以看出，建筑产品生产的涉及面较广。在建筑施工企业内部，不仅要在不同时期、不同地点和不同产品上组织多专业、多工种的综合作业，而且要应用到工程力学、建筑结构、建筑构造、地基基础、水暖电、机械设备、建筑材料、施工技术和施工组织等学科的专业知识。在建筑施工企业外部，它不仅涉及不同种类的建筑施工企业，而且需要城市规划，征用土地，勘察设计，消防，环境保护，质量监督，科研试验，交通运输，银行财政，机具设备，物质材料，电、水、热、气的供应等社会各部门和各领域的协作配合，因此建筑产品生产的组织协作关系综合复杂。

总之，由于建筑产品及其生产的特点，要求每个工程在开工之前，根据工程的特点和要求，结合施工的条件和程序，编制出拟建工程的施工组织设计。

# 任务3　建筑施工组织设计的作用、分类与编制内容

**【工作任务】**

正确拟定建筑施工组织设计的内容。

**【任务目标】**

**知识目标：**熟悉建筑施工组织设计的作用、分类；掌握施工组织设计的编制内容。

**能力目标：**能正确区分建筑施工组织设计的类别，正确拟定建筑施工组织设计的内容，为编制单位工程施工组织设计奠定基础。

## 1.3.1　建筑施工组织设计的作用

建筑施工组织设计是指以施工项目为对象编制的，用以指导施工的技术、经济和管理的综合文件。其作用主要有以下几个方面：

1）施工组织设计是对拟建工程全过程的合理安排，通过编制施工组织设计，可以确定合理的施工顺序、施工方法、劳动组织和技术、经济组织措施，以及合理地拟定施工进度计划等，保证拟建工程按期投产或交付使用。

2）施工组织设计不仅是施工准备工作的重要组成部分，同时也是及时地做好施工准备工作的主要依据和重要保证。

3）施工组织设计所提出的各项资源的配置计划，直接为组织材料、机具、设备、劳动力需要量的供应提供数据。

4）通过编制施工组织设计，可以合理地利用和安排为施工生产服务的各项临时设施，合理地规划和布置施工现场，确保安全文明的施工。

5）通过编制施工组织设计，可以把拟建工程的设计与施工、技术与经济、建筑施工企业的全部施工安排与具体工程的施工组织工作更加紧密地结合起来；可以把参加施工的各单位、各专业、各部门更明确和有效地协调起来。

6）通过编制施工组织设计，可以预计施工过程中可能发生的各种情况，并预先做好准备和预防工作，因此能提高工程施工过程的预见性，减少盲目性，使管理者心中有数，保证工程的顺利进行，并为实现各项工程管理目标提供保证。

7）通过施工组织设计可以对招标文件中提出的要求作出承诺，这些内容作为投标文件的一部分将成为工程承包合同的组成部分，具有合同要约的作用。

## 1.3.2　建筑施工组织设计的分类

### 1. 按编制阶段分类

施工组织设计根据编制阶段不同可划分为两类：一类是投标阶段编制的施工组织设计，

即施工组织纲要（简称标前施工组织设计）；另一类是签订工程承包合同后施工前编制的施工组织设计，即实施阶段施工组织设计（简称标后施工组织设计）。两类施工组织设计的区别见表1-1。

**表1-1 两类施工组织设计的区别**

| 种　类 | 服务范围 | 编制时间 | 编制者 | 主要特性 | 主要目标 |
|---|---|---|---|---|---|
| 标前施工组织设计 | 投标与签约阶段 | 投标书编制前 | 经营管理层 | 规划经济性 | 中标和经济效益 |
| 标后施工组织设计 | 施工准备至验收阶段 | 签约后开工前 | 项目管理层 | 作业指导性 | 施工效率和效益 |

**特别提示：**标前施工组织设计要严格按招标文件和评标办法的格式要求，依次对应条款按序编写，主要是为了中标和达到签订承包合同的目的。

**2. 按编制对象和范围分类**

标后施工组织设计按编制对象和范围的不同可分为施工组织总设计、单位工程施工组织设计、施工方案3种。

（1）施工组织总设计　施工组织总设计是指以若干单位工程组成的群体工程或特大型项目为主要对象编制的施工组织设计，对整个项目的施工过程起统筹规划、重点控制的作用。它涉及范围较广，内容比较概括、粗略。施工组织总设计是编制单位工程施工组织设计的依据，同时也是编制年（季）度施工计划的依据。

施工组织总设计一般在建筑施工企业项目负责人的主持下进行编制，适用于特大型工程、群体工程或住宅小区。

（2）单位工程施工组织设计　单位工程施工组织设计是以单位（子单位）工程为主要对象进行编制的施工组织设计，对单位（子单位）工程的施工过程起指导和制约作用。其内容较施工组织总设计详细和具体，同时也是施工单位编制月、旬施工计划的依据。

单位工程施工组织设计是在相应工程的施工承包合同签订之后、开工之前，由项目负责人主持编制，适用于指导单位工程的施工组织与施工管理。

（3）施工方案　施工方案是以分部（分项）工程或专项工程（电梯安装工程、脚手架工程、测量放线）为主要对象进行编制的施工技术与组织方案，用以具体地指导施工过程，是指导和实施分部（分项）工程或专项工程施工的技术经济文件。它主要是根据分部（分项）工程或专项工程的特点和具体要求对施工所需的人、料、机、工艺流程进行详细的安排，保证满足质量和安全文明施工的要求，同时也是编制月、旬作业计划的依据。

施工方案，一般在编制单位工程施工组织设计后、分部（分项）工程或专项工程施工前，由单位工程的技术人员负责编制。

施工方案是对单位工程施工组织设计的进一步细化，其内容比单位工程施工组织设计更为具体、详细，针对性强，并突出作业性，是直接指导分部（分项）工程或专项工程施工的依据。

**特别提示：**施工组织总设计、单位工程施工组织设计和施工方案是同一工程项目，具有不同广度、深度和作用的3个层次文件，这3类文件是由大到小、由粗到细、由战略部署到战役战术安排的关系。由于编制对象、范围和具体作用的不同，其编制内容的深度、广度和侧重点等均有所不同。

### 1.3.3　建筑施工组织设计的内容

施工组织设计的任务和作用决定施工组织设计的内容。不同类型施工组织设计的内容各不相同。按照《建筑施工组织设计规范》（GB/T 50502—2009）的规定，施工组织总设计、单位工程施工组织设计、施工方案主要内容如下：

**1. 施工组织总设计的主要内容**

1）工程概况。

2）总体施工部署。

3）施工总进度计划。

4）总体施工准备与主要资源配置计划。

5）主要施工方法。

6）施工总平面布置。

7）主要施工管理计划。

**2. 单位工程施工组织设计主要内容**

1）工程概况。

2）施工部署。

3）施工进度计划。

4）施工准备与主要资源配置计划。

5）主要施工方案。

6）施工现场平面布置。

7）主要施工管理计划。

**3. 施工方案的主要内容**

1）工程概况。

2）施工安排。

3）施工进度计划。

4）施工准备与主要资源配置计划。

5）施工方法及工艺要求。

以上内容仅是施工组织总设计、单位工程施工组织设计、施工方案的内容构架，由于施工组织设计的编制对象和作用不同，其内容所包含的范围也不同，故在编制时应结合施工项目的实际情况，予以扩展。

由于在工程实际工作中，进行单位工程施工组织设计较多，因此本教材主要介绍单位工程施工设计的编制原则、程序、内容、方法等。

# 任务4　单位工程施工组织设计的编制原则、依据与程序

**【工作任务】**

用流程图正确归纳建筑工程施工组织设计的程序。

**【任务目标】**

**知识目标：**熟悉建筑施工组织设计的编制原则、依据；掌握施工组织设计的编制程序。

**能力目标：**能够掌握施工组织设计的编制原则、依据和编制程序。

## 1.4.1　单位工程施工组织设计的编制原则

根据我国工程建设长期积累的经验，结合工程项目生产的特点，施工组织设计的编制应符合以下原则：

1）必须执行工程建设程序，遵守现行的有关法律、法规、规范和标准。

2）符合施工合同或招标文件中有关工程进度、质量、安全、环境保护、成本等方面的要求。

3）坚持科学的施工程序和合理的施工顺序，采用流水施工和网络计划等方法，科学配置资源、合理布置现场，组织有节奏、连续和均衡的施工，保证人力、物力充分发挥作用，达到合理的经济技术指标。

4）科学地安排季节施工项目，采取季节性施工措施，保证全年施工的连续性和均衡性。

5）尽量采用先进的施工技术，积极开发、使用新技术和新工艺，推广使用新材料和新设备，科学的确定施工方案、制定措施，提高质量，确保安全，缩短工期，降低成本。

6）扩大预制装配范围，提高建筑工业化程度。

7）尽可能利用永久性设施和组装式施工设施，努力减少施工设施建造量。

8）采取必要的技术和管理措施，推广建筑节能和绿色施工。

## 1.4.2　单位工程施工组织设计的编制依据

1）与工程建设有关的法律、法规和文件。

2）国家现行有关标准和技术经济指标。

3）工程所在地区行政主管部门的批准文件，建设单位对施工的要求。

4）工程施工合同或招标、投标文件。

5）工程设计文件。

6）施工组织总设计（如本工程是整个建设项目中的一个单位工程，应把总设计作为编制依据）。

7）工程施工范围内的现场条件，工程地质及水文地质、气象等自然条件。

8）与工程有关的资源供应情况。

9）建筑施工企业的生产能力、机具设备状况、技术水平等。

## 1.4.3　单位工程施工组织设计的编制程序

单位工程施工组织设计的工程项目各不相同，其所要求编制的内容也会有所不同，但一

般可按下列步骤进行：

1）熟悉图纸、会审施工图纸，严格遵守施工组织总设计。

2）调查并收集有关施工资料进行研究。

3）选择施工方案，并进行技术、经济比较。

4）计算工程量，进行工料分析、统计。

5）编制施工进度计划。

6）编制资源配置计划。

7）编制施工准备计划。

8）布置施工现场平面图。

9）编制主要施工管理计划。

10）审批（施工单位内部审批和报监理方审批）。

## 能力拓展训练

**1. 复习思考题**

1）简述建筑施工程序。

2）简述建筑产品和建筑施工的特点。

3）试述建筑施工组织设计的原则。

4）建筑施工组织设计可以分为哪几类？它们的定义各是什么？

5）简述建筑施工组织设计的程序。

**2. 案例分析题**

**【背景】**某大厦工程，地下1层、地上20层，为现浇混凝土剪力墙结构，基础埋深14.4m、底板厚2m，总建筑面积为20098$m^2$。建成后将成为该地段又一标志性建筑物。某施工单位对本工程特别重视，尤其是对单位施工组织设计的编制特别重视，投入了大量技术人员参加单位施工组织设计编制工作。

**【问题】**

1）单位工程施工组织设计的编制依据有哪些？

2）单位工程施工组织设计的编制内容有哪些？

3）单位工程施工组织设计编制要求有哪些？

# 项目 2　建筑工程施工准备工作

## 任务 1　原始施工资料收集和整理

**【工作任务】**

完成某工程的施工原始资料调查。

**【任务目标】**

**知识目标：**了解施工准备工作的意义；熟悉施工原始资料收集的主要内容。

**能力目标：**能根据施工调查要求和调查内容，进行拟建工程的施工调查，完成施工调查报告的编写。

### 2.1.1　施工准备工作概述

施工准备工作是指为了保证工程顺利开工和施工活动正常进行而预先做好组织、技术、经济、劳动力、物质及生活等方面的各项准备工作。施工准备工作贯穿整个工程建设的全过程，因此做好工程施工的各项准备工作，对创造良好的开工条件并顺利地组织施工，有其重要意义。

**1. 施工准备工作的重要性**

施工准备工作是保证整个工程施工与安装顺利进行的重要环节，对发挥企业优势、合理供应资源、加快施工速度、提高工程质量、降低工程成本、增强企业经济效益、赢得企业社会信誉，以及实现企业管理现代化等具有重要意义。

施工准备工作是建筑施工程序的重要环节。一项工程建设任务的完成具有诸多复杂的影响因素，无论在施工工艺和施工技术方面，还是在资源供应等方面，都要求工程施工必须严格按建筑施工程序进行。

施工准备工作是工程能否顺利开工和连续施工的关键。施工准备工作必须根据周密的科学分析和多年积累的施工经验来确定，要具有一定的预见性，尽量排除在施工过程中可能出现的问题。

实践证明，凡是重视和做好施工准备工作的工程，能预先细致、周到地为施工创造一切必要的条件，则该工程的施工任务就能顺利完成；反之，如果违背施工程序，忽视施工准备工作，工程仓促开工，又不及时做好施工中的各项准备工作，则虽有加快工程施工进度的主观愿望，也常造成事与愿违的客观结果，因此严格遵守施工程序，按照客观规律组织施工，做好各项施工准备工作是施工顺利和工程圆满完成的重要保证。

**2. 施工准备工作的分类及内容**

（1）施工准备工作的分类

1）按施工准备工作规模及范围的不同进行分类。

① 施工总准备（全场性施工准备）。它是指以整个建设项目为对象而进行的项目施工准

备。其作用是为整个建设项目的顺利施工创造条件，既为全场性的施工活动服务，也兼顾单位工程施工条件的准备。

② 单项（单位）工程施工条件准备。它是指以一个建（构）筑物为对象而进行的各项施工准备。其作用是为单项（单位）工程的顺利施工创造条件，既要为单项（单位）工程做好一切准备，又要为分部（分项）工程施工进行作业条件的准备。

③ 分部（分项）工程作业条件准备。它是指以一个分部（分项）工程为对象而进行的作业条件准备。

2）按工程所处施工阶段的不同进行分类。

① 开工前的施工准备。它是指在拟建工程正式开工之前所进行的带有全局性和总体性的施工准备。其作用是为工程开工创造必要的施工条件。既包括全场性的施工准备，又包括单项（单位）工程施工条件准备。

② 各阶段施工前的施工准备。它是指在工程开工后，某一单位工程或某个分部（分项）工程或某个施工阶段、某个施工环节施工前所进行的带有局部性或经常性的施工准备。其作用是为每个施工阶段创造必要的施工条件，一方面是开工前施工准备工作的深化和具体化；另一方面要根据各施工阶段的实际需要和变化情况，随时做出补充修正与调整，如一般框架结构建筑的施工可以分为地基基础工程、主体结构工程、屋面工程、装饰装修工程等施工阶段，每个施工阶段的施工内容不同，所需要的技术条件、物资条件、组织措施要求和现场平面布置等方面的内容也就不同，因此在每个施工阶段开始之前，都必须做好相应的施工准备。

施工准备工作具有整体性与阶段性的统一，且体现出连续性，必须有组织、有计划、分期、分阶段、有步骤地进行。

（2）施工准备工作的内容　施工准备工作的内容一般可以归纳为以下几个方面：原始施工资料的收集和整理、施工现场人员准备、技术资料准备、施工现场准备、现场生产资料准备，以及冬雨期施工准备。

由于每项工程的设计要求及其具备的条件不同，施工准备工作的内容繁简程度也不同。如只有一个单项工程的施工项目与包含多个单项工程的群体项目；一般小型项目与规模庞大的大中型项目；在未开发地区兴建的项目与在正开发，且各种条件都具备的地区兴建的项目；结构简单，采用传统工艺施工的项目与采用新材料、新结构、新技术、新工艺施工的项目等，因工程的特殊需要和特殊条件而对施工准备工作提出不同的要求，只有按施工项目的规划来确定准备工作的内容，并拟定具体的、分阶段的施工准备工作实施计划，才能充分地为施工创造一切必要的条件。

（3）施工准备工作的要求

1）施工准备工作应有组织、有计划、分期、分阶段、有步骤地进行。

① 建立施工准备工作的组织机构，明确相应管理人员。

② 编制施工准备工作实施计划表，保证施工准备工作按计划落实。

③ 将施工准备工作按工程的具体情况划分为开工前、地基基础工程、主体工程、屋面与装饰装修工程等时间区段，分期、分阶段、有步骤地进行。

2）建立严格的施工准备工作责任制及相应的检查制度。由于施工准备工作项目多、范围广，因此必须建立严格的责任制，按计划将责任落实到有关部门及个人，明确各级技术负责人在施工准备工作中应负的责任，使各级技术负责人认真做好施工准备工作。

在施工准备工作实施过程中，应定期进行检查，可按周、半月、月度进行检查。检查的目的在于督促、发现薄弱环节、不断改进工作。施工准备工作的主要检查内容为检查施工准备工作计划的执行情况。如果没有完成计划的要求，应进行分析，找出原因、排除障碍，协调施工准备工作进度或调整施工准备工作计划。检查的方法可采用实际与计划对比法或采用相关单位、人员割分制，检查施工准备工作情况，当场分析产生问题的原因，提出解决问题的方法。后一种方法解决问题及时、见效快，现场常采用。

3）坚持按基本建设程序办事，严格执行开工报告制度。当施工准备工作情况达到开工条件要求时，应向监理工程师报送工程开工报审表及开工报告等有关资料，由总监理工程师签发，并报建设单位后，在规定的时间内开工。

4）施工准备工作必须贯穿施工全过程。施工准备工作不仅要在开工前集中进行，而且在工程开工后，也要及时、全面地做好各施工阶段的准备工作，其贯穿在整个施工过程中。

5）施工准备工作要取得各协作、相关单位的友好支持与配合。由于施工准备工作涉及面广，因此除了施工单位自身努力做好外，还要取得建设单位、监理单位、设计单位、供应单位、银行、行政主管部门，以及交通运输单位等协作、相关单位的大力支持，步调一致、分工负责，共同做好施工准备工作，以缩短开工、施工准备工作的时间，争取早日开工；施工中应密切配合、关系融洽，保证整个施工过程顺利进行。

### 2.1.2 原始施工资料收集

对一项工程所涉及的自然条件和技术经济条件等施工资料进行调查研究与收集整理是施工准备工作的一项重要内容，同时也是编制施工组织设计的重要依据；尤其是当施工单位进入一个新的城市或地区，对建设地区的技术经济条件、场地特征和社会情况等不太熟悉时，此项工作显得尤为重要。调查研究与收集资料的工作应有计划、有目的地进行，预先要拟定详细的调查提纲。其调查的范围、内容等应根据拟建工程的规模、性质、复杂程序、工期，以及对当地了解程度确定。调查时，除向建设单位、勘察设计单位、当地气象台站及有关部门和单位收集资料及有关规定外，还应到实地勘测，并向当地居民了解。对调查、收集到的资料应注意整理归纳、分析研究，对其中特别重要的资料，必须复查其数据的真实性和可靠性。

**1. 原始资料的调查**

（1）项目特征与要求的调查　施工单位应按照所拟定的调查提纲，首先向建设单位、勘察设计单位收集有关项目的计划任务书、工程选址报告、初步设计、施工图，以及工程概预算等资料；然后向有关行政管理部门收集现行的与项目施工相关的规定、标准，以及与该项目建设有关的文件等资料。向建设单位与勘察设计单位调查的项目见表2-1。

（2）自然条件调查　建设地区自然条件调查分析的主要内容包括：建设地区的气象资料、工程地形地质、工程水文地质、地区地震条件、场地周围环境及障碍物等。为制定施工方案，此项技术组织措施，冬期、雨期施工措施，以及进行施工平面规划布置等提供依据；为编制现场“三通一平”计划提供依据。自然条件调查的项目见表2-2。

（3）技术经济条件调查　技术经济条件调查包括：地方建筑材料及构件生产企业情况，

地方资源情况、地区交通运输条件，供水、供电与通信、供气条件，三大材料、特殊材料及主要设备，以及建设地区社会劳动力与生活条件等。调查的项目见表2-3～表2-8。

**表2-1 向建设单位与勘察设计单位调查的项目**

| 序号 | 调查单位 | 调 查 内 容 | 调 查 目 的 |
|---|---|---|---|
| 1 | 建设单位 | ① 建设项目设计任务书、有关文件<br>② 建设项目性质、规模、生产能力<br>③ 生产工艺流程、主要工艺设备名称及来源、供应时间、分批和全部到货时间<br>④ 建设期限、开工时间、交工先后顺序、竣工投产时间<br>⑤ 总概算投资、年度建设计划<br>⑥准备工作内容、安排、工作进度表 | ① 施工依据<br>② 项目建设部署<br>③ 制定主要工程施工方案<br>④ 规划施工总进度<br>⑤ 安排年度施工计划<br>⑥ 规划施工总平面图<br>⑦ 确定占地范围 |
| 2 | 设计单位 | ① 建设项目总平面规划<br>② 工程地质勘察资料、水文勘察资料<br>③ 项目建筑规模、建筑、结构、装修概况、总建筑面积、占地面积、单项（单位）工程个数、设计进度安排<br>④ 生产工艺设计、特点<br>⑤ 地形测量图 | ① 规划施工总平面图<br>② 规划生产施工区、生活区<br>③ 安排大型暂设工程<br>④ 概算施工总进度、规划施工总进度<br>⑤ 计算平整场地的土石方工程量<br>⑥ 确定地基、基础的施工方案 |

**表2-2 自然条件调查的项目**

| 序号 | 项目 | 调 查 内 容 | 调 查 目 的 |
|---|---|---|---|
| 1 | | 气象资料 | |
| (1) | 气温 | ① 全年各月平均温度<br>② 最高温度、月份，最低温度、月份<br>③ 冬期、夏期室外计算温度<br>④ 霜、冻、冰雹期<br>⑤ 小于 -3℃、0℃、5℃的天数，起止日期 | ① 确定防暑降温措施<br>② 确定冬期施工措施<br>③ 估计混凝土、砂浆强度的增长 |
| (2) | 降雨 | ① 雨期起止时间<br>② 全年降水量、一日最大降水量<br>③ 全年雷暴日数、时间<br>④ 全年各月平均降水量 | ① 确定雨期施工措施<br>② 确定现场排水、防洪方案<br>③ 确定防雷设施 |
| (3) | 风 | ① 主导风向及频率（风玫瑰图）<br>② 大于等于8级风全年天数、时间 | ① 确定临时设施布置方案<br>② 确定高空作业及吊装技术安全措施 |
| 2 | | 工程地形、地质 | |
| (1) | 地形 | ① 区域地形图<br>② 工程位置地形图<br>③ 工程建设地区的城市规划<br>④ 控制桩、水准点的位置<br>⑤ 地形、地质的特征<br>⑥ 勘察工程文件、资料等 | ① 选择施工用地<br>② 布置施工总平面图<br>③ 现场平整及土方量计算<br>④ 了解障碍物及数量 |

（续）

| 序号 | 项目 | 调查内容 | 调查目的 |
|---|---|---|---|
| （2） | 地质 | ① 钻孔布置图<br>② 地质剖面图（各层土的特征、厚度）<br>③ 地层稳定性：滑坡、流沙<br>④ 各项物理力学指标：天然含水量、孔隙比、渗透性、压缩性指标、塑性指数、地基承载力<br>⑤ 软弱土、膨胀土、湿陷性黄土分布情况；最大冻结深度<br>⑥ 防空洞、枯井、土坑、古墓、洞穴，地基土破坏情况<br>⑦ 地下沟通管网、地下构筑物 | ① 选择土方施工方法<br>② 确定地基处理方法<br>③ 选择基础、地下结构施工方法<br>④ 复核地基基础设计<br>⑤ 拟定障碍物拆除计划 |
| （3） | 地震 | 地震等级、设防烈度的大小 | 对地基、结构的影响，拟定施工注意事项 |
| 3 | | 工程水文地质 | |
| （1） | 地表水 | ① 邻近的江、河、湖泊及距离<br>② 洪水、平水、枯水时期，水位、流量、流速、航道深度及通航可能性<br>③ 水质分析 | ① 拟定临时给水方案<br>② 确定航运方式<br>③ 选择水工工程施工方案 |
| （2） | 地下水 | ① 最高、最低水位及时间<br>② 流向、流速、流量<br>③ 水质分析<br>④ 抽水试验 | ① 选择基础施工方案<br>② 确定降低地下水位的方法、措施<br>③ 拟定防止侵蚀性介质的措施<br>④ 使用、饮用地下水的可能性 |
| （3） | 周围环境及障碍物 | ① 施工区域现有建（构）筑物、沟渠、水中、树木、土堆、高压输变电线路等<br>② 邻近建筑物坚固程度及其中人员工作、生活、健康状况 | ① 确定拆迁、拆除措施<br>② 确定保护措施<br>③ 合理布置施工平面<br>④ 合理安排施工进度 |

**表 2-3　地方建筑材料及构件生产企业情况调查的项目**

| 序号 | 企业产品 | 产品名称 | 规格质量 | 单位 | 生产能力 | 供应能力 | 生产方式 | 出厂价格 | 运距 | 运输方式 | 单位运价 | 备注 |
|---|---|---|---|---|---|---|---|---|---|---|---|---|
| | | | | | | | | | | | | |
| | | | | | | | | | | | | |

**表 2-4　地方资源情况调查的项目**

| 序号 | 材料名称 | 产地 | 储存量 | 质量 | 开采（生产）量 | 开采费 | 出厂价 | 运距 | 运费 | 供应的可能性 |
|---|---|---|---|---|---|---|---|---|---|---|
| | | | | | | | | | | |
| | | | | | | | | | | |

**表 2-5 地区交通运输条件调查的项目**

| 序号 | 项目 | 调 查 内 容 | 调 查 目 的 |
| --- | --- | --- | --- |
| 1 | 铁路 | ① 邻近铁路专用线、车站至工地的距离及沿途运输条件<br>② 站场卸货线长度，起重能力和储存能力<br>③ 装载单个货物的最大尺寸、重量的限制<br>④ 支费、装卸费和装卸力量 | ① 选择施工运输方式<br>② 拟定施工运输计划 |
| 2 | 公路 | ① 主要材料产地至工地的公路等级，路面构造宽度及完好情况，允许最大载重量<br>② 途经桥涵等级，允许最大载重量<br>③ 当地专业机构及附近村镇能提供的装卸、运输能力，汽车、畜力、人力车的数量及运输效率，运费、装卸费<br>④ 当地有无汽车修配厂、修配能力及至工地的距离、路况<br>⑤ 沿途架空电线高度 | |
| 3 | 航运 | ① 货源、工地至邻近河流、码头渡口的距离，道路情况<br>② 洪水、平水、枯水期、封冻期，通航的最大船只及吨位，取得船只的可能性<br>③ 码头装卸能力，最大起重量，增设码头的可能性<br>④ 渡口的渡船能力；同时可载汽车、马车数量，每日次数，能为施工提供的能力<br>⑤ 运费、渡口费、装卸费 | |

**表 2-6 供水、供电与通信、供气条件调查的项目**

| 序号 | 项目 | 调 查 内 容 | 调 查 目 的 |
| --- | --- | --- | --- |
| 1 | 给水排水 | ① 与当地现有水源连接的可能性，可供水量，接管地点、管径、管材、埋深、水压、水质、水费，至工地的距离，地形、地物情况<br>② 临时供水源：利用江、河、湖水可能性，水源、水量、水质、取水方式，至工地的距离、地形、地物情况；临时水井位置、深度、出水量、水质<br>③ 利用永久排水设施的可能性，施工排水去向，距离坡度；有无洪水影响，现有防洪设施、排洪能力 | ① 确定生活、生产供水方案<br>② 确定工地排水方案和防洪设施<br>③ 拟定供水排水的施工进度计划 |
| 2 | 供电与通信 | ① 电源位置、引入的可能性、允许供电容量、电压、导线截面、距离、电费、接线地点，至工地的距离及地形、地物情况<br>② 建设、施工单位自有发电、变电设备的规格、型号、台数、能力，燃料，资料及可能性<br>③ 利用邻近通信设备的可能性，电话、电报局至工地的距离，增设电话设备和计算机等自动化办公设备和线路的可能性 | ① 确定供电方案<br>② 确定通信方案<br>③ 拟定供电、通信的施工进度计划 |
| 3 | 供气 | ① 蒸汽来源，可供能力、数量，接管地点、管径、埋深，至工地的距离，地形、地物情况，供气价格，供气的正常性<br>② 建设、施工单位自有锅炉型号、台数、能力、所需燃料、用水水质，投资费用<br>③ 当地建设单位提供压缩空气、氧气的能力，至工地的距离 | ① 确定生产、生活用气的方案<br>② 确定通信方案<br>③ 确定供电、通信的施工进度计划 |

**表 2-7 三大材料、特殊材料及主要设备调查的项目**

| 序号 | 项目 | 调 查 内 容 | 调 查 目 的 |
| --- | --- | --- | --- |
| 1 | 三大材料 | ① 钢材订货的规格、牌号、强度等级、数量和到货时间<br>② 木材料订货的规格、等级、数量和到货时间<br>③ 水泥订货的品种、强度等级、数量级和到货时间 | ① 确定临时设施和堆放场地<br>② 确定木材加工计划<br>③ 确定水泥储存方式 |

（续）

| 序号 | 项目 | 调查内容 | 调查目的 |
|---|---|---|---|
| 2 | 特殊材料 | ① 需要的品种、规格、数量<br>② 试制、加工和供应情况<br>③ 进口材料和新材料 | ① 制定供应计划<br>② 确定储存方式 |
| 3 | 主要设备 | ① 主要工艺设备名称、规格、数量和供货单位<br>② 分批和全部到货时间 | ① 确定临时设施和堆放场地<br>② 拟定防雨措施 |

**表 2-8　建设地区社会劳动力和生活条件调查的项目**

| 序号 | 项目 | 调查内容 | 调查目的 |
|---|---|---|---|
| 1 | 社会劳动力 | ① 少数民族地区的风俗习惯<br>② 当地能提供的劳动力人数，技术水平、工资费用和来源<br>③ 上述人员的生活安排 | ① 拟定劳动力计划<br>② 安排临时设施 |
| 2 | 房屋设施 | ① 必须在工地居住的单身人数和户数<br>② 能作为施工用的现有房屋栋数，每栋面积，结构特征，总面积、位置，水、暖、电、卫设备状况<br>③ 上述建筑物的适宜用途，用作宿舍、食堂、办公室的可能性 | ① 确定现有房屋为施工服务的可能性<br>② 安排临时设施 |
| 3 | 周围环境 | ① 主、副食品供应，日用品供应，文化教育，消防治安等机构能为施工提供的支援能力<br>② 邻近医疗单位至工地的距离，可能就医情况<br>③ 当地公共汽车、邮电服务情况<br>④ 周围是否存在有害气体、污染情况，有无地方病 | 安排职工生活基地，解除后顾之忧 |

**2. 其他相关信息与资料的收集、整理**

在编制施工组织设计时，除施工图及调查所得的原始资料外，还可以收集相关的参考资料作为编制的依据。如施工定额、施工手册、材料手册、各种施工规范、施工组织设计编写实例及平时施工实践活动中所积累的资料等。收集的这些相关信息与资料是进行施工准备工作和编制施工组织设计的依据，可为其提供有价值的参考。

# 任务 2　建筑施工准备工作

**【工作任务】**

完成某工程的图纸会审纪要。

**【任务目标】**

**知识目标：**了解施工准备工作的内容；熟悉参建各单位对图纸会审工作的组织和要求；掌握图纸会审的组织和程序及会审会议纪要的编写。

**能力目标：**具备建筑施工图的初步阅读能力，具备参与图纸会审、编写会审纪要的能力。

## 2.2.1　施工现场人员准备

工程项目是否能按目标完成，很大程度上取决于承担这一工程的施工人员的素质。施工现场人员准备包括施工管理层和作业层两大部分，这些人员的选择和配备，将直接影响工程质量与安全、施工进度及工程成本，因此施工现场人员准备是开工前施工准备的一项重要内容。

**1. 项目组织机构建设**

对于实行项目管理的工程，建立项目组织机构就是指建立项目经理部。高效率的项目组织机构的建立，是为建设单位服务的，是为项目管理目标服务的。这项工作实施得合理与否很大程度上关系到拟建工程能否顺利进行。施工企业建立项目经理部，要针对工程特点和建设单位要求，根据有关规定进行精心组织安排，认真抓实、抓细、抓好。

（1）项目组织机构的设置原则

1）用户满意原则。施工单位要根据建设单位要求组建项目经理部，让建设单位满意放心。

2）全能配套原则。项目经理要安全管理，善经营、懂技术，具有较强的适应能力与应变能力和开拓进取精神。项目经理部成员要有施工经验、创造精神、工作效率高，既合理分工，又密切协作。项目经理部人员配置应满足施工项目管理的需要，如大型项目，管理人员必须具有一级注册建造师资格，管理人员中的高级职称人员不应低于10%。

3）精干高效原则。施工管理机构要尽量压缩管理层次，“因事设职，因职选人”，做到管理人员精干、一职多能、人尽其才、恪尽职守，以适应市场变化的要求，避免松散、重叠、人浮于事。

4）管理跨度原则。管理跨度过大，鞭长莫及，且心有余而力不足；管理跨度过小，人员增多，造成资源浪费，因此施工管理机构各层面设置是否合理，关键在于确定的管理跨度是否科学，应使每一个管理层面都保持适当工作幅度，以使各层面管理人员在职责范围内实施有效的控制。

5）系统化管理原则。建设项目是由许多子系统组成的有机整体，系统内部存在大量的“结合”部，各层面管理职能的设计要形成一个相互制约、相互联系的完整体系。

（2）项目经理部的设立步骤

1）根据企业批准的“项目管理规划大纲”，确定项目经理部的管理任务和组织形式。

2）确定项目经理的层次，设立职能部门与工作岗位。

3）确定人员、职责、权限。

4）由项目经理根据“项目管理目标责任书”进行目标分解。

5）组织有关人员制定规章制度和目标责任考核、奖惩制度。

（3）项目经理部的组织形式　项目经理部的组织形式应根据施工项目的规模、结构复杂程度、专业特点、人员素质和地域范围确定，并应符合下列规定：

1）大中型项目宜按矩阵式项目管理组织设置项目经理部。

2）远离企业管理层的大中型项目宜按事业部式项目管理组织设置项目经理部。

3）小型项目宜按直线职能式项目管理组织设置项目经理部。

**2. 建立精干的施工队伍**

1）组织施工队伍要认真考虑专业人员的合理配置，技工和普通工的比例要满足合理的劳动组织要求。按组织施工方式的要求，确定建立混合施工队组或是专业施工队组及其数量。组建施工队组，要坚持合理、精干的原则，同时制定出该工程的劳动力需用量计划。

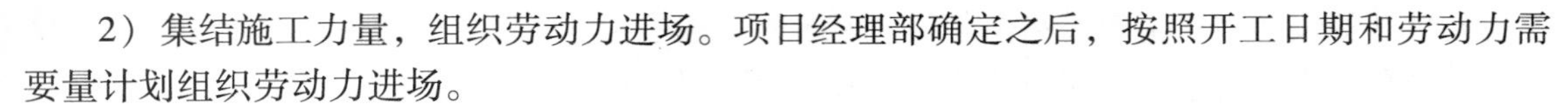

2）集结施工力量，组织劳动力进场。项目经理部确定之后，按照开工日期和劳动力需要量计划组织劳动力进场。

**3．进行施工组织设计和技术交底**

施工组织设计和技术交底的目的是把拟建工程的设计内容、施工计划和施工技术等要求，详尽地向施工人员讲解交代。这是落实计划和技术责任制的好办法。

施工组织设计和技术交底的时间应在单位工程或分部（分项）工程开工前及时进行，以保证工程严格地按照设计图纸、施工组织设计、安全操作规程和施工验收规范等要求进行施工。

施工组织设计和技术交底的内容包括：施工组织设计，尤其是施工工艺；质量标准、安全技术措施、降低成本措施和施工验收规范的要求；新结构、新材料、新技术和新工艺的实施方案和保证措施；图纸会审中所确定的有关部位的设计变更和技术核定等事项。交底工作应该按照管理系统逐级进行，由上而下直到施工人员。交底的方式有书面形式、口头形式和现场示范形式等。

施工人员接受施工组织设计和技术交底后，要进行认真的分析研究，明确关键部位、质量标准、安全措施和操作要领，必要时应该进行示范，并明确任务及做好分工协作；同时建立健全岗位责任制和保证措施。

**4．建立健全各项管理制度**

施工场地的各项管理制度是否建立、健全，直接影响各项施工活动的顺利进行。“有章不循”，其后果是严重的，而“无章可循”更是危险的，因此必须建立、健全工地的各项管理制度。通常，其内容包括：项目管理人员岗位责任制度；项目技术管理制度；项目质量管理制度；项目安全管理制度；项目计划、统计与进度管理制度；项目成本核算制度；项目材料、机械设备管理制度；项目现场管理制度；项目分配与奖励制度；项目例会及施工日志制度；项目分包及劳务管理制度；项目组织协调制度；项目信息管理制度。当项目经理部自行制定的规章制度与企业现行的有关规定不一致时，应报送企业或企业授权的职能部门批准。

## 2.2.2 技术资料准备

技术资料准备即通常所说的“内业”工作，它是施工准备的核心，指导着现场施工准备工作，对于保证建筑产品的质量、实现安全生产、加快工程进度、提高工程经济效益都具有十分重要的意义。任何技术差错和隐患都可能引起人身安全和质量事故，造成生命财产和经济的巨大损失，因此必须重视做好技术资料准备。其主要内容包括：熟悉和会审图纸，编制中标后的施工组织设计，编制施工预算等。

**1．熟悉和会审图纸**

施工图全部（或分阶段）出图以后，施工单位应依据建设单位和设计单位提供的初步设计或扩大初步设计（技术设计）、施工图设计、建筑总平面图、土方竖向设计和城市规划等资料文件，调查、收集的原始资料和其他相关信息与资料，组织有关人员对设计图纸进行学习和会审工作，使参与施工的人员掌握施工图的内容、要求和特点；同时发现施工图中的问题，以便在图纸会审时统一提出，解决施工图中存在的问题，确保工程施工地顺利进行。

（1）熟悉图纸阶段

1）熟悉图纸工作的组织。由施工单位该工程项目经理部组织有关工程技术人员认真熟

悉图纸，了解设计意图与建设单位要求及施工应达到的技术标准，明确工程流程。

2）熟悉图纸的要求

① 先粗后细。先粗后细是指先看平面图、立面图、剖面图，对整体工程的概貌有一个全面的了解，对总的长、宽尺寸，轴线尺寸、标高、层高、总高有一个大体的印象；然后再看细部做法，核对总尺寸与细部尺寸、位置、标高是否与结构相符，门窗表中的门窗型号、规格、形状、数量是否与结构相符等。

② 先小后大。先小后大是指先看小样图，后看大样图。核对在平面图、立面图、剖面图中标注的细部做法与大样图的做法是否相符；所采用的标准构件图集编号、类型、型号与设计图纸有无矛盾，索引符号有无漏标之处，大样图是否齐全等。

③ 先建筑后结构。先建筑后结构是指先看建筑图，后看结构图。把建筑图与结构图互相对照，核对其轴线尺寸、标高是否相符、有无矛盾；核对有无遗漏尺寸，有无构造不合理之处。

④ 先一般后特殊。先一般后特殊是指先看一般的部位和要求，后看特殊的部位和要求。特殊部位一般包括地基处理方法、变形缝的设置、防水处理要求和抗震、防火、保温、隔热、防尘、特殊装修等技术要求。

⑤ 图纸与说明结合。图纸与说明结合是指要在看图时对照设计总说明和图中的细部说明，核对图纸和说明有无矛盾，规定是否明确，要求是否可行，做法是否合理等。

⑥ 土建与安装结合。土建与安装结合是指看土建图时，有针对性地看一些与土建有关的安装图，核对土建图与安装图有无矛盾，预埋件、预留洞、槽的位置、尺寸是否一致，了解安装对土建的要求，以便考虑其在施工中的协作配合。

⑦ 图纸要求与实际情况结合。就是核对图纸有无不符合施工实际之处，如建筑物相对位置、场地标高、地质情况等是否与设计图纸相符；对一些特殊的施工工艺，施工单位能否做到等。

（2）自审图纸阶段

1）自审图纸的组织。由施工单位该项目经理部组织各工种人员对本工种的有关图纸进行审查，掌握和了解图纸中的细节；在此基础上，由总承包单位内部的土建、水、暖、电等专业共同核对图纸，消除差错，协商施工配合事项；最后，总承包单位与外分包单位（如桩基施工、装饰工程施工、设备安装施工等）在各自审查图纸的基础上，共同核对图纸中的差错及协商有关施工配合问题。

2）自审图纸的要求。审查拟建工程的地点、建筑总平面图与国家、城市或地区规划是否一致，建（构）筑物的设计功能和使用要求是否符合环卫、防火及美化城市方面的要求。

① 审查设计图纸是否完整齐全，设计图纸和资料是否符合国家有关技术规范的要求。

② 审查建筑、结构、设备安装图纸是否相符，有无“错、漏、碰、缺”，内部结构和工艺设备有无矛盾。

③ 审查地基处理与基础设计与拟建工程地点的工程地质和水文地质等条件是否一致，建（构）筑物与原地下构筑物及管线之间有无矛盾。深基础的防水方案是否可靠，材料设备能否解决。

④ 明确拟建工程的结构形式和特点，复核主要承重结构的承载力、刚度和稳定性是否满足要求，审查设计图纸中的形体复杂、施工难度大和技术要求高的分部（分项）工程或

新结构、新材料、新工艺，在施工技术和管理水平上能否满足质量和工期要求，选用的材料、构配件、设备等能否解决。

⑤ 明确建设期限（分期、分批投产或交付），明确使用的顺序和时间，以及工程所用的主要材料，设备的数量、规格、来源和供货日期。

⑥ 明确建设单位、设计单位和施工单位等之间的协作、配合关系，以及建设单位可以提供的施工条件。

⑦ 审查设计是否考虑了施工的需要，各种结构的承载力、刚度和稳定性是否满足设置的内爬、附着、固定式塔式起重机等使用的要求。

（3）图纸会审阶段

1）图纸会审的组织。一般工程由建设单位组织并主持会议，设计单位交底，施工单位、监理单位参加。重点工程或规模较大及结构、装修较复杂的工程，如果有必要可邀请各主管部门、消防、防疫与协作单位参加，会审的程序是：设计单位作设计交底，施工单位对图纸提出问题，有关单位发表意见，与会者讨论、研究、协商，逐条解决问题，并达成共识，组织会审的单位汇总成文，各单位会签，形成图纸会审纪要，见表2-9。会审纪要作为与施工图纸具有同等法律效力的技术文件使用。

表2-9　图纸会审纪要

<table>
<tr><td rowspan="2">工程名称</td><td colspan="2" rowspan="2"></td><td>编　　号</td><td></td></tr>
<tr><td>日　　期</td><td></td></tr>
<tr><td>设计单位</td><td colspan="2"></td><td>专业名称</td><td rowspan="2">共　　页，第　　页</td></tr>
<tr><td>地　　点</td><td colspan="2"></td><td>页　　数</td></tr>
<tr><td>序　　号</td><td>图　　号</td><td>图纸问题</td><td colspan="2" rowspan="2">答复意见</td></tr>
<tr><td></td><td></td><td></td></tr>
<tr><td rowspan="2">签字栏</td><td>建设单位</td><td>监理单位</td><td>设计单位</td><td>施工单位</td></tr>
<tr><td></td><td></td><td></td><td></td></tr>
</table>

2）图纸会审的要求

审查设计图纸及其他技术资料时，应注意以下问题：

① 设计是否符合国家有关方针、政策和规定。

② 设计规模、内容是否符合国家有关的技术规范要求（尤其是强制性标准的要求）；是否符合环境保护和消防安全的要求。

③ 建筑设计是否符合国家有关的技术规范要求（尤其是强制性标准的要求）；是否符合环境保护和消防安全的要求。

④ 建筑平面布置是否符合核准的按建筑红线划定的详图和现场实际情况；是否提供符合要求的永久水准点或临时水准点位置。

⑤ 图纸及说明是否齐全、清楚、明确。

⑥ 结构、建筑、设备等图纸本身及相互之间是否有错误和矛盾，图纸与说明之间有无矛盾。

⑦ 有无特殊材料（包括新材料）的要求，其品种、规格、数量能否满足需要。

⑧ 设计是否符合施工技术装备条件，如果需采取特殊的技术措施时，技术上有无困难，能否保证安全施工。

⑨ 地基处理及基础设计有无问题；建筑物与地下构筑物、管线之间有无矛盾。

⑩ 建（构）筑物及设备的各部位尺寸、轴线位置、标高、预留孔洞及预埋件、大样图及做法说明有无错误和矛盾。

（4）施工图纸的现场签证阶段

在拟建工程施工过程中，如果发现施工的条件与设计图纸的条件不符，或者发现图纸中仍然有错误，或者因为材料的规格、质量不能满足设计要求，或者因为施工单位提出了合理化建议，需要对施工图纸进行及时修订的，应遵循技术核定和设计变更的签证制度，进行图纸的施工现场签证。如果设计变更的内容对拟建工程的规模、投资影响较大时，要报请项目的原批准单位批准。在施工现场的图纸修改、技术核定和变更设计资料，都要有正式的文字记录，并归入拟建工程施工档案，作为指导施工、工程结算和竣工验收的依据。

**特别提示：**在审图工作中，应根据“熟悉拟建工程的功能；熟悉、审查工程平面尺寸；熟悉、审查工程的立面尺寸；检查施工图中容易出错的部位有无错误；检查有无需改进的地方”的程序和思路，有计划、全面地展开识图、审图工作。

**2．编制施工组织设计**

施工组织设计是施工单位在施工准备阶段编制的指导拟建工程从施工准备到竣工验收乃至保修回访期间的技术、经济组织的综合性文件，同时也是编制施工预算、实行项目管理的依据。它是根据施工准备工作及会审纪要，按照编制施工组织设计的基本原则，综合建设单位、监理单位设计意图的具体要求进行编制，以保证工程“好、快、省”，安全、顺利地完成。

施工单位必须在约定的时间内完成施工组织设计的编制与自审工作，并填写施工组织设计报审表，报送项目监理机构。总监理工程师应在约定的时间内，组织专业监理工程师审查，提出审查意见后，由总监理工程师审定批准，需要施工单位修改时，由总监理工程师签发书面意见，退回施工单位修改后再报审，总监理工程师应重新审定；已审定的施工组织设计由项目监理机构报送建设单位。施工单位应按审定的施工组织设计文件组织施工，如果需对其内容做较大变更，应在实施前将变更书面内容报送项目监理机构重新审定。对规模较大、结构较复杂或属新结构、特种结构的工程，专业监理工程师提出审查意见后，由总监理工程师签发审查意见，必要时与建设单位协商，组织有关专家会审。

**3．编制施工图预算和施工预算**

在设计交底和图纸会审及施工组织设计已被批准的基础上，预算部门即可着手编制单位工程施工图预算和施工预算，以确定人工、材料和机械费用的支出，并确定人工数量、材料消耗数量及机械台班使用量等。

施工图预算是由施工单位主持，在拟建工程开工前的施工准备工作期所编制的确定建筑安装工程造价的经济文件，是施工单位签订工程承包合同、工程结算、银行拨贷款，进行企业经济核算的依据。

施工预算是指根据施工图预算、施工图纸、施工组织设计或施工方案、施工定额等文件进行编制的企业内部经济文件，直接受施工合同中合同价款的控制，是施工前的一项重要准备工作。它是施工单位内部控制各项成本支出、考核用工、签发施工任务书、限额领料，基层进行经济核算、进行经济活动分析的依据。在施工过程中，要按施工预算严格控制各项指标，以降低工程成本和提高施工管理水平。

### 2.2.3 施工现场准备

施工现场是施工的全体参加者为了“夺取”优质、高速、低耗的目标，而有节奏、均衡、连续地进行“战术决战”的活动空间。施工现场的准备工作，主要是为了给施工项目创造有利的施工条件，是保证工程按计划开工和顺利进行的重要环节。

**1. 现场准备工作的范围及各方职责**

施工现场准备工作由两个方面组成，一是建设单位应完成的施工现场准备工作；二是施工单位应完成的施工现场准备工作。当建设单位与施工单位的施工现场准备工作均就绪时，施工现场就具备了施工条件。

（1）建设单位施工现场准备工作　建设单位要按合同条款中约定的内容和时间完成以下工作：

1）办理土地征用、拆迁补偿、平整施工场地等工作，使施工场地具备施工条件；在开工后继续负责解决以上事项遗留问题。

2）将施工所需水、电、电信线路从施工场地外部接至专用条款约定地点，保证施工期间的需要。

3）开通施工场地与城乡公共道路的通道，专用条款约定的施工场地内的主要道路，满足施工运输的需要；保证施工期间的畅通。

4）向承包人提供施工场地的工程地质和地下管线资料，对资料的真实准确性负责。

5）办理施工许可证和其他施工所需证件、批件及临时用地、停水、停电、中断道路交通、爆破作业等的申请批准手续（证明承包人自身资质的证件除外）。

6）确定水准点与坐标控制点，以书面形式交给承包人，进行现场交付验收。

7）协调处理施工场地周围的地下管线和邻近建（构）筑物（包括文物保护建筑）及古树名木的保护工作，承担有关费用。

上述施工现场准备工作，承发包双方也可在合同专用条款内明确交由施工单位完成，其费用由建设单位承担。

（2）施工单位现场准备工作　施工单位现场准备工作，即通常所说的室外准备，施工单位应按合同条款中约定的内容和施工组织设计的要求完成以下工作：

1）根据工程需要，提供和维修非夜间施工使用的照明、围栏设施，并负责安全保卫。

2）按专用条款约定的数量和要求，向发包人提供施工场地、办公和生活的房屋及设施，发包人承担由此发生的费用。

3）遵守政府有关主管部门对施工场地交通、施工噪声、环境保护和安全生产等的管理规定，按规定办理有关手续，并以书面形式通知发包人，发包人承担由此发生的费用（因承包人责任造成的罚款除外）。

4）按专用条款约定做好施工场地地下管线和邻近建（构）筑物（包括文物保护建筑）、古树名木的保护工作。

5）保证施工场地的清洁符合环境卫生管理的有关规定。

6）建立测量控制网。

7）工程用地范围内的“三通一平”，其中平整场地工作应由其他单位承担，但建设单位也可要求施工单位完成，费用仍由建设单位承担。

8）搭设现场生产和生活用的临时设施。

**2. 施工现场准备工作的内容**

（1）拆除障碍物 施工现场内的一切地上、地下障碍物，都应在开工前拆除。这项工作一般是由建设单位来完成，但也可委托施工单位来完成。如果由施工单位来完成这项工作，一定要事先了解现场情况；尤其是在城市的老区中，由于既有建（构）筑物情况复杂，而且常资料不全，在拆除前需要采取相应的措施，防止发生事故。

对于房屋的拆除，一般只要把水源、电源切断后即可进行拆除。若房屋较大、较坚固，当采用爆破的方法时，必须经有关部门批准，需要由专业的爆破作业人员来承担。

架空电线（包括电力、通信）、地下电缆（包括电力、通信）的拆除，要与电力部门或通信部门联系，并办理有关手续后，方可进行。

给水、排水、燃气、热力等管线的拆除，都应与有关部门取得联系，办好手续后由专业公司来完成。场地内若有树木，需报园林部门，批准后方可砍伐。

拆除障碍物时留下的渣土等杂物都应清除出场外。运输时，应遵守交通、环保部门的有关规定，运土的车辆要按指定的路线和时间行驶，并采取封闭运输车或在渣土上直接洒水等措施，以免渣土飞扬而污染环境。

（2）建立测量控制网 建筑施工工期较长，现场情况变化较大，因此保证控制网点的稳定、正确，是确保建筑施工质量的先决条件；特别是在城区建设时，障碍多、通视条件差，给测量工作带来一定的难度，施工时应根据建设单位提供的由规划部门给定的永久性坐标和高程，按建筑总图上的要求，进行现场控制网点的测量，并妥善设立现场永久性标桩，为施工全过程的投测创造条件。控制网一般采用方格网，这些网点的位置应视工程范围的大小和控制准确度而定。如果土方工程需要，还应测绘地形图，通常这项工作由专业测量队完成，但施工单位还需根据施工的具体需要，做一些加密网点等补充工作。

在测量放线时，应校验和校正经纬仪、水准仪、钢直尺等测量仪器；校核结线桩与水准点；制定切实可行的测量方案，包括平面控制、标高控制、沉降观测和竣工测量等工作。

建筑物定位放线，一般通过设计图中平面控制轴线来确定建筑物位置，测定，并经自检合格后提交有关部门和建设单位或监理人员验线，以保证定位的准确性。沿红线的建筑物放线后，还要由城市规划部门验线，以防建筑物压红线或超红线，为正常顺利地施工创造条件。

（3）“三通一平” “三通一平”包括在拟建工程施工范围内的施工用水、用电、道路接通和平整施工场地。随着社会的进步，在现代实际工程施工中，一般不仅要满足水通、电通、路通的要求，对施工现场还有更高的要求，如气通（供煤气）、热通（供蒸汽）、话通（通电话）、网通（通网络）等。

1）水通。施工现场的水通，包括给水和排水。施工用水包括生产、生活与消防用水，按施工总平面布置图的规划进行，使施工给水尽可能地与永久性的给水系统结合起来。临时管线的敷设，既要满足施工用水的需用量，又要方便施工，并且尽量缩短管线的长度，以降低工程成本。

施工现场的排水也十分重要，特别在雨期，如果场地排水不畅，会影响施工和运输的顺利进行。高层建筑的基坑较深、面积较大，施工往往要经过雨期，应做好基坑周围的挡土支护工作，防止坑外雨水向坑内汇流，并做好基坑底部雨水的排放工作。

施工现场的污水排放直接影响城市的环境卫生。由于环境保护的要求，有些污水不能直接排放，而需进行处理以后方可排放，因此现场的排污也是一项重要的工作。

2）电通。电是施工现场的主要动力来源，施工现场用电包括施工生产用电和生活用电。由于建筑工程施工供电面积大、启动电流大、负荷变化多及手持式用电机具多，故施工现场临时用电要考虑安全和节能措施。开工前，要按照施工组织设计的要求，接通电力和电信设施，电源首先应考虑从建设单位给定的电源上获得，如果其供电能力不能满足施工用电的需要，则应考虑在现场建立自备发电系统，确保施工现场动力设备和通信设备的正常运行。

3）路通。施工现场的道路是组织物资进场的“动脉”。拟建工程开工前，必须按照施工总平面图的要求，修建必要的临时道路；为节约临时工程费用，缩短施工准备工作时间，尽量利用既有道路设施或拟建永久性道路解决现场道路问题，形成畅通的运输网络，使现场施工用道路的布置能确保运输和消防用车等的行驶畅通。临时道路的等级，可根据交通流量和所用车辆决定。

4）场地平整。清除障碍物后，即可进行场地平整工作，按照建筑施工总平面图、勘测地形图和场地平整施工方案等技术文件的要求，通过测量计算出填、挖土方工程量，设计土方调配方案，并确定平整场地的施工方案，组织人力和机械进行平整场地的工作。应尽量做到挖、填土方工程量趋于平衡，总运输量最小，便于机械施工和充分利用建筑物挖方填土。应防止利用地表土、软弱土层、草皮、建筑垃圾等填方。

（4）现场搭设临时设施　现场生活和生产用的临时设施，应按照施工平面布置图的要求进行，临时建筑平面图及主要房屋结构图都应报请城市规划、市政、消防、交通、环境保护等有关部门审查批准。

为了施工方便和行人的安全及文明施工，应用围墙将施工用地围护起来，围墙的形式、材料和高度应符合市容管理的有关规定和要求，并在主要出入口设置标牌挂图，标明工程项目名称、施工单位、项目负责人等。

所有生产及生活用临时设施，包括各种仓库、搅拌站、加工厂作业棚、宿舍、办公用房、食堂，以及文化生活设施等，均应按批准的施工组织设计的要求组织搭设，并尽量利用施工现场或附近既有设施（包括要拆迁但可暂时利用的建筑物）和在建工程本身供施工使用的部分用房，尽可能减少临时设施的数量，以便节约用地、节省投资。

### 2.2.4 现场生产资料准备

生产资料准备是指施工中必需的施工机械、工具、材料和构配件等的准备，是一项较为复杂而又细致的工作。建筑施工所需的材料、构配件、机具和设备，品种多，且数量大，能否保证按计划供应，对整个施工过程的工期、质量和成本，有着举足轻重的作用。各种生产资料只有运到现场，并有必要的储备后，才具备必要的开工条件，因此要将这项工作作为施工准备工作的一个重要方面来进行。施工管理人员应尽早地计算出各阶段对材料、施工机械、设备和工具等的需用量，并说明供应单位、交货地点、运输方式等，特别是对预制构件，必须尽早地从施工图中摘录出构件的规格、质量、品种和数量，制表造册，向预制加工厂订货，并确定分批交货清单、交货地点及时间，对大型施工机械、辅助机械及设备要精确计算工作日，并确定进场时间，做到进场后立即使用，用毕后立即退场，提高机械利用率，节省机械台班费及停留费。

生产资料准备的具体内容有材料准备、构配件及设备加工订货准备、施工机具准备、生产工艺设备准备、运输设备和生产资料价格管理等。

**1. 生产资料准备工作的内容**

（1）材料准备

1）根据施工方案中的施工进度计划和施工预算中的工料分析，编制工程所需材料用量计划，作为备料、供料，确定仓库、堆场面积及组织运输的依据。

2）根据材料需用量计划，做好材料的申请、订货和采购工作，使计划得到落实。

3）组织材料按计划进场，按施工平面图的相应位置堆放，并做好合理储备、保管工作。

4）严格验收、检查、核对材料的数量和规格，做好材料试验和检验工作，保证施工质量。

（2）构配件及设备加工订货准备

1）根据施工进度计划及施工预算所提供的各种构配件及设备数量，做好加工翻样工作，并编制相应的需用量计划。

2）根据需用计划，向有关厂家提出加工订货计划要求，并签订订货合同。

3）组织构配件和设备按计划进场，按施工平面布置图做好存放及保管工作。

（3）施工机具准备

1）各种土方机械，混凝土、砂浆搅拌设备，垂直及水平运输机械，钢筋加工设备，木工机械，焊接设备，打夯机，排水设备等应根据施工方案对施工机具配备的要求、数量及施工进度的安排，编制施工机具需用量计划。

2）拟由本企业内部负责解决的施工机具，应根据需用量计划组织落实，确保按期供应。

3）对于施工企业缺少，且需要的施工机具，应与有关方面签订订购和租赁合同，以保证施工需要。

4）对于大型施工机械（如塔式起重机、挖土机、桩基设备等）的需求量和时间，应和有关方面（如专业分包单位）联系，提出要求，在落实后签订有关分包合同，并为大型机械按期进场做好现场的有关准备工作。

5）安装、调试施工机具，按照施工机具需要量计划，组织施工机具进场，根据施工总平面图将施工机具安置在规定的地方或仓库。对于施工机具要进行就位、搭棚、接电源、保养及调试工作。对所有施工机具都必须在使用前进行检查和试运转。

（4）生产工艺设备准备　订购生产用的生产工艺设备，要注意交货时间应与土建进度密切配合。因为某些庞大设备的安装常要与土建施工穿插进行，如果土建全部完成或封顶后，安装会有困难，故各种设备的交货时间要与安装时间密切配合，它将直接影响建设工期。准备时，按照施工项目工艺流程和工艺设备的布置图，提出工艺设备的名称、型号、生产能力和需用量，确定分期、分批进场时间和保管方式，编制工艺设备需用量计划，为组织运输、确定堆场面积提供依据。

（5）运输准备

1）根据上述四项需用量计划，编制运输需用量计划，并组织落实运输工具。

2）按照上述四项需用量计划明确的进场日期，联系和调配所需运输工具，确保材料、构配件和机具设备按期进场。

（6）生产资料价格管理

1）建立市场信息制度，定期收集、披露市场物资价格信息，提高透明度。

2）在市场价格信息指导下，“货比三家”，选优进货；对大宗材料（如水泥、砂、石）的采购要采取招标采购方式，在保证材料质量和工程质量的前提下，降低成本、提高效益。

**2. 生产资料准备工作的程序**

生产资料准备的程序是做好生产资料准备的重要手段。通常按如下程序进行：

1）根据施工预算、分部（项）工程施工方案和施工进度的安排，拟定建筑材料、构配件及制品、施工机具和工艺设备等需用量计划。

2）根据各种物资需用量计划，组织货源，确定加工、供应地点和供应方式，签订物资供应合同。

3）根据各种物资的需用量计划和合同，拟订运输计划和运输方案。

4）按照施工总平面图的要求，组织物资按计划时间进场，在指定地点、按规定方式进行储存或堆放。

### 2.2.5 冬雨期施工准备

建筑工程施工绝大部分工作是露天作业，受气候影响比较大，因此在冬雨期施工中，必须从具体条件出发，正确选择施工方法，做好季节性施工准备工作，以保证按期、保质、安全地完成施工任务，取得较好的技术、经济效果。

**1. 冬期施工准备**

（1）组织措施

1）合理安排施工进度计划，冬期施工条件差、技术要求高、费用增加，因此要合理安排施工进度计划，尽量安排能保证施工质量，且费用增加不多的项目在冬期施工，如吊装、打桩、室内装饰装修等工程；而费用增加较多，又不容易保证施工质量的项目则不宜安排在冬期施工，如土方、基础、室外装修及屋面防水等工程。

2）进行冬期施工的工程项目，在入冬前应组织编制冬期施工方案，结合工程实际及施工经验等进行，冬期施工方案应包括：施工程序，施工方法，现场布置，设备、材料、能源、工具的供应计划，安全防火措施，测温制度和质量检查制度等。方案确定后，要组织有关人员学习，并向队组进行交底。

3）组织人员培训。进入冬期施工前，对掺外加剂人员、测温保温人员、锅炉司炉工和火炉管理人员，应专门组织技术业务培训，学习本工作范围内的有关知识，明确职责，经考试合格后，方准上岗工作。

4）与当地气象台站保持联系，及时接收天气预报，防止寒流突然袭击。

5）安排专人测量施工期间的室外气温、暖棚内气温、砂浆温度、混凝土的温度，并做好记录。

（2）图纸准备　凡进行冬期施工的工程项目，必须复核施工图纸，核对其是否能适应冬期施工的要求，如与墙体的高厚比、横墙间距等有关的结构稳定性，现浇改为预制及工程结构能否在寒冷状态下安全过冬等问题，应通过图纸会审解决。

（3）现场准备

1）根据实物工程量提前组织有关机具、外加剂和保温材料、测温材料进场。

2）搭建加热用的锅炉房、搅拌站、敷设管道，对锅炉进行试火、试压，对各种加热的材料、设备要检查其安全可靠性。

3）计算变压器容量，接通电源。

4）对工地的临时给水排水管道及石灰膏等材料做好保温防冻工作，防止道路积水成冰；及时清扫积雪，保证运输顺利。

5）做好冬期施工混凝土、砂浆及掺外加剂的试配、试验工作，提出施工配合比。

6）做好室内施工项目的保温，如先完成供热系统，安装好门窗玻璃等，以保证室内其他项目能顺利施工。

（4）安全与防火

1）冬期施工时，要采取防滑措施。

2）大雪后必须将架子上的积雪清扫干净，并检查马道平台，如有松动下沉现象，务必及时处理。

3）施工时如接触汽源、热水，要防止烫伤；使用氯化钙、漂白粉时，要防止腐蚀皮肤。

4）亚硝酸钠有剧毒，要严加保管，防止误食中毒。

5）对现场火源要加强管理；使用天然气、煤气时，要防止爆炸；使用焦炭炉、煤炉或天然气、煤气时，应注意通风换气，防止煤气中毒。

6）电源开关、控制箱等设施要加锁，并设专人负责管理，防止漏电、触电。

**2. 雨期施工准备**

（1）合理安排雨期施工　为避免雨期窝工造成的损失，一般情况下，在雨期到来之前，应多安排完成基础、地下工程、土方工程、室外及屋面工程等不宜在雨期施工的项目；多预留一些室内工作在雨期施工。

（2）加强施工管理，做好雨期施工的安全教育　要认真编制雨期施工技术措施（如雨期前后的沉降观测措施，保证防水层雨期施工质量的措施，保证混凝土配合比、浇筑质量的措施，钢筋除锈的措施等），并认真组织贯彻实施。加强对职工的安全教育，防止各种事故的发生。

（3）防洪排涝，做好现场排水工作　工程地点若在河流附近，上游有大面积山地、丘陵时，应有防洪排涝准备。施工现场雨期来临前，应做好排水沟渠的开挖，准备好抽水设备，防止场地积水和地沟、基槽、地下室等浸水，对工程施工造成损失。

（4）做好道路维护，保证运输畅通　雨期前检查道路边坡排水，适当提高路面，防止路面凹陷，保证运输畅通。

（5）做好物资的储存　雨期到来前，应多储存物资，减少雨期运输量，以节约费用。要准备必要的防雨器材，库房四周要有排水沟渠，防止物资淋雨、浸水而变质，仓库要做好地面防潮和屋面防漏工作。

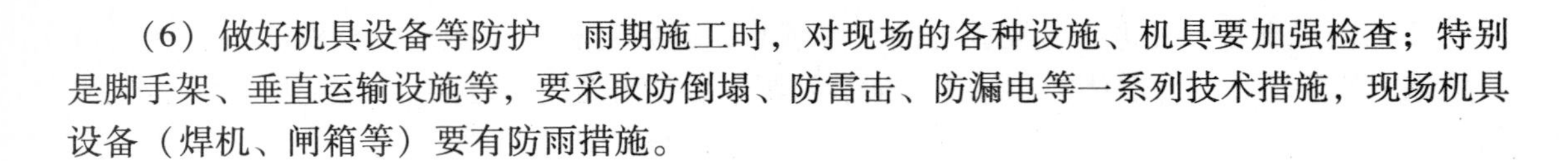

(6) 做好机具设备等防护　雨期施工时，对现场的各种设施、机具要加强检查；特别是脚手架、垂直运输设施等，要采取防倒塌、防雷击、防漏电等一系列技术措施，现场机具设备（焊机、闸箱等）要有防雨措施。

## 任务3　施工准备工作计划与开工报告的编制

**【工作任务】**

编制某工程的施工准备工作计划与开工报告。

**【任务目标】**

**知识目标：**了解施工准备工作的内容；熟悉施工准备计划及开工报告规定的表的样式；掌握单位工程施工开工前应具备的条件。

**能力目标：**具备编制施工准备工作计划、填写开工报告的能力。

### 2.3.1　施工准备计划

为了落实各项施工准备工作，加强检查和监督，必须根据各项施工准备的内容、时间和人员，编制施工准备工作计划，施工准备工作计划表见表2-10。

由于各项施工准备工作不是分离的、孤立的，而是互相补充、互相配合的，为了提高施工准备工作的质量，加快施工准备工作的速度，除了用表2-10编制施工准备工作计划外，还可采用编制施工准备工作网络计划的方法，以明确各项准备工作之间的逻辑关系，找出关键线路，并在网络计划图上进行施工准备工期的调整，尽量缩短准备工作的时间，使各项工作有领导、有组织、有计划和分期分批地进行。

**表2-10　施工准备工作计划表**

| 序号 | 施工准备工作 | 简要内容 | 要求 | 负责单位 | 负责人 | 配合单位 | 起止日期 | | 备注 |
|---|---|---|---|---|---|---|---|---|---|
| | | | | | | | 月　日 | 月　日 | |
| | | | | | | | | | |
| | | | | | | | | | |

### 2.3.2　开工报告

**1. 准备开工**

施工准备工作计划编制完成后，应进行落实和检查到位情况，因此开工前应建立严格的施工准备工作责任制和施工准备工作检查制度，不断协调和调整施工准备工作计划，把开工前的准备工作落到实处。工程开工还应具备相关开工条件，完成工程基本建设相关的程序，才能填写开工报审表，其格式示例见表2-11。

**2. 开工条件**

(1) 原国家计委关于基本建设大中型项目开工条件的规定

1）项目法人已经设立。项目组织管理机构和规章制度健全，项目经理和管理机构成员已经到位，项目经理已经过培训，具备承担项目施工工作的资质条件。

**表2-11 工程开工报审表**

工程名称： 编号：

致：

我方承担的__________工程，已完成了以下各项工作，具备了开工/复工条件，特此申请施工，请核查并签发开工/复工指令。

附：1. 开工/复工报告

2. 开工/复工文件证明材料

承包单位（章）__________

项目经理__________

日 期__________

审查意见：

项目监理机构（章）__________

项目监理工程师__________

日 期__________

2）项目初步设计及总概算已经批复。若项目总概算批复时间至项目申请开工时间超过两年以上（含两年），或者自批复至开工期间动态因素变化较大，总投资超出原批概算10%以上的，须重新核定项目总概算。

3）项目资本金和其他建设资金已经落实，资金来源符合国家有关规定，承诺手续完备，并经审计部门认可。

4）项目施工组织设计大纲已经编制完成。

5）项目主体工程（或控制性工程）的施工单位已经通过招标选定，施工承包合同已经签订。

6）项目法人与项目设计单位已签订设计图纸交付协议。项目主体工程（或控制性工程）的施工图纸至少可以满足连续3个月施工的需要。

7）项目施工监理单位已通过招标选定。

8）项目征地、拆迁和施工场地“四通一平”（即供电、供水、运输、通信和场地平整）工作已经完成，有关外部配套生产条件已签订协议。项目主体工程（或控制性工程）施工准备工作已经做好，具备连续施工的条件。

9）项目建设需要的主要设备和材料已经订货，项目所需建筑材料已落实来源和运输条件，并已备好连续施工3个月的材料用量。需要进行招标采购的设备、材料，其招标组织机构已落实，采购计划与工程进度相衔接。

国务院各主管部门负责对本行业中央项目开工条件进行检查。各省（自治区、直辖市）计划部门负责对本地区地方项目开工条件进行检查。

小型项目的开工条件，各地区、各部门可参照此规定制定具体的管理办法。

（2）工程项目开工条件的规定 依据《建设工程监理规范》（GB 50319—2013），工程项目开工前，当施工准备工作具备了以下条件时，施工单位应向监理单位报送工程开工报审表及开工报告、证明文件等，由总监理工程师签发，并报送建设单位。

1）施工许可证已获政府主管部门批准。

2）征地拆迁工作能满足工程进度的需要。

3）施工组织设计已获总监理工程师批准。

4）施工单位现场管理人员已到位，机具、施工人员已进场，主要工程材料已落实。

5）进场道路及水、电、通风等已满足开工要求。

**3. 填写开工报告**

当施工准备工作的各项内容已经完成，满足开工条件，并已经办理了施工许可证时，项目经理部应填写开工报告，报上级批准后才能开工。实行监理的工程，还应将开工报告送监理工程师审批，由监理工程师签发开工通知书。开工报审表和开工报告可根据《建设工程监理规范》（GB 50319—2013）中规定的施工阶段的工作编制，其格式示例见表2-12。

**表2-12 工程开工报告**

编号：

<table>
<tr><td>工程名称</td><td></td><td>建设单位</td><td></td><td>设计单位</td><td></td><td>施工单位</td><td></td></tr>
<tr><td>工程地点</td><td></td><td>结构类型</td><td></td><td>建筑面积</td><td></td><td>层数</td><td></td></tr>
<tr><td>工程批准文号</td><td></td><td rowspan="7">施工准备工作情况</td><td colspan="3">施工许可证办理情况</td><td colspan="2"></td></tr>
<tr><td>预算造价</td><td></td><td colspan="3">施工图纸会审情况</td><td colspan="2"></td></tr>
<tr><td>计划开工日期</td><td>年 月 日</td><td colspan="3">主要物质准备情况</td><td colspan="2"></td></tr>
<tr><td>计划竣工日期</td><td>年 月 日</td><td colspan="3">施工组织设计编审情况</td><td colspan="2"></td></tr>
<tr><td>实际开工日期</td><td>年 月 日</td><td colspan="3">三通一平情况</td><td colspan="2"></td></tr>
<tr><td>合同工期</td><td></td><td colspan="3">工程预算编制情况</td><td colspan="2"></td></tr>
<tr><td>合同编号</td><td></td><td colspan="3">施工队伍进场情况</td><td colspan="2"></td></tr>
<tr><td>审核意见</td><td>建设单位意见：<br>建设单位（章）：<br>建设单位项目负责人（章）：<br>年 月 日</td><td colspan="2">项目监理机构意见：<br>项目监理机构（章）：<br>总监理工程师（章）：<br>年 月 日</td><td colspan="2"></td><td colspan="2">施工单位意见：<br>施工单位（章）：<br>施工单位项目负责人（章）：<br>年 月 日</td></tr>
<tr><td colspan="8">本表由施工单位填报，建设单位、监理单位、施工单位各存一份</td></tr>
</table>

**特别提示：**开工报告属于建筑工程技术资料编制的范畴，各地区各部门都有自己的编制格式和标准，应根据实际工程所处的地域和要求选择合适的表式进行填写。

# 能力拓展训练

## 一、基础训练

**1. 复习思考题**

1）施工准备工作的内容和要求是什么？

2）原始资料调查的目的是什么？还需收集哪些相关信息与资料？

3）技术准备工作主要包括哪些内容？

4）熟悉图纸的要求是什么？图纸会审包括哪些内容？

5）施工现场准备工作包括哪些内容？

**2．案例分析题**

**【背景】**某25层写字楼工程建设项目，其初步设计已经完成，建设用地和筹资也已落实，某房屋建筑工程公司通过竞标取得了该项目的总承包任务，并签订了工程承包合同，开工前，承包单位进行了充分的准备工作。施工单位向监理单位报送工程开工报告后，项目经理下令开工。

**【问题】**

1）项目经理下令开工是否正确？为什么？

2）单位工程开工前应具备什么条件？

3）单位工程施工准备工作内容有哪些？

4）施工准备计划应确定哪些内容？

## 二、工程技能训练

1．以某工程施工图为例，模拟组织图纸会审会议，并完成图纸会审会议纪要的编写。

2．以某工程为例，编制工程开工准备计划和开工报告。

# 项目3　单位工程施工组织设计的编制

## 任务1　编制依据的编写

**【工作任务】**

完成某工程的单位工程施工组织设计的编制依据。

**【任务目标】**

**知识目标：**熟悉单位工程施工组织设计内容及编制依据。

**能力目标：**能正确编写单位工程施工组织设计的主要编制依据。

### 3.1.1　编写内容

单位工程施工组织设计的编制依据是施工组织设计的开篇，是反映施工组织设计编制前提条件的主要部分。编制依据主要列出所依据的工程设计资料、合同承诺及法律、法规等，可参考以下内容罗列条目：

1）工程承包合同。

2）工程设计文件（施工图设计变更、洽商等）。

3）与工程建设有关的国家、行业和地方的法律、法规、规范、规程、标准及图集。

4）施工组织纲要（投标性施工组织总设计）、施工组织总设计（如本工程是整个建设项目中的一个单位工程，应把施工组织总设计作为编制依据）。

5）企业标准与管理文件。

6）工程预算文件和有关定额。

7）施工条件及施工现场勘察资料等。

### 3.1.2　编写方法及要求

应着重说明主要的编制依据，编制依据应具体、充分、可靠。在编写形式上可以采用表格的形式，使人一目了然。编写参考模式见表3-1～表3-7。

通常情况下，对编制依据只作简要说明，当采用的企业标准与国家或行业规范、标准不一致时，应重点说明。

**表3-1　工程承包合同**

| 序号 | 合同名称 | 编　号 | 签订日期 |
|---|---|---|---|
| 1 | ××建设工程施工总承包合同 | | ×年×月×日 |
| 2 | …… | | |

表 3-2　施工图纸

| 图样类别 | 图样编号 | 出图日期 |
| --- | --- | --- |
| 建筑施工图 | 建施×～建施× | |
| | | |
| | | |
| 结构施工图 | 结施×～建施× | |
| | | |
| | | |
| 电气专业施工图 | 电施×～建施× | |
| | | |
| | | |
| 设备专业施工图 | 设施×～建施× | |
| | | |
| | | |

表 3-3　主要法规

| 类　别 | 名　称 | 编　号 |
| --- | --- | --- |
| 国家 | | |
| | | |
| | | |
| 行业 | | |
| | | |
| | | |
| 地方 | | |
| | | |
| | | |

表 3-4　主要规范、规程

| 类　别 | 名　称 | 编　号 |
| --- | --- | --- |
| 国家 | | GB |
| | | |
| | | |
| 行业 | | JGJ |
| | | |
| | | |
| 地方 | | DB |
| | | |
| | | |

表 3-5 主要图集

| 类　别 | 名　称 | 编　号 |
|---|---|---|
| 国家 | | |
| | | |
| | | |
| 地方 | | |
| | | |
| | | |

表 3-6 主要标准

| 类　别 | 名　称 | 编　号 |
|---|---|---|
| 国家 | | GB |
| | | |
| | | |
| 行业 | | JGJ |
| | | |
| | | |
| 地方 | | DB |
| | | |
| | | |
| 企业 | | QB |
| | | |
| | | |

注：企业技术标准须经建设行政主管部门备案后实施。

表 3-7 其他

| 序　号 | 类　别 | 名　称 | 编号或文号 |
|---|---|---|---|
| | | | |
| | | | |
| | | | |

注：其他是指前六项以外的内容，如建筑业十项新技术应用，建设单位提供的有关信息，设计变更、洽商、施工组织总设计及企业贯标等管理文件。

**特别提示：**法律、法规、规范、规程、标准及制度等应按以下顺序编写：国家→行业→地方→企业；法规→规范→规程→规定→标准→图集。

法律、法规、规范、规程、标准及地方标准图集等应是“现行”的，不能使用过时作废的作为依据。

## 任务 2　工程概况描述

### 【工作任务】

完成某工程工程概况的描述。

**【任务目标】**

**知识目标：**熟悉图纸；掌握工程概况描述内容。

**能力目标：**能简明扼要、准确地描述单位工程工程概况。

单位工程施工组织设计中的工程概况，实际上是对整个工程的总说明和总分析，是对拟建工程的整个情况所作的一个简要的、突出重点的文字介绍。其目的是了解工程项目的基本全貌，并为施工组织设计其他部分的编制提供依据。

工程概况一般包括工程主要情况、各专业设计简介、工程施工条件和工程施工特点分析等内容。其中，工程施工特点分析是重点内容。

此部分内容在具体的表述上，要用简练的语言描述，力求达到简明扼要、一目了然的效果；同时为了避免出现用文字叙述时冗长、繁琐的情况，其内容应尽量采用图表进行说明，有时为弥补文字叙述时或表格介绍的不足，还可以附上拟建工程的平、立、剖面示意图，这样更加直观明了。

## 3.2.1　工程主要情况

工程主要情况主要介绍分部（分项）工程或专项工程名称、工程参建单位（建设、勘察、设计、监理和总承包等单位）的相关情况、工程的施工范围、施工合同、招标文件，以及总承包单位对工程施工的重点要求等。

填写要求：名称应填写全称，不应填写简称。名称必须与工程报批手续的填写、单位公章名称、合同内容保持一致，填写形式见表3-8。

**表3-8　工程主要情况**

| 序号 | 项　　目 | 内　　容 |
|---|---|---|
| 1 | 工程名称 | |
| 2 | 工程地址 | |
| 3 | 工程性质 | |
| 4 | 建设单位 | |
| 5 | 设计单位 | |
| 6 | 监理单位 | |
| 7 | 质量监督单位 | |
| 8 | 安全监督单位 | |
| 9 | 施工总承包单位 | |
| 10 | 施工主要分包单位 | |
| 11 | 投资来源 | |
| 12 | 合同承包范围 | |
| 13 | 结算方式 | |
| 14 | 合同工期 | |
| 15 | 合同质量目标 | |
| 16 | 其他 | |

### 3.2.2 各专业设计简介

#### 1. 建筑设计简介

建筑设计简介应依据建设单位提供的建筑设计文件进行描述，包括建筑规模、建筑功能、建筑特点、建筑耐火、防水及节能要求等，并应简单描述工程的主要装修做法。应依据图纸填写正确，见表3-9。

**表3-9 建筑设计简介**

| 序号 | 项目 | 内容 | | | |
|---|---|---|---|---|---|
| 1 | 建筑功能 | | | | |
| 2 | 建筑特点 | | | | |
| 3 | 建筑面积 | 总建筑面积/$m^2$ | | 地上建筑面积/$m^2$ | |
| | | 占地面积/$m^2$ | | 地下建筑面积/$m^2$ | |
| 4 | 建筑层数 | 地上 | | 地下 | |
| 5 | 建筑高度 | | | | |
| 6 | 建筑层高 | 地下部分层高/m | | | |
| | | 地上部分层高/m | | | |
| 7 | 建筑平面 | | | | |
| 8 | 建筑防火 | | | | |
| 9 | 墙面保温 | | | | |
| 10 | 室外装饰 | 外墙装修 | | | |
| | | 门窗工程 | | | |
| | | 屋面工程 | | | |
| 11 | 室内装饰 | 顶棚、墙面工程 | | | |
| | | 地面工程 | | | |
| | | 门窗工程 | | | |
| | | 楼梯 | | | |
| 12 | 防水工程 | | | | |
| 13 | 建筑节能 | | | | |
| 14 | 其他说明 | | | | |

#### 2. 结构设计简介

结构设计简介应依据建设单位提供的结构设计文件进行描述，包括结构形式、地基基础形式、结构安全等级、抗震设防类别、主要结构构件类型及要求等。应依据图纸填写正确，见表3-10。

**表3-10 结构设计简介**

| 序号 | 项目 | | 内容 |
|---|---|---|---|
| 1 | 结构形式 | 基础结构形式 | |
| | | 主体结构形式 | |
| | | 屋盖结构形式 | |

（续）

| 序号 | 项目 | | 内容 |
|---|---|---|---|
| 2 | 基础埋置深度、土质、水位 | 基础埋置深度 | |
| | | 基底以下土质分层情况 | |
| | | 地下水位标高 | |
| | | 地下水质 | |
| 3 | 地基 | 持力层以下土质类别 | |
| | | 地基承载力 | |
| | | 地基（土）渗透系数 | |
| 4 | 地下防水 | 混凝土自防水 | |
| | | 材料防水 | |
| 5 | 结构断面尺寸 | 基础底板厚度/mm | |
| | | 外墙厚度/mm | |
| | | 内墙厚度/mm | |
| | | 柱断面尺寸/mm × mm | |
| | | 梁断面尺寸/mm × mm | |
| | | 楼板厚度/mm | |
| 6 | 混凝土强度等级及抗渗要求 | | |
| 7 | 抗震等级 | | |
| 8 | 楼梯结构形式 | | |
| 9 | 后浇带设置 | | |
| 10 | 变形缝设置 | | |
| 11 | 人防设置等级 | | |
| 12 | 二次围护结构 | | |
| 13 | 特殊结构 | | |
| 14 | 其他说明 | | |

### 3. 机电及设备安装专业设计简介

机电及设备安装专业设计简介应依据建设单位提供的各相关专业设计文件进行描述，包括给水排水及采暖系统、通风与空调系统、电力系统、智能化系统、电梯等各个专业系统的做法要求。应依据图纸填写正确，见表3-11。

**表3-11　机电及设备安装专业设计简介**

| 序号 | 项目 | | 设计要求 | 系统做法 | 管线类别 |
|---|---|---|---|---|---|
| 1 | 给水排水系统 | 给水 | | | |
| | | 排水 | | | |
| | | 雨水 | | | |
| | | 饮用水 | | | |
| | | 消防水 | | | |

（续）

| 序 号 | 项 目 | | 设计要求 | 系统做法 | 管线类别 |
|---|---|---|---|---|---|
| 2 | 消防系统 | 消防 | | | |
| | | 排烟 | | | |
| | | 报警 | | | |
| | | 监控 | | | |
| 3 | 通风与空调系统 | 空调 | | | |
| | | 通风 | | | |
| | | 冷冻 | | | |
| 4 | 电力系统 | 照明 | | | |
| | | 动力 | | | |
| | | 弱电 | | | |
| | | 避雷 | | | |
| 5 | 设备安装 | 电梯 | | | |
| | | 扶梯 | | | |
| | | 水箱 | | | |
| | | 污水泵 | | | |
| 6 | 通信 | | | | |
| 7 | 电视电缆 | | | | |
| 8 | 采暖 | | | | |
| 9 | 其他说明 | | | | |

**特别提示：**上述表仅作为参考示意，编写时应根据工程的规模、复杂程度等具体情况可以酌情增减内容。

### 3.2.3 工程施工条件

工程施工条件应包括下列内容：

1）项目建设地点气象状况。

2）项目施工区域地形和工程水文地质状况。

3）项目施工区域地上、地下管线及邻近的地上、地下建（构）筑物情况。

4）与项目施工有关的道路、河流等状况。

5）当地建筑材料、设备供应和交通运输等服务能力状况。

6）当地供电、供水、供热和通信能力状况。

7）其他与施工有关的主要因素。

### 3.2.4 工程施工特点

工程施工特点主要介绍拟建工程施工过程中的主要特点、难点及重点，以便在选择施工方案、组织资源供应、技术力量配备及施工准备上采取有效措施，保证施工生产正常、顺利地进行，以提高施工单位的经济效益和经营管理水平，例如现浇钢筋混凝土高层建筑的施工特点主要有：结构和施工机具设备的稳定性要求高，钢材加工量大，混凝土浇筑难度大，脚手架搭设必须进行设计计算，以及安全问题突出等。

不同的建筑类型在不同的条件下施工时，均有其不同的施工特点。在进行工程施工特点分析时，应根据建筑类型、施工条件等因素进行分析，着重说明此工程的建筑、结构特点，施工特点，并在此基础上提出施工中特别值得重视的关键问题及重点、难点所在，重点描述设计中是否采用了新技术、新工艺、新材料、新设备等内容，以及管理上的难点和技术上的难点。

## 任务3　施工部署与施工方案的确定

**【工作任务】**

编制某工程施工部署与施工方案。

**【任务目标】**

**知识目标：** 掌握施工部署内容、施工部署确定原则及如何确定单位工程的施工程序；掌握如何合理地确定单位工程的施工方法、选择施工机械。

**能力目标：** 会确定工程的施工部署、合理地确定施工方法及选择施工机械。

施工部署与施工方案是决定整个工程全局的关键。施工部署是指在工程实施之前，对拟建工程进行通盘考虑、统筹策划后，所做出的全局性战略决策和全面安排，并且明确工程施工的总体设想。施工方案是指以分部（分项）工程或专项工程为主要对象编制的施工技术与组织方案，用以具体指导施工过程。施工方案的优劣，在很大程度上决定了施工组织设计的质量和施工任务完成的好坏。

### 3.3.1　施工部署的确定

一般施工部署主要包括制定施工管理目标、确定施工部署原则、建立项目经理部组织机构、明确施工任务划分、计算主要项目工程量、明确施工组织协调与配合等。

施工部署是宏观的部署，其内容应明确、定性、简明，并提出原则性要求，且应重点突出部署原则。施工部署的关键是“安排”，核心内容是部署原则，要努力在“安排”上做到优化；在部署原则上，要做到对所涉及的各种资源在时空上的总体布局进行合理的构思。

**1. 制定施工管理目标**

工程施工目标应根据施工合同和本单位对工程管理目标的要求制定，当此工程是整个建设项目中的一个单位工程时，其各项目标还应满足施工总设计中确定的目标。施工管理目标，一般包括如下内容：

（1）进度目标　工期和开工、竣工时间。

（2）质量目标　包括质量等级，质量奖项。

（3）安全目标　根据有关要求确定。

（4）文明施工目标　根据有关标准和要求确定。

（5）消防目标　根据有关要求确定。

（6）绿色施工目标　根据住房和城乡建设部及地方规定和要求确定。

（7）降低成本目标　确定降低成本的目标值：降低成本额或降低成本率。

降低成本额：施工预算成本与施工实际成本的差额。该指标是单位工程施工组织设计降低费用措施的价格成果。

降低成本率：降低成本额与预算成本的百分比。该指标体现单位工程施工成本降低水平。

**特别提示：**制定的施工管理目标应符合施工合同的约定、本企业的有关规定及政府行政主管部门的要求。制定的目标应明确，指标应量化。

**2. 确定施工部署原则**

施工部署原则是指项目经理在工程实施前，为实现该项任务的预定目标，对整个工程所涉及的人力、物力、资金、时间及空间进行总体布局的构思。

施工部署原则体现承包单位在工程实施过程中为完成施工合同和实现预期目标的主导思想，体现项目经理通过何种组织手段和技术手段去完成合同的要求。施工部署原则是施工组织设计的核心内容，将影响到整个工程的成败和得失，因此这项内容的形成应在施工组织设计成文前，由项目经理提出初步意见，然后经过酝酿、反复讨论后，由项目经理作最后决策。

（1）满足业主要求的部署原则　一切施工活动要满足合同的要求。施工部署原则首先要满足合同工期的要求，充分酝酿关于任务、人力、资源、时间和空间、工艺的总体布局和构思。

（2）确定施工程序和总体施工顺序

1）施工程序。单位工程施工程序是指单位工程中各分部工程之间、土建和各专业工程之间或不同施工阶段之间所固有的、密切不可分割的在时间上的先后次序，不能跳跃和颠倒，主要解决时间搭接上的问题。

在确定单位工程施工程序时应遵循以下原则：

① 先地下，后地上。指的是在地上工程开始之前，把管道、线路等地下设施、土方工程和基础工程全部完成或基本完成。坚固耐用的建筑物需要有一个坚实的基础，从工艺的角度考虑，也必须先地下后地上。地下工程施工时应做到先深后浅，这样可以避免对地上部分施工产生干扰，否则会给施工带来不便，造成浪费，影响工程质量。

② 先主体、后围护。施工时应先进行框架主体结构施工，然后进行围护工程施工；同时框架主体结构与围护工程在总的施工顺序上要合理搭接。一般来说，多层建筑以少搭接为宜，而高层建筑则应尽量搭接施工，以缩短施工工期；而装配式单层工业厂房主体结构与围护工程一般不搭接。

③ 先结构、后装饰。施工时先进行主体结构施工，然后进行装饰工程施工；但随着新建筑体系的不断涌现和建筑工业化水平的提高，某些装饰与结构构件均在工厂制作完成，再运至施工现场安装。

④ 先土建、后设备。不论是民用建筑还是工业建筑，一般来说，土建施工应先于水、暖、煤、卫、电等建筑设备的施工；但它们之间更多的是穿插配合关系，尤其在装修阶段，要从保证施工质量、降低成本的角度，处理好相互之间的关系。

以上原则并不是一成不变的，在特殊情况下，如在冬期施工之前，应尽可能地完成土建和围护工程，以利于施工中的防寒和室内作业的开展，从而达到改善工人的劳动环境，缩短工期的目的；又如大板建筑施工，大板承重结构部分和某些装饰部分宜在加工厂同时完成，因此随着我国施工技术的发展、企业经营管理水平的提高，以上原则也在进一步完善之中。

2）总体施工顺序。单位工程总体施工顺序是指从基坑挖土到主体结构、装修、机电设备专业安装等至工程竣工验收施工全过程的施工先后顺序。

（3）确定施工起点流向 确定施工起点流向是指确定单位工程在平面或竖向上施工开始的部位和进展的方向。对于单层建筑物，如厂房按其车间、工段或跨间，分区分段地确定出在平面上的施工流向；对于多层建筑物，除了确定每层平面上的流向外，还须确定其各层或单元在竖向上的施工流向。它的合理确定，将有利于扩大施工作业面，组织多工种平面或立体流水作业，缩短施工周期和保证工程质量。

在确定施工起点流向时，应考虑以下因素：

1）生产使用的先后。

2）施工区段的划分。

3）施工的繁简程度。

4）与材料、构件、土方的运输方向不发生矛盾。

5）适应主导工程的合理施工顺序。

根据不同的分部工程及其相互关系，施工起点流向在确定时也不尽相同，如基础工程由施工机械和方法决定其平面、竖向的施工流向；主体工程一般均自下而上；装饰装修工程竖向的施工流向较复杂，室外装饰装修可采用“自上而下”的流向，室内装饰装修则可采用“自上而下”、“自下而上”和“自中而下再自上而中”的3种流向。

“自上而下”是指主体结构封顶，并做完屋面防水层后，装饰装修工程采用由顶层开始逐层向下的施工流向，一般有水平向下和垂直向下两种形式，如图3-1所示。这种做法的最大优点是交叉作业少，施工安全，工程质量容易保证，且自上而下清理现场比较方便；缺点是装饰工程不能提前插入，工期较长。

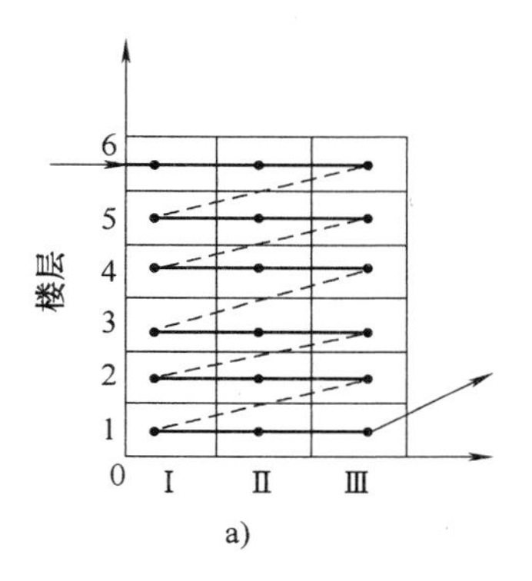


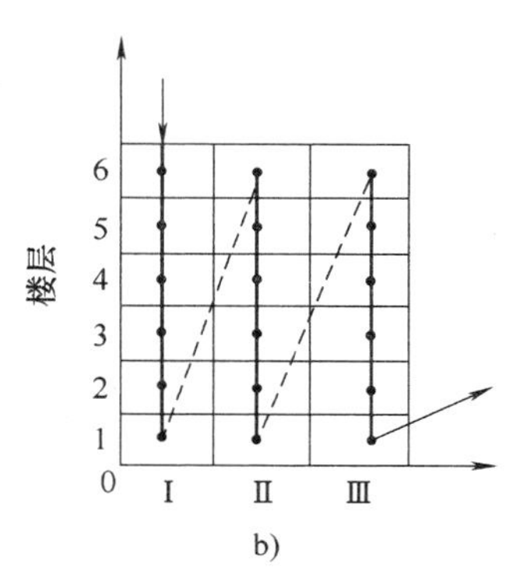


图3-1 室内装饰装修工程“自上而下”的流向
a）水平向下 b）垂直向下

“自下而上”是指主体结构施工完成不少于3层时，装饰装修工程采用从底层开始逐层向上的施工流向。一般与主体结构平行搭接施工，但至少应保持与主体结构施工间隔两个楼层，以确保装饰装修施工的安全。“自下而上”的流向也可分为水平向上和垂直向上两种形式，如图3-2所示。这种做法的优点在于充分利用了时间和空间，有利于缩短工期。但因装饰工程与主体结构工程交叉施工，材料垂直运输量大，劳动力安排集中，施工时必须有相应的确保安全的措施，同时应采取有效措施处理好楼面防水、避免渗漏。

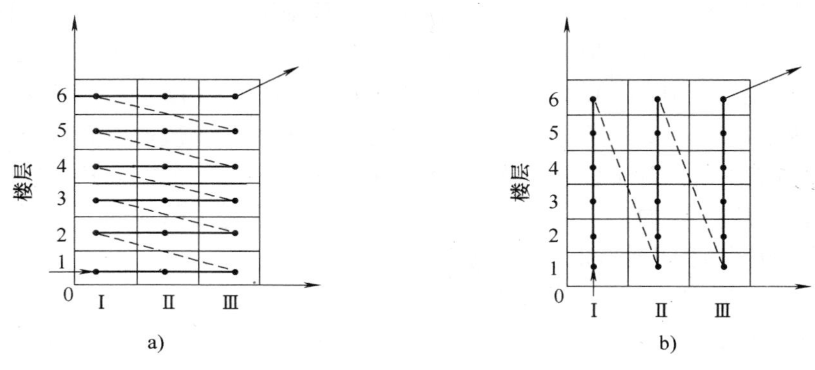


图3-2 室内装饰装修工程“自下而上”的流向
a）水平向上 b）垂直向上

“自中而下再自上而中”的施工流向，综合了前两种流向的优点，一般用于高层建筑的装饰装修施工。当主体结构施工进行到一半时，主体结构继续向上施工，同时室内装饰装修自中而下施工；当主体结构封顶后，再自上而中进行室内装饰装修，完成全部室内装饰装修施工，如图3-3所示。

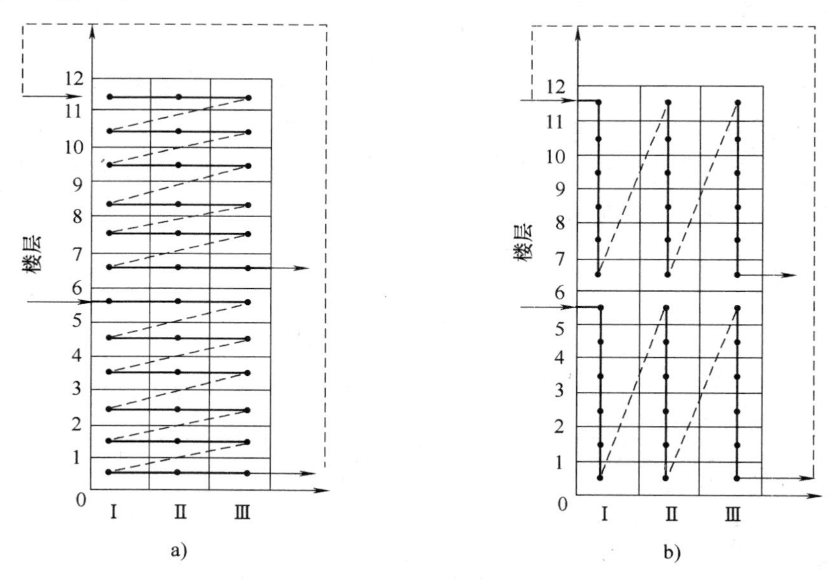


图3-3 室内装饰工程“自中而下再自上而中”的流向
a）水平自中而下再自上而中 b）垂直自中而下再自上而中

（4）确定施工顺序 施工顺序是指单位工程内部各分部（分项）工程或施工过程之间施工的先后次序。确定施工顺序既是为了按照客观的施工规律和工艺顺序组织施工，也是为了解决工种之间在时间上的搭接问题，从而在保证质量和安全的前提下，做到充分利用空间，争取时间，实现缩短工期的目的。

施工顺序应根据实际的工程施工条件和采用的施工方法来确定，合理地确定施工顺序是编制施工进度计划的需要。

1）确定施工顺序时应考虑因素。

① 必须遵循施工程序的要求。

② 必须符合施工工艺的要求。

③ 必须做到施工顺序和施工方法相一致。

④ 必须与施工方法和施工机械的要求相一致。

⑤ 必须考虑工期和施工组织的要求。

⑥ 必须考虑施工质量和安全的要求。

⑦ 充分考虑到当地气候特点对工程的影响。

2）多层混合结构房屋的施工顺序。多层混合结构房屋的施工，通常可分为 3 个施工阶段：基础工程阶段、主体工程阶段、屋面及装饰工程阶段，如图 3-4 所示。

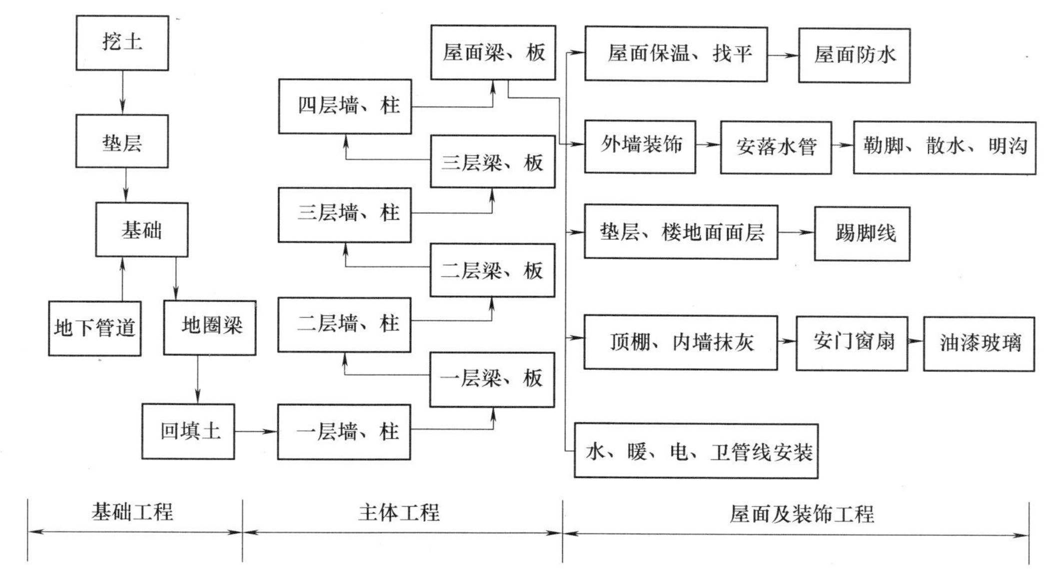


图 3-4　多层混合结构的施工顺序示意图

① 基础工程阶段施工顺序。基础工程一般指房屋底层的室内地坪（±0.000）以下所有工程。其施工顺序为：挖土→垫层→基础→回填土；如果有地下室，则施工顺序一般是：挖土→垫层→地下室底板→地下室墙、柱结构→地下室顶板→防水层→回填土。具体内容视工程设计而定。

因基础工程受自然条件影响较大，各施工过程安排尽量紧凑。基槽开挖与垫层施工安排要紧凑，间隔时间不宜过长，以防曝晒和积水而影响地基的承载能力。在安排工序的穿插搭接时，应充分考虑技术间歇和组织间歇，以保证质量和工期。一般情况下，回填土应在基础完工后一次分层压实，这样既可以保证基础不受雨水浸泡，又可为后续工作提供场地，使场地面积增大，并为搭设外脚手架及建筑物四周运输道路的畅通创造条件。当回填土工程量较大且工期较紧时，也可将回填土分段施工，并与主体结构搭接进行，室内回填土可安排在室内装修施工前进行。

地下管道施工应与基础工程施工配合进行，平行搭接，合理安排施工顺序，尽可能避免土方重复开挖，造成不必要的浪费。

② 主体工程阶段的施工顺序。主体工程是指基础工程以上，屋面板以下的所有工程。这一施工过程主要包括：安装起重垂直运输机械、搭设脚手架、墙体砌筑、现浇柱、梁、板、雨篷、阳台，以及楼梯等施工内容。

主体工程施工顺序为：绑扎构造柱钢筋→墙体砌筑→安装构造柱模板→浇筑构造柱混凝土→安装梁、板、楼梯模板→绑梁、板、楼梯钢筋→浇筑梁、板、楼梯混凝土。

墙体砌筑和现浇楼板是主体工程施工阶段的主导施工过程。两者在各楼层中交替进行，应注意使它们在施工中保持均衡、连续、有节奏地进行，并以其为主组织流水作业，而其他施工过程则应配合墙体砌筑和现浇楼板组织流水施工，如脚手架搭设应配合墙体砌筑和现浇楼板逐段逐层进行；其他现浇钢筋混凝土构件的支模、绑扎钢筋可安排在现浇楼板的同时或墙体砌筑的最后一步插入。要及时做好模板、钢筋的加工制作工作，以免影响后续工程的按期投入。

③ 屋面及装饰工程施工阶段施工顺序。屋面及装饰工程是指屋面板完成以后的所有工作。这一施工阶段具有施工内容多、劳动消耗量大、手工操作多及持续时间长等特点，因此为了加快施工进度，必须合理安排屋面及装饰工程的施工顺序，组织立体交叉作业。

屋面工程分为卷材防水屋面和刚性防水屋面两种，屋面工程施工在一般情况下不划分流水段，可以和装饰装修工程进行搭接或平行施工。卷材防水屋面工程的施工顺序一般为：找平层→隔气层→保温层→找平层→结合层→柔性防水层→保护层；刚性防水屋面的施工顺序为：找平层→隔气层→保温层→找平层→刚性防水层。

装饰工程施工可分为室外装饰（外墙、勒脚、散水、台阶、明沟、雨水管）和室内装饰（顶棚、墙面、地面、踢脚线、楼梯、门窗、油漆、玻璃等）两类。装饰工程的施工顺序通常有先内后外、先外后内、内外同时进行三种顺序，具体确定应用何种顺序，应根据施工条件、气候条件及合同工期的要求来确定，通常室外装饰工程应避开冬期或雨期。当室内为水磨石楼面时，为防止楼面施工时渗漏水而对外墙产生影响，应先做水磨石楼面，再做外墙面；如果考虑到适应气候条件，加快外脚手架周转，也可采用先外后内的施工顺序，或者室内外同时进行；此外，当采用单排外脚手架进行墙体砌筑时，由于墙体砌筑时留有脚手眼，故内墙抹灰需等到该层外装饰完成，脚手架拆除，洞眼补好后方能进行。

同一层的顶棚、墙面抹灰与地面的施工顺序一般有两种：一种是先做地面，后做顶棚、墙面抹灰；另一种是先做顶棚、墙面抹灰，后做地面。这两种施工顺序各有利弊。前者便于清理地面基层，楼、地面质量易保证，而且便于收集顶棚和墙面的落地灰，从而节约材料，但要注意楼、地面成品保护，否则后一道工序不能及时进行；后者则在楼、地面施工之前，必须将落地灰清扫干净，否则会影响面层与结构层间的粘结，引起楼、地面起壳，而且楼、地面施工用水的渗漏可能影响下层墙面、顶棚的施工质量。

楼梯间和楼梯踏步，由于在施工期间易于损坏，为了保证装饰工程质量，通常在其他室内装饰完工之后，自上而下进行，并采取相应措施保护。门窗的安装可在抹灰之前或之后进行，主要视气候和施工条件而定，但通常是安排在抹灰之后进行；而安装玻璃和油漆的顺序是应先油漆门窗扇，后安装玻璃，以免油漆弄脏玻璃，塑钢和铝合金门窗不受限制。

房屋设备安装必须与土建施工密切配合，进行交叉施工。在基础施工阶段，应埋设好地下管网，预配上部管件，以便配合主体施工。主体施工阶段，应做好预留孔道，暗敷管线，埋设木砖和箱盒等配件。装饰工程施工阶段应及时安排好室内管网和附墙设备。

3）多层现浇钢筋混凝土框架结构房屋的施工顺序。多层现浇钢筋混凝土框架结构房屋的施工顺序一般可划分为基础工程、主体工程、围护工程、屋面工程及装饰工程等。多层现浇钢筋混凝土框架结构房屋的施工顺序如图3-5所示。

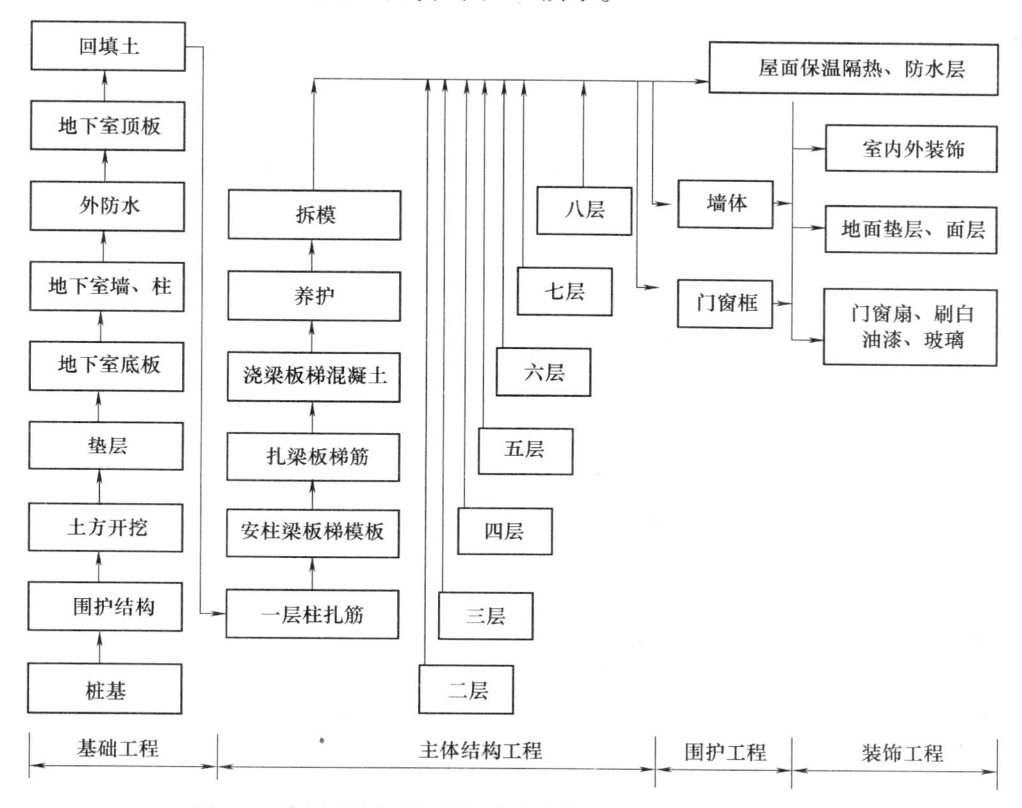

图3-5 多层现浇钢筋混凝土框架结构房屋的施工顺序示意图

① 基础工程施工顺序。若无地下室，其施工顺序一般为：挖土→垫层→钢筋混凝土基础→回填土；若有地下室，且基础形式为桩基础时，其施工顺序一般为：桩基础施工→围护结构→土方开挖→垫层→地下室底板（防水处理）→地下室柱、墙（防水处理）→地下室顶板→回填土。

② 主体结构工程的施工顺序。主体结构工程的施工顺序为：绑扎柱钢筋→安装柱、梁、板模板→浇筑柱混凝土→绑扎梁、板钢筋→浇筑梁、板混凝土→养护→拆模。

③ 围护工程的施工顺序。围护工程包括砌筑外墙、内墙、安装门窗框等施工过程。墙体工程包括脚手架的搭拆，内、外墙砌筑等分项工程，应与主体结构工程、屋面工程和装饰工程密切配合，交叉施工，以加快施工速度。主体结构拆模后便可进行墙体砌筑；墙体砌筑完后便可进行室内装饰工程；主体结构和屋面结构施工完后，便可进行屋面工程。

④ 屋面和装饰工程的施工顺序。屋面工程的施工顺序与混合结构房屋的屋面工程基本相同。

4）装配式单层工业厂房的施工顺序。工业厂房的施工比较复杂，不仅要完成土建工程，而且还要完成工艺设备和工业管线的安装。单层工业厂房应用较广，如机械、化工、冶金、纺织等行业的很多车间均采用装配式钢筋混凝土排架结构。单层工业厂房的设计定型化、结构标准化、施工机械化显著地缩短了设计与施工时间。

装配式单层工业厂房的施工可分为：基础工程、预制工程、结构吊装工程、围护工程、屋面及装饰工程 5 个部分。装配式钢筋混凝土单层工业厂房的施工顺序示意图如图 3-6 所示。

① 基础工程的施工顺序。单层工业厂房的柱基础一般为现浇钢筋混凝土独立的杯形基础，故其施工顺序通常为：基坑开挖→做垫层→绑扎钢筋→安装基础模板→浇混凝土基础→养护→拆模→回填土等。

当厂房建设在土质较差的场地时，通常采用桩基础，此时为了缩短工期，常将打桩阶段安排在施工准备阶段进行。

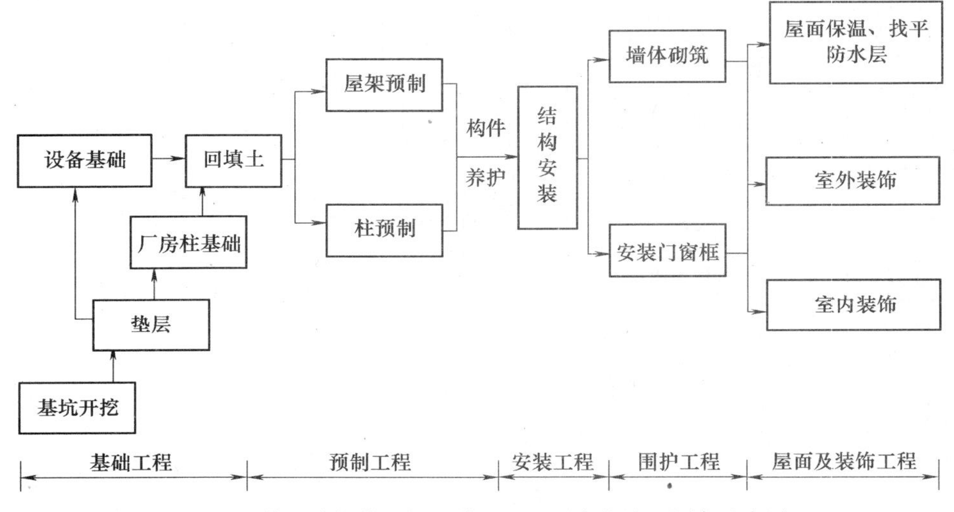


图 3-6 装配式钢筋混凝土单层工业厂房的施工顺序示意图

工业厂房的基础有厂房柱基础和设备基础两类。在安排施工顺序时，首先要确定厂房柱基础与设备基础的施工顺序，因为它常会影响到主体结构安装的方法和设备安装投入的时间。通常可采用封闭式施工或敞开式施工。

封闭式施工是指当厂房柱基础的埋置深度大于设备埋置深度时，一般采用厂房柱基础先施工，设备基础待上部主体结构工程完成之后再施工，如一般的机械工业厂房。

采用封闭式施工的优点为：设备基础的施工在室内进行，不受气候的影响；现场构件预制、运输、堆放及起重机械开行较方便；可利用已安装好的桥式起重机为设备基础施工服务；缺点为：易出现某些重复工作，如部分柱基础回填土的重复挖填和运输道路的重复铺设等；设备基础施工场地较小，施工条件较差；不能提前为设备安装提供工作面，施工工期较长。

通常封闭式施工，多用于厂房施工处于冬期、雨期时，或者设备基础不大，或者采用沉井等特殊施工方法的较大、较深的设备基础。

敞开式施工是指当设备基础埋置深度大于厂房柱基础埋置深度时，采用厂房柱基础与设备基础同时施工，然后进行厂房上部结构施工。

采用敞开式施工的优点为：可利用机械完成土方施工，工作面大，为设备提前安装创造了条件；缺点为：对施工现场构件的预制、运输、堆放及起重机械的开行带来不便。

通常，当厂房的设备基础较大，且较深时，基坑的挖土范围便成一体，或者深于厂房柱基础。当地基的土质不允许时，才采用敞开式施工。

② 预制工程的施工顺序。单层工业厂房构件的预制，通常采用工厂预制和工地预制相结合的方法。对于重大、较大和运输不便的构件，可在现场预制，如柱、屋架等；对于中小型构件可在工厂预制。

非预应力钢筋混凝土构件预制的施工顺序为：场地平整夯实→支模板→绑扎钢筋→安放预埋件→浇筑混凝土→养护等。

预应力钢筋混凝土构件施工方法有先张法和后张法，一般现场多采用后张法施工。

预应力钢筋混凝土构件预制的施工顺序为：场地平整夯实→支模板→绑扎钢筋→安放预埋件→预留孔道→浇筑混凝土养护→拆模→预应力张拉→锚固孔道灌浆等。

③ 结构吊装工程的施工顺序。结构吊装工程是装配式单层工业厂房施工中的主导施工过程。其主要的施工过程有：安装柱、柱间支撑、吊车梁、连系梁、屋架、天窗架，以及屋面板等。

构件吊装顺序主要取决于结构吊装方法，结构吊装方法分为分件吊装法和综合吊装法。若采用分件吊装法，其吊装顺序一般为：第一次开行吊装柱，并进行校正和固定；第二次开行吊装吊车梁、连系梁、基础梁等；第三次开行吊装屋架、屋面板等全部的屋盖系统构件。若采用综合吊装法，其吊装顺序为：先吊装4~6根柱并迅速校正及固定，再吊装该节间内的吊车梁、连系梁、基础梁及屋盖系统的全部构件，如此逐个节间吊装，完成全部厂房的结构吊装任务。

抗风柱的吊装顺序可在全部柱吊装完后，屋盖系统开始吊装前，将第一节间的抗风柱吊装后，再吊装第一榀屋架，最后一榀屋架吊装后，再吊装最后节间的抗风柱；也可以在屋盖系统吊装定位后，再吊装全部抗风柱。

④ 围护结构工程、屋面及装饰工程的施工顺序。这一阶段总的顺序为：围护结构→屋面工程→装饰工程；但有时也平行搭接施工。

围护结构主要的工作内容有墙体砌筑、门窗框安装等。

屋面工程在屋盖构件吊装完毕，垂直运输设备搭设好后，即可施工。它包括屋面板灌缝、保温层、找平层、结合层、防水层及保护层施工。

单层工业厂房的装饰工程包括室内装饰（抹灰、楼地面、门窗扇、玻璃安装、油漆和刷白等）和室外装饰（勾缝、抹灰、勒脚、散水等），两者既可平行施工，也可与其他施工过程交叉进行。

⑤ 设备安装工程的施工顺序。单层工业厂房的水、暖、电、卫等工程与混合结构房屋的水、暖、电、卫等工程的施工顺序基本相同。生产设备的安装，由于专业性强，技术要求水平较高，所以一般均有专业公司承担，除应遵照有关专业顺序进行外，还要重视与土建施工相互配合。

（5）合理的资源配置原则　主要考虑劳动力、机械设备的配置和材料的投入，应根据各施工阶段的特点来安排施工部署。

（6）以科技为先导的部署原则　对工程施工中开发和使用的“四新”技术（新技术、

新工艺、新材料、新设备），以及建筑业十项新技术的应用作出部署，并提出技术和管理要求。

（7）满足流水施工要求的部署原则 考虑工程特点和要求，考虑是否流水施工。

（8）其他部署原则 其他部署原则，如满足绿色施工要求的部署原则；以人为本、科学管理的部署原则；创优、创杯和创文明工地标准要求的部署原则等。

**3. 建立项目经理部组织机构**

（1）建立项目组织机构 应根据项目的实际情况，成立一个以项目经理为首的、与工程规模及施工要求相适应的组织管理机构——项目经理部。项目经理部职能部门的设置应紧密围绕项目管理内容的需要确定。

（2）确定组织机构形式 项目经理部人员的组成通常以线性组织机构图的形式（方框图）表示，对于组织机构框图，力求科学、反映真实，能够直接应用于施工。在项目组织结构框图中应明确3项内容，即项目部主要成员的姓名、行政职务和技术职称或执业资格，使项目的人员构成基本情况一目了然。组织机构框图如图3-7所示。

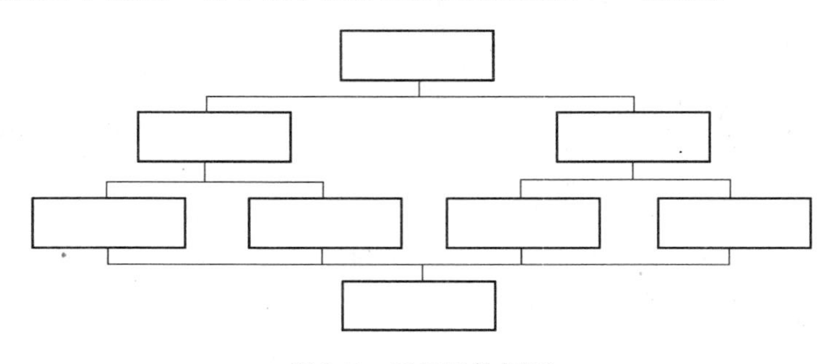

图3-7 组织机构框图

（3）确定组织管理层次 施工管理层次可分为：决策层、控制层和作业层。项目经理是最高决策者，职能部门是管理控制层，施工班组是作业层。

（4）制定岗位职责 在确定项目部组织机构时，还要明确组织内部的每个岗位人员的分工职责，落实施工责任，责任和权力必须一致，并形成相应的规章和制度，使各岗位人员各行其职，各负其责。

**4. 明确施工任务划分**

在建立了项目施工组织管理体制和机构的条件下，划分参与建设的各单位的施工任务和负责范围，明确总包与分包单位的关系，明确各单位之间的关系。

（1）各单位负责范围 各单位负责范围见表3-12。

**表3-12 各单位负责范围**

| 序 号 | 负责单位 | 任务划分范围 |
|---|---|---|
| 1 | 总包合同范围 | |
| 2 | 总包组织外部分包范围 | |
| 3 | 业主指定分包范围 | |
| 4 | 总包对分包管理范围 | |

注：总包合同范围是指合同文件所规定的范围。强调编写者要根据合同内容进行编写，即将合同中这段具有法律效力的文字如实抄写下来；业主指定分包范围应纳入总包管理范围。

（2）工程物资采购划分 工程物资采购划分见表3-13。

**表3-13 工程物资采购划分**

| 序 号 | 负 责 单 位 | 任务划分范围 |
| --- | --- | --- |
| 1 | 总包采购范围 | |
| 2 | 业主自行采购范围 | |
| 3 | 分包采购范围 | |

（3）总包单位与分包单位的关系 总包单位与分包单位的关系见表3-14。

**表3-14 总包单位与分包单位的关系**

| 序 号 | 主要分包单位 | 主要承包单位 | 分包与总包的关系 | 总包对分包的要求 |
| --- | --- | --- | --- | --- |
| 1 | | | | |
| 2 | | | | |

**5. 明确施工组织协调与配合**

工程施工过程是通过业主、设计、监理、总包、分包和供应商等多家单位合作完成的，协调组织各方的工作和管理，是工程能按期完成、确保质量和安全、降低成本的关键之一，因此为了保证这些目标的实现，必须明确制定各种制度，确保将各方的工作组织协调好。

（1）协调内容 协调内容主要包括如下内容：

1）协调项目内部参建各方的关系。与建设单位的协调、配合，与设计单位的协调、配合，与监理单位的协调、配合，对各分包单位的协调、配合管理。

2）协调外部各单位关系。与周围街道和居委会的协调、配合，与政府各部门的协调、配合。

（2）协调方式 主要是建立会议制度，通过会议通报情况，协商解决各类问题。主要的管理制度如下：

1）在协调外部各单位关系方面，建立图纸会审和图纸交底制度、监理例会制度、专题讨论会议制度、考察制度、技术文件修改制度、分项工程样板制度，以及计划考核制度。

2）在协调项目内部关系方面，建立项目管理例会制度、质量安全例会制度、质量安全标准及法规培训制度。

3）在协调好各分承包关系方面，建立生产例会制度等。

## 3.3.2 施工方案的确定

施工方案是单位工程施工组织设计的核心问题。施工方案合理与否将直接影响工程的施工效率、质量、工期和技术经济效果，因此必须引起足够的重视。

正确选择施工方法和施工机械是制定施工方案的关键。单位工程各个分部（分项）工程均可采用各种不同的施工方法和施工机械进行施工，而每一种施工方法和施工机械又都有其优缺点，因此必须从先进、经济、合理的角度出发，选择施工方法和施工机械，以达到提高工程质量、降低工程成本、提高劳动生产率和加快工程进度的预期效果。

在单位工程施工中，施工方法和施工机械的选择主要应根据工程建筑结构特点、质量要

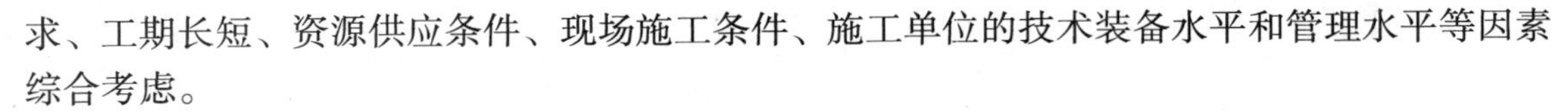

求、工期长短、资源供应条件、现场施工条件、施工单位的技术装备水平和管理水平等因素综合考虑。

**1. 施工方法的选择**

主要的施工方法是指单位工程中主要分部（分项）工程或专项工程的施工手段和工艺，是属于施工方案技术方面的内容。

（1）施工方法主要内容　拟定主要的操作过程和方法，包括施工机械的选择、提出质量要求、达到质量要求的技术措施，以及制定切实可行的安全施工措施等。

（2）确定施工方法的重点　确定施工方法时，应从单位工程施工全局出发，着重考虑影响整个工程施工的主要分部（分项）工程的施工方法，如在单位工程中工程量大、所需时间长、占工期比例大的分部（分项）工程；施工技术复杂或采用新材料、新技术、新工艺的分部（分项）工程；对工程质量起关键作用的分部分项工程；不熟悉的特殊结构或缺乏施工经验的分部（分项）工程。而对于一般的、常见的、施工人员熟悉的、工程量较小的，以及对施工全局和工期无多大影响的分部（分项）工程，只要提出若干注意事项和要求就可以了，不必详细拟定施工方法。对于下列项目的施工方法则应详细、具体。

1）工程量大，在单位工程中占重要地位，对工程质量起关键作用的分部（分项）工程，如基础工程、钢筋混凝土工程等隐蔽工程。

2）施工技术复杂、施工难度大或采用新技术、新工艺、新材料、新结构的分部（分项）工程，如大体积混凝土结构施工、模板早拆模体系、无粘结预应力混凝土等。

3）施工人员不太熟悉的特殊结构，专业性很强、技术要求很高的工程，如仿古建筑、大跨度空间结构、大型玻璃幕墙、薄壳、悬索结构等。

（3）确定施工方法应遵循的原则

1）要反映主要分部（分项）工程或专项工程拟采用的施工手段和工艺，具体要反映施工中的工艺方法、工艺流程、操作要点和工艺标准，对机具的选择与质量检验等内容。

2）施工方法的确定应体现先进性、经济性和适用性。施工方法的确定应着重于各主要施工方法的技术、经济比较，力求达到技术先进，施工方便、可行，经济上合理的目的。

3）在编写深度方面，要对每个分项工程的施工方法进行宏观的描述，要体现宏观指导性、原则性，其内容应表达清楚，决策要简练。

（4）主要施工方法要点　单位工程施工的主要施工方法不但包括各主要分部（分项）工程施工方法的内容（如土方工程，基础、砌体、模板、钢筋、混凝土、结构安装、装饰、垂直运输和设备安装等工种工程），还包括测量放线、脚手架和季节性施工等专项施工方法。

1）测量放线。施工测量是建筑工程施工中的基础工作，是各施工阶段中的先导性工序，是保证工程的平面位置、高程、竖向和几何形状符合设计要求和施工的依据。

① 平面控制测量。说明轴线控制的依据及引至现场的轴线控制点位置；确定地下部分平面轴线的投测方法；确定地上部分平面轴线的投测方法。

② 高程控制测量。建立高程控制网，说明标高引测的依据及引至现场的标高的位置；确定高程的传递的方法；明确垂直度控制的方法。

③ 说明对控制桩的保护要求。

④ 明确测量控制准确度。

⑤ 沉降观测。当设计或相关标准有明确要求时，或者当施工中需要进行沉降观测时，应确定观测部位、观测时间及准确度要求。沉降观测一般由建设单位委托有资质的专业测量单位完成该项工作，施工单位配合。

⑥ 质量保证要求。提出保证施工测量质量的要求。

2）土石方工程

① 挖土方法。根据土方量大小，确定采用人工挖土还是机械挖土。当采用人工挖土时，应按进度要求确定劳动力人数，分区分段施工；当采用机械挖土时，应先选择机械挖土的方式，再确定挖土机的型号、数量，机械开挖方向与路线，以及人工如何配合修整基底、边坡。

② 地面水、地下水的排除方法。确定排水沟渠、集水井、井点的布置及所需设备的型号、数量。

③ 开挖深基坑的方法。应根据土质类别及场地周围情况确定边坡的放坡坡度或土壁的支撑形式和打设方法，确保安全。

④ 石方施工。确定石方的爆破方法，所需机具材料。

⑤ 地形较复杂的场地平整时，应进行土方平衡计算，绘制平衡调配表。

⑥ 确定运输方式、运输机械型号及数量。

⑦ 确定土方回填的方法，填土压实的要求及机具的选择。

⑧ 确定地基处理的方法（换填地基、夯实地基、挤密桩地基、注浆地基等）及相应的材料机具设备。

3）基础工程

① 浅基础。明确其中垫层、钢筋混凝土基础施工的技术要求。

② 地下防水工程。应根据其防水方法（混凝土结构自防水、水泥砂浆抹面防水、卷材防水、涂料防水），确定用料要求和相关技术措施等。

③ 桩基础。明确施工机械型号、入土方法和入土深度的控制、检测及质量要求等。

④ 基础的深浅不同时，应确定基础施工的先后顺序、标高控制及质量安全措施等。

⑤ 各种变形缝。确定留设方法及注意事项。

⑥ 混凝土基础施工缝。确定留设位置、技术要求。

4）钢筋混凝土工程

① 模板的类型和支模方法的确定。根据不同的结构类型，现场施工条件和企业实际施工设备，确定模板种类、支撑方法和施工方法，并分别列出采用的项目、部位、数量，明确加工制作的分工，选用隔离剂，对于复杂的结构还需进行模板设计及绘制模板放样图。模板工程应向工具化方向努力发展，推广“快速脱模”的方法，提高周转利用率；采取分段流水工艺，减少模板一次投入量，同时确定模板供应渠道（租用或内部调拨）。

② 钢筋的加工、运输和安装方法的确定。明确构件厂或现场加工的范围（如成型程度是加工成单根、网片还是骨架）；明确除锈、调直、切断、弯曲成型的方法；明确钢筋冷拉、加预应力的方法；明确焊接方法（如电弧焊、对焊、点焊、气压焊等）或机械连接方法（如挤压套筒、直螺纹等）；明确钢筋运输和安装方法；明确相应机具设备的型号、数量。

③ 混凝土搅拌和运输方法的确定。若当地有预拌混凝土供应时，首先应采用预拌混凝

土；否则，应根据混凝土工程量的大小，合理选用搅拌方式（是集中搅拌还是分散搅拌）；选用搅拌机的型号、数量；进行配合比设计；确定掺合料、外加剂的品种、数量；确定砂石筛选，计量和后台上料的方法；确定混凝土运输方法。

④ 混凝土的浇筑。确定浇筑顺序、施工缝位置、分层高度、工作班制、浇筑方法、养护制度及相应机械工具的型号、数量。

⑤ 冬期或高温条件下浇筑混凝土。应制定相应的防冻或降温措施，落实测温工作，明确外加剂品种、数量和控制方法。

⑥ 浇筑大体积混凝土。应制定防止温度裂缝的措施，落实测量孔的设置和测温记录等工作。

⑦ 有防水要求的特殊混凝土工程。应预先做好防渗等试验工作，明确用料和施工操作等要求，加强检测、控制措施，保证质量。

⑧ 装配式单层工业厂房的牛腿柱和屋架等大型的、在现场预制的钢筋混凝土构件，应预先确定柱与屋架现场预制平面布置图。

5）砌体工程

① 确定砌体的组砌方法和质量要求，皮数杆的控制要求，施工段和劳动力的组合形式等。

② 明确砌体与钢筋混凝土构造柱、梁、圈梁、楼板、阳台及楼梯等构件的连接要求。

③ 明确配筋砌体工程的施工要求。

④ 明确砌筑砂浆的配合比计算及原材料要求，拌制和使用时的要求。

6）结构安装工程

① 选择吊装机械的类型和数量。需根据建筑物的外形尺寸，所吊装构件的外形尺寸、位置、重量、起重高度，工程量和工期，现场条件，吊装工地拥挤的程度与吊装机械通向建筑工地的可能性，以及工地上可能获得吊装机械的类型等条件来确定。

② 确定吊装方法，安排吊装顺序、机械位置和行驶路线，以及构件拼装办法及场地。

③ 有些跨度大的建筑物的构件吊装时，应认真制定吊装工艺，设定构件吊点位置，确定吊索的长短及夹角的大小，起吊和扶正时的临时稳固措施，以及垂直度的测量方法等。

④ 确定构件运输、装卸、堆放办法及所需机具设备（如平板拖车、载重汽车、卷扬机及架子车等）的型号、数量和对运输道路的要求。

⑤ 确定吊装工程准备工作的内容，起重机行走路线应压实、加固；明确各种吊装机具的临时加固和电焊机使用等的要求及吊装有关技术措施。

7）屋面工程

① 明确屋面各个分项工程（如卷材防水屋面一般有找坡找平层、隔气层、保温层、防水层、保护层或使用面层等分项工程，刚性防水屋面一般有隔离层、刚性防水层等分项工程）的各层材料，特别是防水材料的质量要求、施工操作要求。

② 确定屋盖系统的各种节点部位及各种接缝的密封防水施工。

③ 确定屋面材料的运输方式。

8）外墙保温工程

① 说明采用外墙保温的类型及部位。

② 确定主要的施工方法及技术要求。

③ 明确外墙保温板施工完成后的现场试验要求。

④ 明确保温材料进场要求和材料性能要求。

9）装饰工程

① 明确装饰工程进入现场施工的时间、施工顺序和成品保护等具体要求；结构、装修及安装穿插施工，缩短工期。

② 较高级的室内装修应先做样板间，通过设计、业主、监理等单位联合认定后，再全面开展工作。

③ 对于民用建筑，需提出室内装饰环境污染控制方法。

④ 室外装修工程应明确脚手架的设置；饰面材料应有防止渗水、防止坠落的措施，且金属材料应有防锈蚀的措施。

⑤ 确定分项工程的施工方法和要求；提出所需的机具设备的型号、数量。

⑥ 提出各种装饰装修材料的品种、规格、外观、尺寸及质量等要求。

⑦ 确定装修材料逐层配套堆放的数量和平面位置；提出材料储存要求。

⑧ 确定保证装饰工程施工防火安全的方法，如材料的防火处理、施工现场防火、电气防火及消防设施的保护。

10）脚手架工程

① 明确内、外脚手架的用料、搭设、使用、拆除方法及安全措施；外墙脚手架大多从地面开始搭设，根据土质情况，应有防止脚手架不均匀下沉的措施。

② 应明确特殊部位脚手架的搭设方案，例如施工现场的主要出入口处，脚手架应留有较大空间，便于行人或车辆进出，空间两边和上边均应用双杆处理，并局部设置剪刀撑，加强与主体结构的拉结固定。

③ 室内施工脚手架宜采用轻型的工具式脚手架，装拆方便、省工，且成本较低。高度较高、跨度较大的厂房顶棚喷刷工程宜采用移动式脚手架，省工，又不影响其他工程。

④ 脚手架工程还需确定安全网挂设方法、“四口五临边”防护方案。

11）现场水平垂直运输设施

① 确定垂直运输量，有标准层的需确定标准层运输量。

② 选择垂直运输方式及其机械的型号、数量、布置、安全装置、服务范围和穿插班次；明确垂直运输设施使用中的注意事项。

③ 选择水平运输方式及其设备的型号、数量。

④ 确定地面和楼面上水平运输的行驶路线。

12）特殊项目。特殊项目是指采用新技术、新材料及新结构的项目，如大跨度空间结构、水下结构、基础大体积混凝土施工、大型玻璃幕墙、软土地基等项目。

① 选择施工方法，阐明施工技术关键所在（当难于用文字表述清楚时，可配合图表描述）。

② 拟定质量、安全措施。

13）季节性施工。当工程施工跨越冬期或雨期时，就必须制定冬期施工措施或雨期施工措施。施工措施应根据不同的工程部位、施工内容、及施工条件分别进行制定。

① 冬（雨）期施工部位。说明冬（雨）期施工的具体项目及部位。

② 冬期施工措施。根据工程所在地的冬季气温、降雪量的不同，工程部位及施工内容

的不同，施工单位的条件不同，制定不同的冬期施工措施。

③ 雨期施工措施。根据工程所在地的雨量、雨期及工程的特点（如深基础、大土方量、施工设备、工程部位）制定措施。

有关季节性施工的内容应在季节性专项施工方案中细化。

**2. 施工机械的选择**

施工机械对施工工艺、施工方法有直接的影响，施工机械化是现代化大生产的显著标志，对加快建设速度，提高工程质量，保证施工安全，节约工程成本起着至关重要的作用，因此施工机械的选择成为确定施工方案的一个主要内容。

（1）大型机械选择原则　大型机械一般是指主导工程的施工机械，如土方机械、水平与垂直运输机械及其他大型机械等。

机械化施工是施工方法选择的中心环节，施工方法和施工机械的选择是紧密联系的，一定的方法配备一定的机械，在选择施工方法时应当协调一致。大型机械设备的选择主要是选择施工机械的型号和确定其数量，在选择其型号时要符合以下原则：

1）满足施工工艺的要求。

2）有获得的可能性。

3）经济合理，且技术先进。

（2）大型机械设备选择应考虑的因素

1）选择施工机械应首先根据工程特点，选择适宜主导工程的施工机械。

2）在同一建筑工地上的施工机械的种类和型号尽可能地少一些。

3）在选用施工机械时，尽可能选用施工单位现有的机械，以减少资金的投入，充分发挥现有机械的效率；若施工单位现有机械不能满足工程需要，则可考虑租赁或购买。

4）对于高层建筑或结构复杂的建（构）筑物，其主体结构施工时采用的垂直运输机械的最佳方案一般是多种机械的组合，如塔式起重机和施工电梯；塔式起重机、施工电梯和混凝土水泵；塔式起重机、施工电梯和井架提升机；井架快速提升机和施工电梯等。

（3）大型机械设备选择确定　根据工程特点，按施工阶段正确选择最适宜主导工程的大型施工机械设备，各种机械的型号、数量确定之后，列出机械设备的规格、型号、主要技术参数及数量，可汇总查表。大型机械设备选择汇总见表3-15。

**表3-15　大型机械设备选择汇总**

| 序号 | 大型机械名称 | 机械型号 | 主要技术参数 | 数量 | 进、退场日期 |
|---|---|---|---|---|---|
| 1 | | | | | |
| 2 | | | | | |
| … | | | | | |

**特别提示：**施工方案的确定是单位工程施工组织设计的重要环节，是决定整个工程全局的关键。施工方案的优劣，在很大程度上决定了施工组织设计的质量和施工任务完成的好坏，因此必须在若干个初步方案的基础上认真分析比较，力求选择出一个最合理的施工方案。

# 任务4 施工进度计划编制

**【工作任务】**

编制某工程施工进度计划。

**【任务目标】**

**知识目标：**能准确划分施工过程、施工段；正确计算流水参数；熟练掌握流水方式；掌握网络图的绘制原则、方法，网络时间参数的计算；掌握单位工程施工进度计划的编制步骤和编制方法；能使用施工管理软件编制单位工程横道图和网络图。

**能力目标：**根据施工图纸，能够编制单位工程施工进度计划。

施工进度计划是为实现设定的工期目标，对各项施工过程的施工顺序、起止时间和衔接管理所作的统筹策划和安排。单位工程施工进度计划应按照施工部署的安排进行编制。施工进度计划一般有两种表达方式，即横道图和网络图，并应附必要说明。

## 3.4.1 用横道图表达施工进度计划

横道图以图表形式反映施工进度计划，如图3-8所示。图表由左右两部分组成，左边部分反映拟建工程所划分的施工项目、工程量、劳动量或机械台班量、施工人数及工作持续时间等内容，右边是时间图表部分。

在实际工程中，用横道图表达进度计划时，需要计算出施工工期和一些时间数据，而这些数据是通过对工程施工的组织获得的。流水施工是组织工程施工的一种常用的科学方法。

**1. 流水施工的基本概念**

（1）组织施工的3种方式　任何建筑工程的施工，都可以分解为多个施工过程，每个施工过程又可以由一个或多个专业或混合的施工班组负责施工。在每个施工过程中，都包括各项资源的调配问题，其中最基本的是劳动力的组织安排问题，劳动力的组织安排不同，施工方法也就不同。通常情况下，组织施工可以采用依次施工、平行施工、流水施工3种方式，现就3种方式的施工特点和效果作如下对比分析。

**【例3-1】**现设有4栋同类型建筑的基础工程施工，每栋的基础工程施工包括开挖基槽、混凝土垫层、砌毛石基础和基槽回填土4个施工过程，每个施工过程的施工天数分别为2天、1天、3天和1天，各工作队的人数分别为10人、15人、25人和10人。按3种方式组织施工，对比分析如下：

① 依次施工。依次施工方式是指将拟建工程项目中的每一个施工对象分解为若干个施工过程，然后按施工工艺要求依次完成每一个施工过程；当一个施工对象完成后，再按同样的顺序完成下一个施工对象，依次类推，直至完成所有的施工对象。这种组织方式的施工进度安排、劳动力需求曲线如图3-9、图3-10所示。

由以上两个图形可以看出这种组织方式具有以下特点：施工工期较长；按施工段组织依次施工表明，各专业班组不能连续、均衡地施工，产生窝工现象，同时工作面轮流闲置，不能连续使用；按施工过程组织依次施工表明，各专业班组能连续、均衡地施工，但工作面使用不充分；单位时间内投入的劳动力、施工机具、材料等资源量较少，施工现场的组织、管理比较简单。

| 序号 | 分部(分项)工程名称 | 劳动量/工日 | 班组人数 | 工作班次 | 保持时间/d | 施工进度/d（五月 1–31；六月 1–30；1–6） |
|---|---|---|---|---|---|---|
| 一 | 基础工程 | | | | | |
| 1 | 机械开挖上土方 | 6台班 | | 2 | 4 | |
| 2 | 混凝土垫层 | 45 | 15 | 1 | 3 | |
| 3 | 绑扎基础钢筋 | 72 | 20 | 1 | 4 | |
| 4 | 基础模板 | 60 | 16 | 1 | 4 | |
| 5 | 基础混凝土 | 92 | 24 | 2 | 2 | |
| 6 | 回填土 | 100 | 25 | 1 | 4 | |
| 二 | 主体工程 | | | | | |
| 7 | 脚手架 | 315 | 6 | | | |
| 8 | 柱筋 | 140 | 18 | 1 | 8 | |
| 9 | 柱、梁、板、梯模板 | 2360 | 25 | 2 | 48 | |
| 10 | 柱混凝土 | 217 | 15 | 2 | 8 | |
| 11 | 梁、板、梯钢筋 | 800 | 25 | 2 | 16 | |
| 12 | 梁、板、梯混凝土 | 928 | 20 | 3 | 16 | |
| 13 | 拆模 | | 12 | 1 | | |
| 14 | 砌围护墙 | 720 | 40 | 1 | 18 | |
| 三 | 屋面工程 | | | | | |
| 15 | 屋面找坡保温层 | 240 | 40 | 1 | 6 | |
| 16 | 屋面找平层 | 64 | 18 | 1 | 4 | |
| 17 | 屋面防水、保护层 | 59 | 15 | 1 | 4 | |
| 四 | 装饰工程 | | | | | |
| 18 | 外墙保温 | 383 | 25 | 1 | 16 | |
| 19 | 外墙贴面砖 | 985 | 36 | 1 | 28 | |
| 20 | 窗框安装 | 189 | 13 | 1 | 16 | |
| 21 | 顶棚墙面抹灰 | 1420 | 45 | 1 | 32 | |
| 22 | 楼地面 | 965 | 35 | 1 | 28 | |
| 23 | 门、窗、扇安装 | 197 | 12 | 1 | 16 | |
| 24 | 油漆涂料 | 474 | 20 | 1 | 16 | |
| 25 | 室外工程 | 73 | 15 | 1 | 5 | |
| 26 | 水、暖、电 | | | | | |
| 27 | 清理、竣工验收 | | 10 | 1 | 5 | |

图 3-8 某教学楼

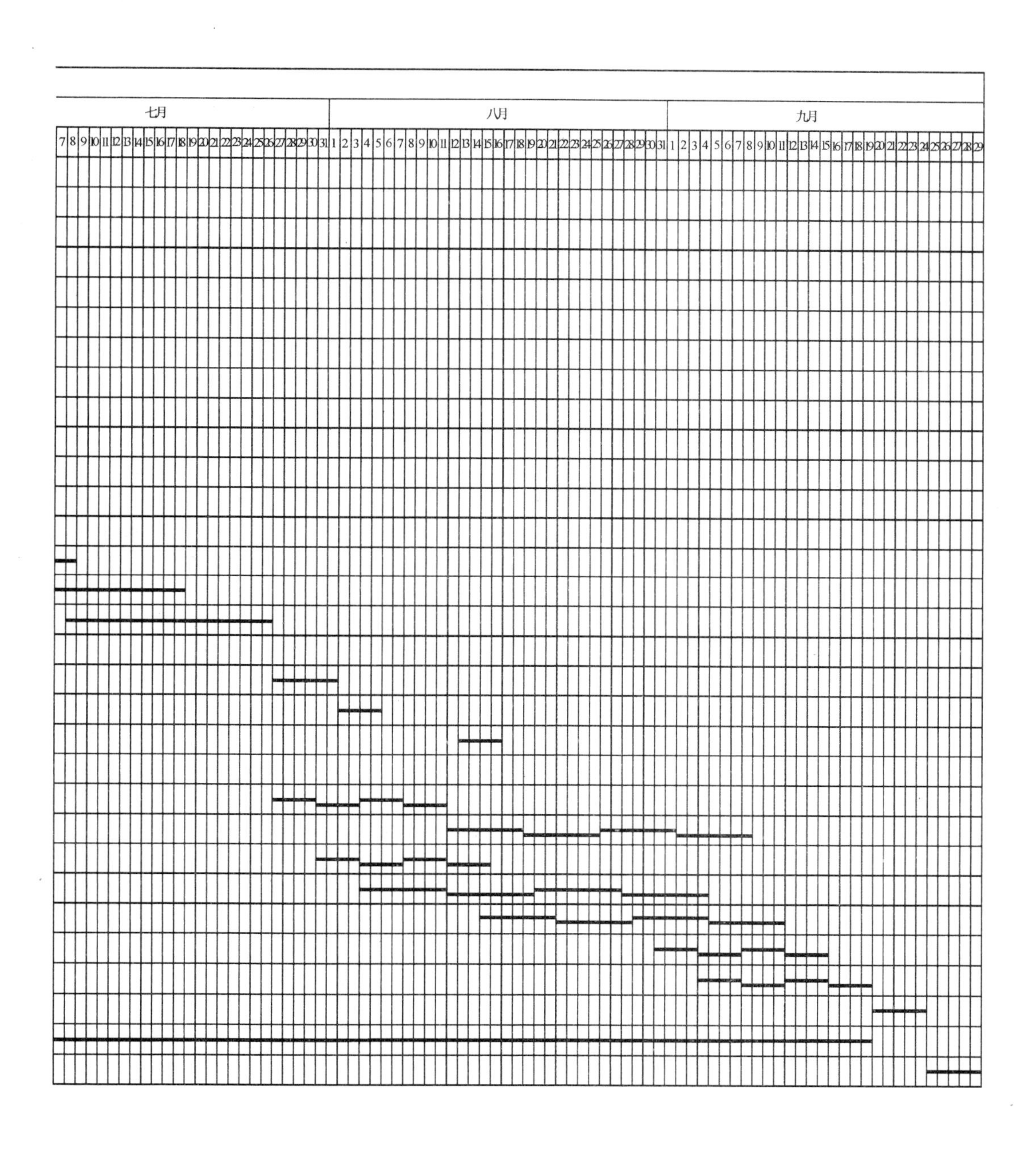


流水施工进度表

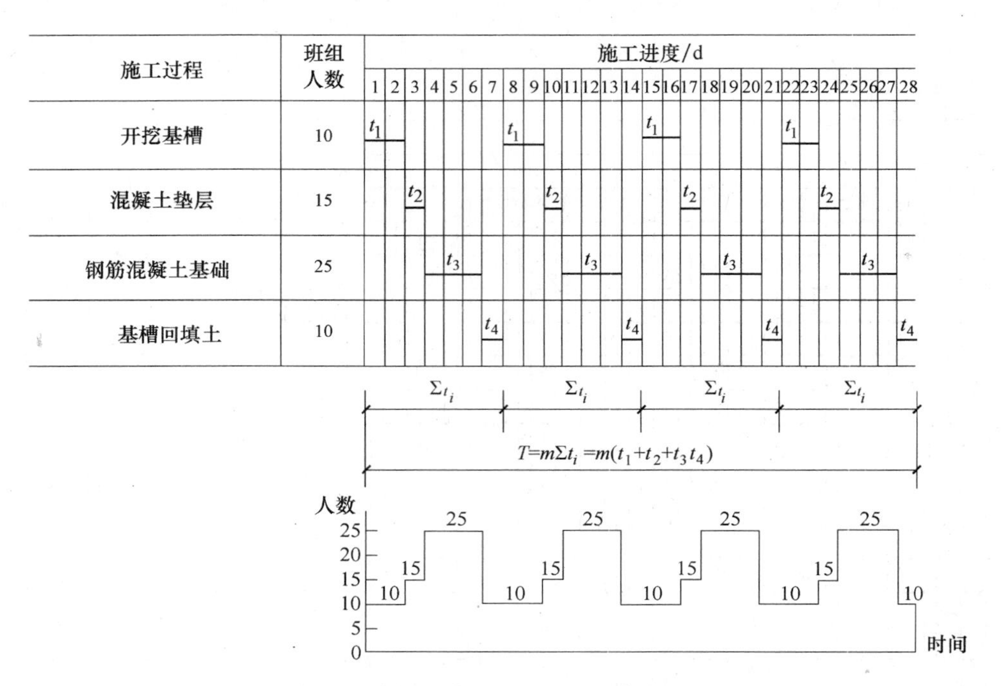


图 3-9 按栋（或施工段）组织依次施工

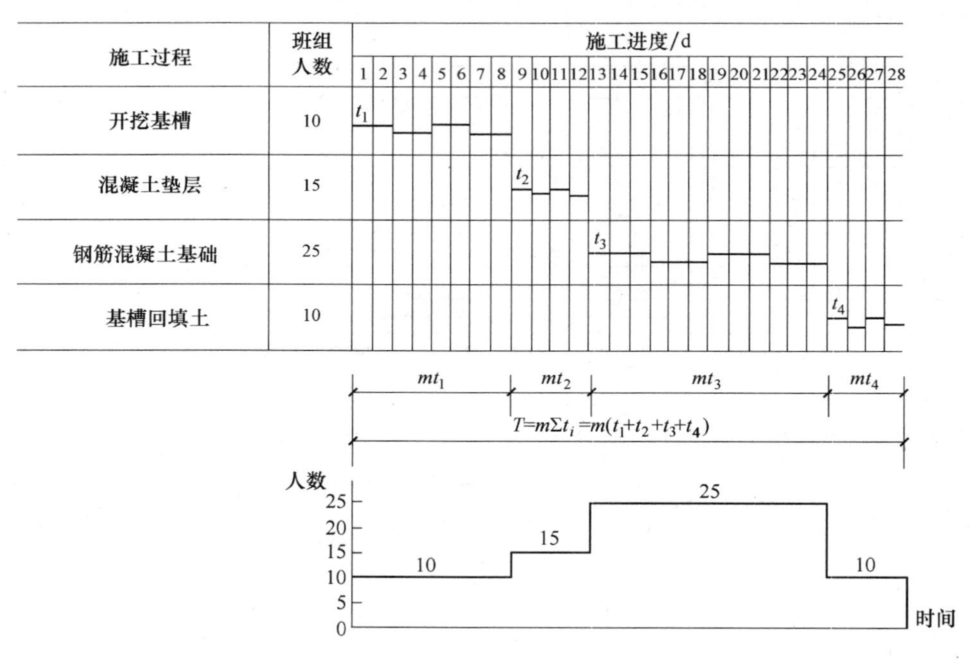


图 3-10 按施工过程组织依次施工

这种组织方式，适用于工作面较小、规模较小、工期要求不是很紧的工程。

② 平行施工。平行施工方式是指组织几个劳动组织相同的工作队，在同一时间、不同的空间，按施工工艺要求完成各施工对象。这种组织方式的施工进度安排、总劳动力需求曲线如图 3-11 所示。

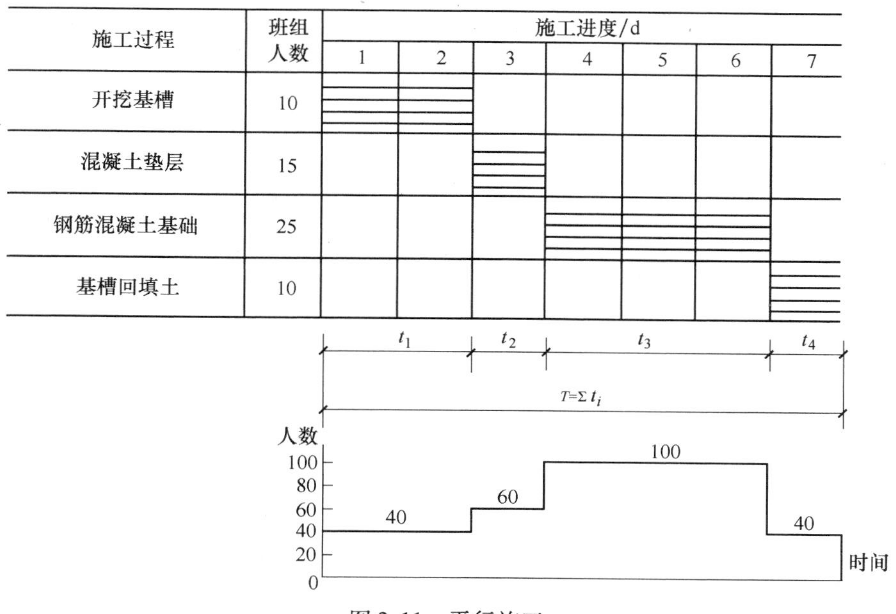


图3-11　平行施工

由图3-11可以看出这种组织方式具有以下特点：工期较短；工作面能充分利用；单位时间内投入的劳动力、施工机具、材料等资源量成倍地增加，施工现场的组织、管理比较复杂。

这种组织方式，适用于工期要求紧的工程及大规模建筑群的施工。

③ 流水施工。流水施工方式是指将拟建工程项目中的每一个施工对象分解为若干个施工过程，并按照施工过程成立相应的专业工作队，各专业工作队按照施工顺序依次完成各个施工对象的施工过程；同时保证施工在时间和空间上连续、均衡和有节奏地进行，使相邻两专业工作队能最大限度地搭接作业。这种组织方式的施工进度安排、劳动力需求曲线如图3-12所示。

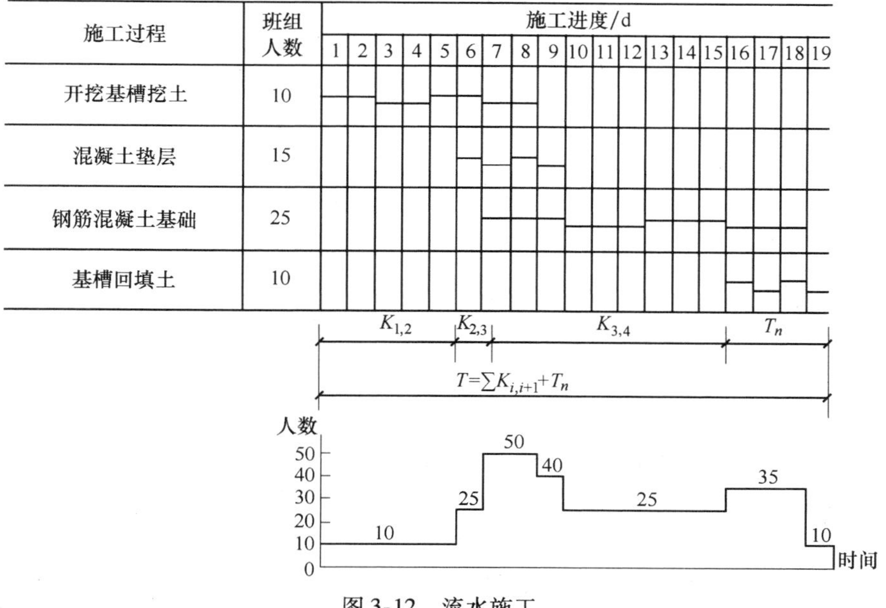


图3-12　流水施工

由图3-12可以看出这种组织方式具有以下特点：综合了依次施工和平行施工的优点，工期比较合理；专业班组均能连续施工，无窝工现象；前后施工过程尽可能地平行搭接施工，比较充分地利用了施工工作面；单位时间内投入的劳动力、施工机具、材料等资源量比较均衡，便于施工现场管理。

（2）流水施工的经济效果　流水施工在工艺划分、时间排列和空间布置上统筹安排，使劳动力得以合理使用，使施工连续而均衡地进行；同时也带来了较好的经济效益，具体表现在以下几点：

1）便于改善劳动组织，改进操作方法和施工机具，有利于提高劳动生产率。

2）专业化的生产可提高工人的技术水平，使工程质量相应提高。

3）工人技术水平和劳动生产率的提高，可以减少用工量和施工暂设建造量，降低工程成本，提高利润水平。

4）可以保证施工机械和劳动力得到充分、合理的利用。

5）由于流水施工的连续性，减少了专业工作队的间隔时间，达到了缩短工期的目的，可使施工项目尽早竣工，交付使用，发挥投资效益。

6）由于工期短、效率高、用人少、资源消耗均衡，可以减少现场管理费和物资消耗，实现合理储存与供应，有利于提高项目经理部的综合经济效益。

（3）流水施工的分类　流水施工的分类是组织流水施工的基础，它有多种分类方法。

1）按流水施工的组织范围分类。根据组织流水施工的工程对象的范围大小，流水施工可以划分为分项工程流水施工、分部工程流水施工、单位工程流水施工和群体工程流水施工。

① 分项工程流水施工。分项工程流水施工又称为施工过程流水或细部流水施工，是指在一个专业工种内部组织起来的流水施工。在项目施工进度计划表上，是一条标有施工段或工作队编号的水平进度指示线段或斜向进度指示线段，是组织流水施工的基本单元。

② 分部工程流水施工。分部工程流水施工又称为专业流水施工，是指在一个分部工程内部、各分项工程之间组织起来的流水施工。在项目施工进度计划表上，是一组标有施工段或工作队编号的水平进度指示线段或斜向进度指示线段，是组织流水施工的基本方法。

③ 单位工程流水施工。单位工程流水施工是指在一个单位工程内部、各分部工程之间组织起来的流水施工。在项目施工进度计划表上，是若干组分部工程的进度指示线段，并由此构成一张单位工程施工进度计划。

④ 群体工程流水施工。群体工程流水施工是指在若干单位工程之间组织起来的流水施工。在项目施工进度计划表上，是一张项目施工总进度计划。

2）按流水施工的节奏特征分类。根据流水施工的节奏特征，流水施工可以划分为有节奏流水和无节奏流水施工。

（4）流水施工的表示方式　流水施工的表示方式有3种：横道图、垂直图表（斜线图）和网络图。

1）横道图。流水施工的横道图表达形式如图3-12所示，其左边垂直方向列出各施工过程的名称，右边用水平线段表示施工的进度；各个水平线段的左边端点表示工作开始施工的瞬间，水平线段的右边端点表示工作在该施工段上结束的瞬间，水平线段的长度代表该工作在该施工段上的持续时间。横道图表示法的优点是绘图简单、形象直观和使用方便等，因而被广泛用来表达施工进度计划。

2）垂直图表。垂直图表是以水平方向表示施工的进度，垂直方向表示各个施工段，各条斜线分别表示各个施工过程的施工情况，斜线的左下方表示该施工过程开始施工的时间，斜线的右上方表示该施工过程结束的时间，斜线间的水平距离表示相邻施工过程开工的时间间隔。垂直图表表示法的优点是：施工过程及其先后顺序表达清楚，时间和空间状况形象直观，斜向进度线的斜率可以直观地表示出各施工过程的进展速度，但编制实际工程进度计划不如横道图方便。如图3-13所示。

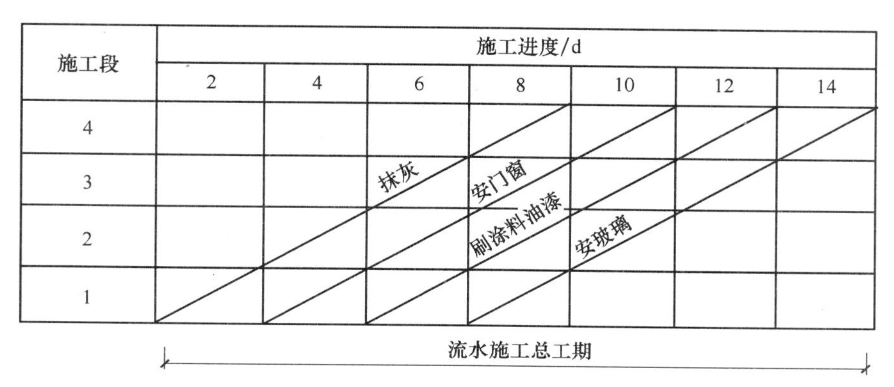


图3-13　流水施工垂直图表表示法

3）网络图。网络图的表达形式，详见本项目3.4.2。

（5）流水施工的组织要点

1）划分施工过程。首先根据工程特点和施工要求，将拟建工程划分为若干个分部工程；再按施工工艺要求、工程量大小及施工班组情况，将分部工程划分为若干个分项工程。

2）划分施工段。根据组织流水施工的需要，将拟建工程尽可能地划分为若干个劳动量大致相等的施工区域，这些区域称为施工段。

3）每个施工过程组织独立的施工班组。在一个流水分部中，每个施工过程尽可能组织独立的施工班组，使每个施工班组按施工顺序依次、连续、均衡地从一个施工段转移到另一个施工段进行相同的操作。

4）主要施工过程必须连续，均衡地施工。主要施工过程是指工程量较大、作业时间较长的施工过程。对于主要施工过程必须连续、均衡地施工；对其他次要施工过程，可考虑与相邻的施工过程合并，如果不能合并，为缩短工期，可安排间断施工。

5）不同施工过程尽可能组织平行搭接施工。不同施工过程的搭接，关键是工作时间上的搭接和工作空间上的搭接。在有工作面的条件下，除必要的技术和组织间歇时间外，应尽可能地组织平行搭接施工。

**2. 流水施工的主要参数**

为了准确、清楚地表达流水施工在时间和空间上的进展情况，一般采用一系列的参数来表达。这些参数主要包括工艺参数、空间参数和时间参数3种。

（1）工艺参数　工艺参数是指用以表达流水施工在施工工艺上的开展顺序及特征的参数。通常，工艺参数包括施工过程数和流水强度两种。

1）施工过程数。施工过程数是指拟建工程在组织流水施工时所划分的施工过程数目，

用符号 $n$ 表示。它是流水施工的基本参数之一。

在施工项目施工中，施工过程所包括范围可大可小，既可以是分部、分项工程，又可以是单位工程或单项工程。根据工艺性质的不同，施工过程分为制备类施工过程、运输类施工过程，砌筑安装类施工过程 3 种。

施工过程划分的数目多少，粗细程度一般与下列因素有关：

① 施工计划的性质和作用。对于长期计划的建筑群体及规模较大、工期较长的跨年度的工程，编制施工进度计划时，其施工过程的划分可以粗一些、综合性大一些，即编制控制型进度计划，例如建筑群的流水施工，可划分为基础工程、主体工程、屋面工程及装饰工程等几个施工过程；对于中小型建筑工程及工期不长的工程，一般编制实施性计划，其施工过程划分可细些、具体些，一般划至分项工程，例如砖混结构主体工程可划分为墙体砌筑和现浇楼板两个施工过程；对于月度作业性计划，有些施工过程还可以分解为工序，例如现浇板还可以划分为安装模板、绑扎钢筋、浇筑混凝土等几个施工过程。

② 施工方案与工程结构。不同的施工方案和工程结构也会影响施工过程的划分，例如工业厂房中柱基础和设备基础的开挖，如果同时施工，可合并为一个施工过程；如果要先后施工，可分为两个施工过程。砖混结构、框架结构等不同的结构体系，施工过程的划分也各不相同。

③ 劳动组织的形式和劳动量大小。施工过程的划分与当地施工劳动班组及当地施工习惯有关，例如安装玻璃、门窗油漆施工可合也可分，有的地区是单一班组，有的地区是混合班组。

施工过程数的划分还与劳动量大小有关，劳动量小的施工过程，当组织流水施工有困难时，可与相邻的其他施工过程合并，例如垫层劳动量较小时，可与挖土合并为一个施工过程。对于混凝土工程，如果劳动量较小时，可组织混合班组，按一个施工过程对待；而劳动量较大时，可分为支模板、绑扎钢筋、浇筑混凝土等多个施工过程。

④ 劳动内容与范围。在组织现场流水施工时，直接在施工现场与工程对象上进行的劳动内容，由于占用施工时间，一般划入流水施工过程，如支模、绑扎钢筋、浇筑混凝土等施工过程；而场外的劳动内容可以不划入流水施工过程，如预制加工、运输等。

2）流水强度。流水强度是指某施工过程在单位时间内所完成的工程量，一般用 $V_i$ 表示。

① 机械施工过程的流水强度计算公式为

$$V_i = \sum_{i=1}^{x} R_i S_i \tag{3-1}$$

式中 $V_i$——某施工过程 $i$ 的机械操作流水强度；

$R_i$——投入施工过程 $i$ 的某施工机械的台数；

$S_i$——投入施工过程 $i$ 的某施工机械的台班产量定额；

$x$——投入施工过程 $i$ 的某施工机械的种类。

② 人工施工过程的流水强度计算公式为

$$V_i = R_i S_i \tag{3-2}$$

式中 $R_i$——投入施工过程 $i$ 的工作队人数；

$S_i$——投入施工过程 $i$ 的工作队的平均产量定额；

$V_i$——投入施工过程 $i$ 的人工操作流水强度。

（2）空间参数　空间参数是指在组织流水施工时，用于表达其在空间布置上所处状态的参数，包括工作面、施工段数和施工层数。

1）工作面。工作面（用符号 $A$ 表示）是指某专业工种的施工人员或机械，施工时所必须具备的活动空间。它是根据相应工种单位时间内的产量定额、工程操作规程和安全规程等的要求确定的。工作面确定的合理与否，直接影响专业工作队的生产效率。工作面的计量单位因施工过程性质的不同而有所区别，主要工种工作面参考数据表见表3-16。

**表3-16　主要工种工作面参考数据表**

| 工作项目 | 每个技工的工作面 | 说　明 |
|---|---|---|
| 砖基础 | 7.6m/人 | 以1.5砖计，2砖乘以0.8，3砖乘以0.55 |
| 砌砖墙 | 8.5m/人 | 以1砖计，1.5砖乘以0.71，2砖乘以0.57 |
| 毛石墙基 | 3m/人 | 以60cm计 |
| 毛石墙 | 3.3m/人 | 以40cm计 |
| 混凝土柱、墙基础 | $8m^3$/人 | 机拌、机捣 |
| 混凝土设备基础 | $7m^3$/人 | 机拌、机捣 |
| 现浇钢筋混凝土柱 | $2.45m^3$/人 | 机拌、机捣 |
| 现浇钢筋混凝土梁 | $3.20m^3$/人 | 机拌、机捣 |
| 现浇钢筋混凝土墙 | $5m^3$/人 | 机拌、机捣 |
| 现浇钢筋混凝土楼板 | $5.3m^3$/人 | 机拌、机捣 |
| 预制钢筋混凝土柱 | $3.6m^3$/人 | 机拌、机捣 |
| 预制钢筋混凝土梁 | $3.6m^3$/人 | 机拌、机捣 |
| 预制钢筋混凝土层架 | $2.7m^3$/人 | 机拌、机捣 |
| 预制钢筋混凝土平板、空心板 | $1.91m^3$/人 | 机拌、机捣 |
| 预制钢筋混凝土大型屋面板 | $2.62m^3$/人 | 机拌、机捣 |
| 混凝土地坪及面层 | $40m^2$/人 | 机拌、机捣 |
| 外墙抹灰 | $16m^2$/人 | |
| 内墙抹灰 | $18.5m^2$/人 | |
| 卷材屋面 | $18.5m^2$/人 | |
| 防水水泥砂浆屋面 | $16m^2$/人 | |
| 门窗安装 | $11m^2$/人 | |

2）施工段数。在组织流水施工时，通常把所建工程项目在平面上划分成若干个劳动量大致相等的施工区域，这些施工区域称为施工段，施工段的数目称为施工段数，一般用 $m$ 表示。

划分施工段的目的是组织流水施工时，保证不同的施工班组能在不同的施工段上同时进行施工，从而使各施工班组按照一定的时间间隔从一个施工段转移到另一个施工段进行连续施工，这样既消除等待、停歇现象，又互不干扰；同时又缩短了工期。

划分施工段的基本要求：

① 施工段的数目要合理。施工段数过多势必要减少工作面上的施工人数，工作面不能

充分利用，延长工期；施工段数过少，则会引起劳动力、机械和材料供应的过分集中，有时还会造成“断流”的现象。

② 以主导施工过程为依据。由于主导施工过程常对工期起控制作用，因而划分施工段时应以主导施工过程为依据，例如现浇钢筋混凝土框架主体工程的施工，应首先考虑钢筋混凝土工程施工段的划分。

③ 要有利于结构的整体性。施工段的分界线应尽可能与结构界限（如沉降缝、伸缩缝等）相一致，或者设在对建筑结构整体性影响小的部位。

④ 各施工段的劳动量（或工程量）要大致相等，其相差幅度不宜超过10%～15%。

⑤ 考虑工作面的要求。施工段的划分应保证专业班组或施工机械在各施工段上有足够的工作面，既要提高工效，又能保证施工安全。

⑥ 当组织流水施工对象有层间关系时，应使各队能够连续施工，即各施工过程的工作队做完第一段能立即转入第二段；做完第一层的最后一段能立即转入第二层的第一段，因此每层的施工段数目应大于或等于其施工过程数，即 $m \geq n$。

**【例 3-2】** 某局部两层的现浇钢筋混凝土结构建筑物，现浇结构的施工过程为支模板、绑扎钢筋和浇筑混凝土，即 $n=3$；各个施工过程在各施工段上的持续时间均为 2 天，施工段的划分有以下三种情况：

第一种情况：当 $m=n$，即 $m=3$，$n=3$ 时，其施工进度计划如图 3-14 所示。

| 施工层 | 施工过程名称 | 施工进度/d | | | | | | | |
|---|---|---|---|---|---|---|---|---|---|
| | | 2 | 4 | 6 | 8 | 10 | 12 | 14 | 16 |
| 第一层 | 支模板 | ① | ② | ③ | | | | | |
| | 绑扎钢筋 | | ① | ② | ③ | | | | |
| | 浇筑混凝土 | | | ① | ② | ③ | | | |
| 第二层 | 支模板 | | | | ① | ② | ③ | | |
| | 绑扎钢筋 | | | | | ① | ② | ③ | |
| | 浇筑混凝土 | | | | | | ① | ② | ③ |

图 3-14　$m=n$ 时流水施工开展情况

由图 3-14 可知，当 $m=n$ 时，各专业班组能连续施工，施工段上始终有施工专业班组，工作面能充分利用，无停歇现象，也不会产生工人窝工现象，这种情况比较理想。

第二种情况：当 $m>n$ 时，即 $m>3$，$n=3$ 时，取 $m=4$，其施工进度计划如图 3-15 所示。

由图 3-15 可知，当 $m>n$ 时，各专业班组仍能连续作业，但第一层浇筑完混凝土后，不能立刻投入上一层的支模板工作，即施工段出现了空闲，工作面未被充分利用，从而使工

| 施工层 | 施工过程名称 | 施工进度/d | | | | | | | | | |
|---|---|---|---|---|---|---|---|---|---|---|---|
| | | 2 | 4 | 6 | 8 | 10 | 12 | 14 | 16 | 18 | 20 |
| 第一层 | 支模板 | ① | ② | ③ | ④ | | | | | | |
| | 绑扎钢筋 | | ① | ② | ③ | ④ | | | | | |
| | 浇筑混凝土 | | | ① | ② | ③ | ④ | | | | |
| 第二层 | 支模板 | | | | | ① | ② | ③ | ④ | | |
| | 绑扎钢筋 | | | | | | ① | ② | ③ | ④ | |
| | 浇筑混凝土 | | | | | | | ① | ② | ③ | ④ |

图3-15　$m>n$时流水施工开展情况

期延长；但工作面的停歇并不一定有害，有时还是必要的，如可以利用停歇的时间进行养护、备料及做一些准备工作。

第三种情况：当$m<n$，即$m<3$，$n=3$时，取$m=2$，其施工进度计划如图3-16所示。

| 施工层 | 施工过程名称 | 施工进度/d | | | | | | |
|---|---|---|---|---|---|---|---|---|
| | | 2 | 4 | 6 | 8 | 10 | 12 | 14 |
| 第一层 | 支模板 | ① | ② | | | | | |
| | 绑扎钢筋 | | ① | ② | | | | |
| | 浇筑混凝土 | | | ① | ② | | | |
| 第二层 | 支模板 | | | | ① | ② | | |
| | 绑扎钢筋 | | | | | ① | ② | |
| | 浇筑混凝土 | | | | | | ① | ② |

图3-16　$m<n$时流水施工开展情况

由图3-16可知，尽管施工段上未出现停歇，工作面使用充分；但各专业班组不能连续施工，出现轮流窝工现象，因此对于一个建筑物这种流水施工是不适宜的，但可以用来组织建筑群的流水施工。

从上面三种情况可以看出，施工段的多少，直接影响工期的长短；而且要想保证专业工作队能够连续施工，必须$m \geq n$。

3）施工层。在组织流水施工时，为了满足专业工种对操作高度和施工工艺的要求，将拟建工程项目在竖向上分为若干个操作层，这些操作层称为施工层，一般用符号 $r$ 表示。

（3）时间参数　时间参数是指流水施工中反映施工过程在时间排列上所处状态的参数，一般有流水节拍、流水步距、间歇时间、平行搭接时间及工期等。

1）流水节拍。流水节拍是指从事某一施工过程的施工班组在一个施工段上完成施工任务所需的时间，用符号 $t_i$（$i=1，2，3\cdots，n$）表示。

① 流水节拍的确定。流水节拍是流水施工的主要参数之一，表明流水施工的速度和节奏性。流水节拍小，其流水速度快，节奏感强；反之，则流水速度慢，节奏感弱。流水节拍决定了单位时间的资源供应量；同时流水节拍也是区别流水施工组织方式的特征参数，因此合理地确定流水节拍，具有重要的意义。通常有3种确定流水节拍的方法：定额计算法、经验估算法、工期计算法。

定额计算法是指根据各施工段的工程量和现有能够投入的资源量（劳动力、机械台数和材料数量等），按式（3-3）或式（3-4）进行计算

$$t_i=\frac{Q_i}{S_iR_iN_i}=\frac{P_i}{R_iN_i} \tag{3-3}$$

或

$$t_i=\frac{Q_iH_i}{R_iN_i}=\frac{P_i}{R_iN_i} \tag{3-4}$$

式中　$t_i$——某专业班组在第 $i$ 施工段的流水节拍；

$Q_i$——某专业班组在第 $i$ 施工段要完成的工程量；

$S_i$——某专业班组的计划产量定额；

$H_i$——某专业班组的计划时间定额；

$R_i$——某专业班组投入的工作人数或机械台数；

$N_i$——某专业班组的工作班次；

$P_i$——某专业班组在第 $i$ 施工段需要的劳动量或机械台班数量，由式（3-5）确定。

$$P_i=\frac{Q_i}{S_i}=Q_iH_i \tag{3-5}$$

经验估算法是指根据以往的施工经验进行估算。一般为了提高其准确度，常先估算出该流水节拍的最长、最短和正常（即最可能）3种时间，然后据此求出期望时间作为某专业工作队在某施工段上的流水节拍，因此本法也称为3种时间估算法。一般按式（3-6）进行计算

$$t_i=\frac{a+4c+b}{6} \tag{3-6}$$

式中　$t_i$——某施工过程在某施工段上的流水节拍；

$a$——某施工过程在某施工段上的最短估算时间；

$b$——某施工过程在某施工段上的最长估算时间；

$c$——某施工过程在某施工段上的正常估算时间。

对于某些施工任务在规定日期内必须完成的工程项目，常采用倒排进度法（工期计算法）计算流水节拍，具体步骤如下：

第一步：根据工期倒排进度，确定某施工过程的工作持续时间。

第二步：确定某施工过程在某施工段上的流水节拍，若同一施工过程的流水节拍不等，则用估算法；若流水节拍相等，则按式（3-7）进行计算

$$t = \frac{T}{m} \tag{3-7}$$

式中　$t$——流水节拍；

$T$——某施工过程的工作持续时间；

$m$——某施工过程划分的施工段数。

当流水节拍根据工期要求来确定时，必须检查劳动力和机械供应的可能性，考虑其与物资供应能否相适应。

② 确定流水节拍应考虑的因素。确定流水节拍时，如果有工期要求，要以满足工期要求为原则；同时要考虑各种资源的供应情况、最少劳动力组合、工作面的大小、施工及计算条件的要求等。节拍值一般取整数，必要时可保留0.5d（台班）的小数值。

2）流水步距。流水步距是指相邻两个专业班组相继进入同一施工段开始施工的时间间隔，通常用$K_{i,i+1}$表示。

流水步距的大小对工期有很大的影响。一般来说，在流水段不变的条件下，流水步距越大，工期越长；流水步距越小，则工期越短。

流水步距的数目取决于参与流水的施工过程数，施工过程（或班组）数为$n$，则流水步距的数目为（$n-1$）个。

确定流水步距应根据以下原则：

① 流水步距要满足相邻两个专业工作队，在施工顺序上的相互制约关系。

② 流水步距要保证各专业工作队都能连续作业。

③ 流水步距要保证相邻两个专业工作队，在开工时间上最大限度地、合理地搭接。

④ 流水步距的确定要保证工程质量，满足安全生产要求。

确定流水步距的方法很多，简捷、实用的方法主要有图上分析计算法（公式法）和累加数列法（潘特考夫斯基法）。流水步距的确定见流水施工的组织方式。

3）间歇时间。在流水施工中，由于工艺或组织的原因，使施工过程之间所必须存在的时间间隔，称为间歇时间，用$t_j$表示 。

① 技术间歇时间。技术间歇时间是指由于施工工艺或质量保证的要求，在相邻两个施工过程之间必须留有的时间间隔。如混凝土浇筑后的养护时间、砂浆抹面和油漆面的干燥时间等。

② 组织间歇时间。组织间歇时间是指由于施工组织方面的需要，在相邻两个施工过程之间留有的时间间隔。如墙体砌筑前的墙身位置弹线所需的时间，施工人员、机械转移所需的时间，回填土之前地下管道检查验收的时间等。

4）平行搭接时间。在组织流水施工时，有时为了缩短工期，在工作面允许的条件下，如果前一个专业工作队完成部分施工任务后，能够提前为后一个专业工作队提供工作面，使后者提前进入前一个施工段，两者在同一施工段上平行搭接施工，这个搭接的时间称为平行搭接时间。搭接时间用$t_d$表示。

5）流水施工工期。流水施工工期是指完成一项工程任务或一个流水组施工所需的时间。施工工期用$T$表示，一般可用式（3-8）计算

$$T = \sum K_{i,i+1} + T_n \tag{3-8}$$

式中 $\sum K_{i,i+1}$——流水施工中各施工过程之间的流水步距之和；

$T_n$——流水施工中最后一个施工过程的持续时间。

**3. 流水施工的组织方式**

流水施工的节奏是由节拍所决定的，由于建筑工程的多样性和各分部工程的工程量的差异性，要想使所有的流水施工都形成统一的流水节拍是很困难的，因此在大多数情况下，各施工过程的流水节拍不一定相等，有的甚至同一施工过程本身在不同的施工段上的流水节拍也不相同，这样就形成了不同节奏特征的流水施工。

流水施工根据节奏特征的不同，流水施工可分为有节奏流水施工和无节奏流水施工两大类。

（1）有节奏流水施工　有节奏流水施工是指同一施工过程在各施工段上的流水节奏都相等的一种流水施工方式。有节奏流水施工又根据不同施工过程之间的流水节拍是否相等，分为等节奏流水施工和异节奏流水施工两种类型。

1）等节奏流水施工。等节奏流水施工是指同一施工过程在各施工段上的流水节拍都相等，并且不同施工过程之间的流水节拍也相等的一种流水施工方式，即各施工过程的流水节拍均为常数，故也称为全等节拍流水施工或固定节拍流水施工。

① 等节奏流水施工的特征。各施工过程的流水节拍彼此相等；施工过程的专业班组数等于施工过程数；流水步距（不包含间歇时间和搭接时间）彼此相等，而且等于流水节拍值；各专业工作队在各施工段上能够连续作业，施工段之间没有空闲时间。

② 主要流水参数的确定。施工段数 $m$ 的确定：无层间关系时，宜 $m=n$；若有层间关系，为了保证各施工班组连续施工，应取 $m \geqslant n$，$m$ 可按下式计算

间歇相等时

$$m = n + \frac{\sum t_{j1}}{K} + \frac{t_{j2}}{K} \tag{3-9}$$

间歇不等时

$$m = n + \frac{\max \sum t_{j1}}{K} + \frac{\max t_{j2}}{K} \tag{3-10}$$

式中 $m$——施工段数；

$n$——施工过程数；

$K$——流水步距；

$t_{j1}$——一个楼层内间歇时间；

$t_{j2}$——楼层间间歇时间。

流水步距的确定，可按下式计算

$$K_{i,i+1} = t + t_j - t_d \tag{3-11}$$

流水施工工期计算，可按下式计算

不分施工层时

$$T = (m + n - 1)t + \sum t_j - \sum t_d \tag{3-12}$$

分施工层时

$$T = (mr + n - 1)t + \sum t_j - \sum t_d \tag{3-13}$$

式中　$\sum t_j$——所有的间歇时间之和；

$\sum t_d$——所有的搭接时间之和；

$r$——施工层数。

其他符号含义同前。

③ 等节奏流水施工的组织要点。首先划分施工过程，将劳动量小的施工过程合并到相邻的施工过程中去，以使各流水节拍相等；其次确定主要施工过程的施工班组人数，计算其流水节拍；最后根据已定的流水节拍，确定其他施工过程的班组人数及其组成。

④ 适用条件。等节奏流水施工是一种比较理想的流水施工方式，能保证各专业施工班组连续、均衡地施工，能保证工作面充分地利用，但是在实际工程中，要使某分部工程的各个施工过程都采用相同的流水节拍，组织时的困难较大，因此等节奏流水施工的组织方式仅适用于工程规模较小、施工过程数目不多的某些分部工程的流水施工。

**【例 3-3】** 某工程划分为 A、B、C、D 4 个施工过程，每个施工过程分为 4 个施工段，流水节拍均为 3d，试对该工程组织流水施工。

① 确定流水步距。

$$K_{A,B} = K_{B,C} = K_{C,D} = t = 3d$$

② 计算流水施工工期。

$$T = (m + n - 1)t = (4 + 4 - 1) \times 3d = 21d$$

③ 用横道图绘制流水施工进度计划，如图 3-17 所示。

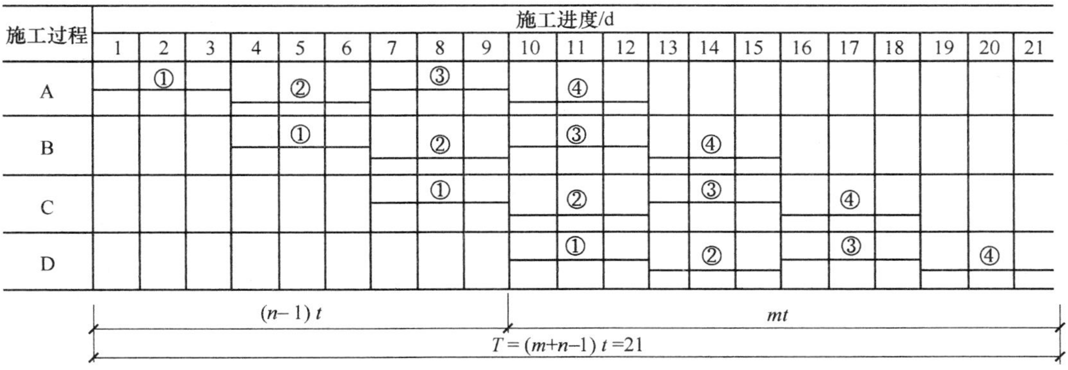

| 施工过程 | 施工进度/d | | | | | | | | | | | | | | | | | | | | |
|---|---|---|---|---|---|---|---|---|---|---|---|---|---|---|---|---|---|---|---|---|---|
| | 1 | 2 | 3 | 4 | 5 | 6 | 7 | 8 | 9 | 10 | 11 | 12 | 13 | 14 | 15 | 16 | 17 | 18 | 19 | 20 | 21 |
| A | | ① | | | ② | | | ③ | | | ④ | | | | | | | | | | |
| B | | | | | ① | | | ② | | | ③ | | | ④ | | | | | | | |
| C | | | | | | | | ① | | | ② | | | ③ | | | ④ | | | | |
| D | | | | | | | | | | | ① | | | ② | | | ③ | | | ④ | |

$(n-1)t$　　$mt$

$T = (m+n-1)t = 21$

图 3-17　全等节拍流水施工进度计划

2）异节奏流水施工。异节奏流水施工是指同一施工过程在各施工段上的流水节奏都相等，不同施工过程之间的流水节奏不一定相等的一种流水施工方式。异节奏流水施工又分为异步距异节拍流水和等步距异节拍流水两种。

① 异步距异节拍流水施工。异步距异节拍流水施工是指同一施工过程在各个施工段的流水节拍相等，不同施工过程之间的流水节拍不完全相等的流水施工方式，简称异节拍流水施工。

异步距异节拍流水施工的特征：同一施工过程流水节拍相等，不同施工过程之间的流水节拍不完全相等；各施工过程之间的流水步距不完全相等；各施工班组能够在施工段上连续作业，但有的施工段之间可能有空闲；施工班组数等于施工过程数。

异步距异节拍流水施工主要确定流水步距和流水施工工期两个参数。

流水步距的确定，可采用“累加数列，错位相减，取大差法”求得，也可用下式求得

$$K_{i,i+1}=\begin{cases}t_i+t_j-t_d & (\text{当 } t_i \leqslant t_{i+1}\text{时})\\ mt_i-(m-1)t_{i,i+1}+t_j-t_d & (\text{当 } t_i > t_{i+1}\text{时})\end{cases} \tag{3-14}$$

式中 $t_i$——第 $i$ 个施工过程的流水节拍；

$t_{i+1}$——第 $i+1$ 个施工过程的流水节拍。

流水施工工期计算，可按下式计算

$$T=\sum k_{i,i+1}+mt_n \tag{3-15}$$

式中 $t_n$——最后 1 个施工过程的流水节拍。

其他符号含义同前。

异步距异节拍流水施工组织要点：对于主导施工过程的施工班组在各施工段上应连续施工，允许有些施工段出现空闲，或者有些班组间断施工，但不允许多个施工班组在同一施工段上交叉作业，更不允许发生工艺颠倒的现象。

异步距异节拍流水施工适用于施工段大小相等或相近的分部和单位工程的流水施工，它在进度安排时比较灵活，应用范围较广。

**【例 3-4】** 某工程划分为 A、B、C、D 4 个施工过程，分为 4 个施工段，各施工过程的流水节拍分别为：$t_A=3d$、$t_B=2d$、$t_C=4d$、$t_D=2d$。B 施工过程完成后需有 1d 的技术间歇时间，试对该工程组织流水施工。

① 确定流水步距，按式（3-14）计算如下。

因 $t_A>t_B$，故

$$K_{A,B}=mt_A-(m-1)t_B=4\times3-(4-1)\times2d=6d$$

因 $t_B<t_C$，故

$$K_{B,C}=t_B+t_j=2+1d=3d$$

因 $t_C>t_D$，故

$$K_{C,D}=mt_C-(m-1)t_D=4\times4-(4-1)\times2d=10d$$

② 计算流水施工工期。

$$T=\sum K_{i,i+1}+mt_n=[(6+3+10)+(4\times2)]d=27d$$

③ 用横道图绘制流水施工进度计划，如图 3-18 所示。

② 等步距异节拍流水施工。等步距异节拍流水施工也称为成倍节奏流水施工，是指同一施工过程在各施工段上的流水节拍都相等，不同施工过程之间的流水节拍不完全相等，但各施工过程的流水节拍均为最小流水节拍的整数倍（或流水节拍之间存在一个最大公约数）关系的流水施工方式。

等步距异节拍流水施工的特征：同一施工过程的流水节拍相等，不同施工过程之间的流水节拍不完全相等，各施工过程的流水节拍均为最小流水节拍的整数倍；各专业班组之间的

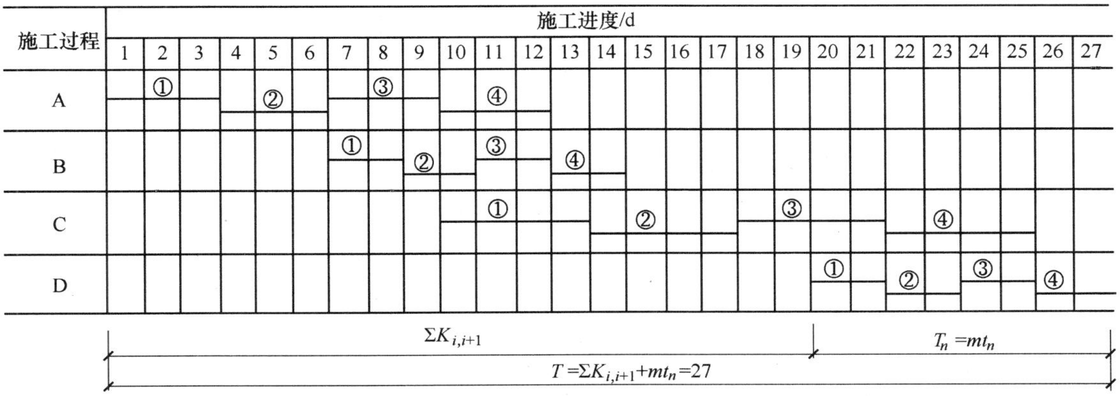

| 施工过程 | 施工进度/d | | | | | | | | | | | | | | | | | | | | | | | | | | |
|---|---|---|---|---|---|---|---|---|---|---|---|---|---|---|---|---|---|---|---|---|---|---|---|---|---|---|---|
| | 1 | 2 | 3 | 4 | 5 | 6 | 7 | 8 | 9 | 10 | 11 | 12 | 13 | 14 | 15 | 16 | 17 | 18 | 19 | 20 | 21 | 22 | 23 | 24 | 25 | 26 | 27 |
| A | | ① | | | ② | | | ③ | | | ④ | | | | | | | | | | | | | | | | |
| B | | | | | | | ① | | ② | | ③ | | ④ | | | | | | | | | | | | | | |
| C | | | | | | | | | | | ① | | | | ② | | | | ③ | | | | ④ | | | | |
| D | | | | | | | | | | | | | | | | | | | | ① | | ② | | ③ | | ④ | |

$\Sigma K_{i,i+1}$　　$T_n=mt_n$

$T=\Sigma K_{i,i+1}+mt_n=27$

图 3-18　异步距异节拍流水施工进度计划

流水步距彼此相等，且等于最小流水节拍；各专业班组都能够保证连续施工，施工段没有空闲；专业班组队数大于施工过程数。

**特别提示：** 各施工过程的各个施工段如果要求有间歇时间或搭接时间，流水步距应加上或减去相应的时间。流水步距是指任意两个相邻施工班组开始投入施工的时间间隔，这里的“相邻施工班组”并不一定是指从事不同施工过程的施工班组，因此流水步距的数目并不是根据施工过程数目来确定，而是根据班组数之和来确定。

等步距异节拍流水施工主要确定流水步距、施工班组数、施工段数、流水施工工期等参数。

流水步距的确定，可按下式计算

$$K_b = t_{min} \tag{3-16}$$

式中　$K_b$——各专业施工班组之间的流水步距；

$t_{min}$——所有流水节拍中的最小流水节拍。

专业施工班组数的计算，可按下式计算

$$b_i = \frac{t_i}{t_{min}} \tag{3-17}$$

$$n_1 = \sum b_i \tag{3-18}$$

式中　$b_i$——某施工过程所需的专业班组数；

$t_i$——某施工过程的流水节拍；

$n_1$——专业班组总数目。

施工段数 $m$ 的确定：无层间关系时，宜 $m=n_1$；若有层间关系，为了保证各施工班组连续施工，应取 $m \geqslant n_1$，$m$ 可按下式计算

间歇相等时

$$m = n_1 + \frac{\sum t_{j1}}{K_b} + \frac{t_{j2}}{K_b} \tag{3-19}$$

间歇不等时

$$m = n_1 + \frac{\max \sum t_{j1}}{K_b} + \frac{\max t_{j2}}{K_b} \tag{3-20}$$

式中 $t_{j1}$——一个楼层内的间歇时间；

$t_{j2}$——楼层间的间歇时间。

其他符号含义同前。

流水施工工期计算，可按下式计算

不分施工层时

$$T = (m + n_1 - 1)t_{min} + \sum t_j - \sum t_d \tag{3-21}$$

分施工层时

$$T = (mr + n_1 - 1)t_{min} + \sum t_j - \sum t_d \tag{3-22}$$

式中 $r$——施工层数。

其他符号含义同前。

等步距异节拍流水施工的组织要点：首先根据工程对象和施工要求，将工程划分为若干个施工过程；其次根据预算出的工程量，计算每个过程的劳动量，再根据最小劳动量的施工过程班组人数确定出最小流水节拍；然后确定其他各过程的流水节拍，通过调整班组人数，使各过程的流水节拍均为最小流水节拍的整数倍。

成倍节奏流水施工方式在管道、线性工程中适用较多；在建筑工程中，也可根据实际情况选用此方式。

**特别提示：** 如果施工中无法按照成倍节奏特征相应增加班组数，每个施工过程都只有一个施工班组，即使具备成倍节奏流水特征的工程，也只能按照不等节拍流水组织施工。

同样一个工程，如果组织成倍节奏流水施工，则工作面得到充分利用，工期较短；如果组织一般流水施工，则工作面没有充分利用，工期较长，因此在实际工程中，应视具体情况分别选用。

**【例 3-5】** 某分部有 A、B、C 3 个施工过程，$m=6$，流水节拍分别为：$t_A=2d$，$t_B=6d$，$t_C=4d$。试组织成倍节奏流水施工。

① 确定流水步距。

$$K_b = t_{min} = \min\{2d, 6d, 4d\} = 2d$$

② 确定专业工作队数。

$$b_A = \frac{t_A}{t_{min}} = \frac{2}{2}\text{个} = 1\text{ 个}$$

$$b_B = \frac{t_B}{t_{min}} = \frac{6}{2}\text{个} = 3\text{ 个}$$

$$b_C = \frac{t_C}{t_{min}} = \frac{4}{2}\text{个} = 2\text{ 个}$$

$$n_1 = \sum b_i = (1 + 3 + 2)\text{ 个} = 6\text{ 个}$$

③ 计算流水施工工期。

$$T=(m+n_1-1)t_{\min}=(6+6-1)\times 2\mathrm{d}=22\mathrm{d}$$

④ 用横道图绘制流水施工进度计划，如图 3-19 所示。

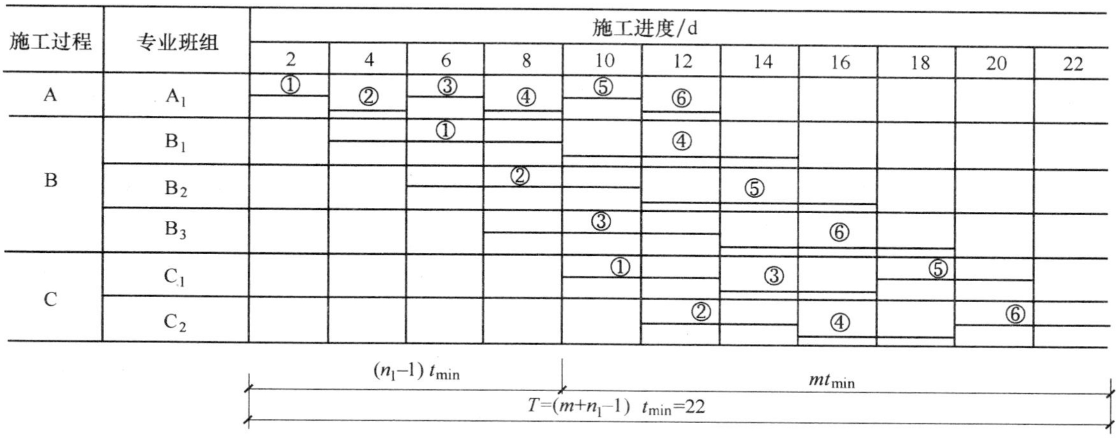

| 施工过程 | 专业班组 | 施工进度/d | | | | | | | | | | |
|---|---|---|---|---|---|---|---|---|---|---|---|---|
| | | 2 | 4 | 6 | 8 | 10 | 12 | 14 | 16 | 18 | 20 | 22 |
| A | $A_1$ | ① | ② | ③ | ④ | ⑤ | ⑥ | | | | | |
| B | $B_1$ | | | ① | | | ④ | | | | | |
| | $B_2$ | | | | ② | | | ⑤ | | | | |
| | $B_3$ | | | | | ③ | | | ⑥ | | | |
| C | $C_1$ | | | | | ① | | ③ | | ⑤ | | |
| | $C_2$ | | | | | | ② | | ④ | | ⑥ | |

$(n_1-1)t_{\min}$　　$mt_{\min}$

$T=(m+n_1-1)\ t_{\min}=22$

图 3-19　成倍节奏流水施工进度计划

（2）无节奏流水施工　无节奏流水施工是指同一施工过程在各施工段上的流水节奏不完全相等的一种流水施工方式。

在实际工程中，无节奏流水施工是常见的一种流水施工方式。

1）无节奏流水施工的主要特征。各施工过程在各施工段上的流水节拍不尽相等，各施工过程的施工速度也不尽相等，因此两相邻施工过程的流水步距也不尽相等；专业班组能连续施工，但施工段可能空闲；专业班组数等于施工过程数。

2）无节奏流水施工主要施工参数确定。流水步距的确定，无节奏流水施工中，通常采用“累加数列，错位相减，取大差法”计算流水步距。由于这种方法是潘特考夫斯基首先提出的，故又称为潘特考夫斯基法。

“累加数列，错位相减，取大差法”的基本步骤如下：

第一步：将每个施工过程的流水节拍逐段累加。

第二步：错位相减，即前一个专业工作队由加入流水施工起到完成该段工作止的持续时间和减去后一个专业工作队由加入流水施工起到完成前一个施工段工作止的持续时间和（即相邻斜减），得到一组差数。

第三步：取上一步斜减差数中的最大值作为流水步距。

流水施工工期计算（不分施工层时），可按下式计算

$$T=\sum K_{i,i+1}+\sum t_n \tag{3-23}$$

式中　$\sum t_n$——最后一个施工过程（或专业班组）在各施工段流水节拍之和。

其他符号含义同前。

3）无节奏流水施工的组织要点。合理确定相邻施工过程之间的流水步距，保证各施工过程的工艺顺序合理，在时间上最大限度的搭接，并使施工班组尽可能在各施工段上连续施工。

4）适用范围。当各施工段的工程量不等，各施工班组生产效率各有差异，并且不可能组织全等节奏流水或成倍节奏流水施工时，就可以组织无节奏流水施工。无节奏流水是实际工程中常见的一种组织流水的方式，它不像有节奏流水那样有一定的时间规律约束，在进度安排上比较灵活、自由，因此该方法在实际应用中较为广泛。

**【例 3-6】** 某分部工程流水节拍见表 3-17，试计算流水步距和工期。

**表 3-17 某分部工程流水节拍**

| 施工段 / 施工过程 | 1 | 2 | 3 | 4 |
| --- | --- | --- | --- | --- |
| A | 3 | 2 | 4 | 2 |
| B | 2 | 3 | 2 | 3 |
| C | 2 | 2 | 3 | 3 |
| D | 1 | 4 | 3 | 1 |

① 确定流水步距。

$K_{A,B}$

$$\begin{array}{rrrrrr} & 3 & 5 & 9 & 11 & \\ -) & & 2 & 5 & 7 & 10 \\ \hline & 3 & 3 & 4 & 4 & -10 \end{array}$$

$K_{A,B}=\max\{3d, 3d, 4d, 4d, -10d\}=4d$

$K_{B,C}$

$$\begin{array}{rrrrrr} & 2 & 5 & 7 & 10 & \\ -) & & 2 & 4 & 7 & 10 \\ \hline & 2 & 3 & 3 & 3 & -10 \end{array}$$

$K_{B,C}=\max\{2d, 3d, 3d, 3d, -10d\}=3d$

$K_{C,D}$

$$\begin{array}{rrrrrr} & 2 & 4 & 7 & 10 & \\ -) & & 1 & 5 & 8 & 9 \\ \hline & 2 & 3 & 2 & 2 & -9 \end{array}$$

$K_{C,D}=\max\{2d, 3d, 2d, 2d, -9d\}=3d$

② 计算流水施工工期。

$$T=\sum K_{i,i+1}+\sum t_n=[(4+3+3)+(1+4+3+1)]d=19d$$

③ 用横道图绘制施工进度计划，如图 3-20 所示。

在上述各种流水施工的基本方式中，等节奏流水和成倍节奏流水施工通常在一个分部或分项工程中比较容易做到；但对一个单位工程，特别是一个大型的建筑群来说，要求所划分的分部、分项工程采用相同的流水参数组织流水施工，往往十分困难，这时常采用分别流水法组织施工，以便能较好地适应建筑工程施工要求。最终采取何种流水施工组织形式，除了分析流水节奏的特点外，还要考虑工期要求和各项资源的供应情况。

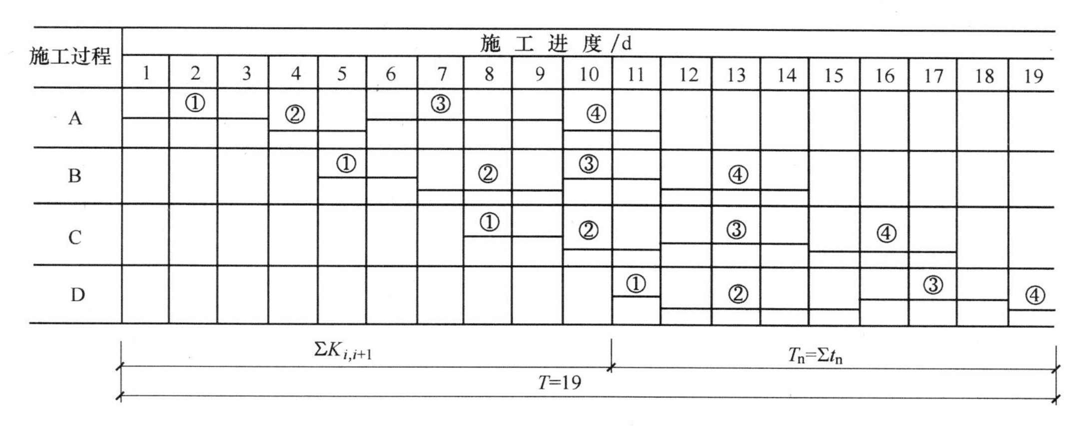


图 3-20 无节奏流水施工进度计划

**4. 流水施工的应用**

某四层教学楼，建筑面积为3650.66m²，基础为钢筋混凝土独立基础，主体工程为全现浇框架结构。装修工程选用塑钢门窗，胶合板门；外墙保温，贴面砖；内墙采用中级抹灰，刷乳胶漆；楼板底部采用乳胶漆粉刷，楼地面贴地板砖。屋面保温材料选用加气混凝土砌块，防水层选用 SBS 改性沥青防水卷材。其劳动量一览表见表 3-18。

**表 3-18 某四层框架结构房屋劳动量一览表**

| 序号 | 分项工程名称 | 劳动量/工日 |
|---|---|---|
| | 基础工程 | |
| 1 | 机械开挖基础土方 | 6 台班 |
| 2 | 混凝土垫层 | 45 |
| 3 | 绑扎基础钢筋 | 72 |
| 4 | 基础模板 | 60 |
| 5 | 基础混凝土 | 92 |
| 6 | 回填土 | 100 |
| | 主体工程 | |
| 7 | 脚手架 | 315 |
| 8 | 柱筋 | 140 |
| 9 | 柱、梁、板模板（含楼梯） | 2360 |
| 10 | 柱混凝土 | 217 |
| 11 | 梁、板绑扎钢筋（含楼梯） | 800 |
| 12 | 梁、板混凝土（含楼梯） | 928 |
| 13 | 砌墙 | 720 |
| | 屋面工程 | |
| 14 | 加气混凝土保温隔热 | 240 |
| 15 | 屋面找平层 | 64 |
| 16 | 屋面防水层 | 59 |

（续）

| 序　　号 | 分项工程名称 | 劳动量工日 |
| --- | --- | --- |
| | 装饰工程 | |
| 17 | 外墙保温 | 383 |
| 18 | 外墙面砖 | 985 |
| 19 | 楼地面 | 965 |
| 20 | 顶棚墙面抹灰 | 1420 |
| 21 | 门窗框安装 | 189 |
| 22 | 门窗扇安装 | 197 |
| 23 | 油漆、涂料 | 474 |
| 24 | 室外 | 75 |
| 25 | 其他 | 50 |

本工程由基础，主体，屋面，装饰，水、暖、电安装等分部工程组成。由于分部工程的劳动量差异较大，因此先分别组织各分部工程的流水施工，然后再考虑各分部工程之间的相互搭接施工。具体组织方法如下：

（1）基础工程　基础工程包括土方开挖、混凝土垫层、绑扎基础钢筋、支设基础模板、浇筑基础混凝土、回填土等施工过程。土方开挖采用机械开挖，考虑到土方开挖后要进行验槽，不纳入流水施工；混凝土垫层劳动量较小，为了不影响其他过程的流水施工，将其安排在挖土施工过程完成后，也不纳入流水施工；对其他施工过程，分两个施工段组织异节奏流水施工。其中基础混凝土浇筑完成后需要养护一天。

流水节拍按式（3-3）计算。

机械开挖基础土方为6个台班，采用一台机械两班制施工，施工持续时间为

$$t_{挖土}=\frac{6}{1\times2}\text{d}=3\text{d}$$

考虑机械进出场及验槽等，因此取4d。

混凝土垫层劳动量为45工日，采用一班制施工，施工班组人数安排15人，其持续时间为

$$t_{垫层}=\frac{45}{15\times1}\text{d}=3\text{d}$$

基础绑扎钢筋劳动量为72个工日，采用一班制施工，施工班组为20人，其流水节拍为

$$t_{扎筋}=\frac{72}{2\times20\times1}\text{d}=1.8\text{d}，取2\text{d}$$

基础支模劳动量为60个工日，采用一班制施工，施工班组为16人，其流水节拍为

$$t_{模板}=\frac{60}{2\times16\times1}\text{d}=1.88\text{d}，取2\text{d}$$

浇筑混凝土劳动量为92个工日，采用两班制施工，施工班组为24人，其流水节拍为

$$t_{混凝土}=\frac{92}{2\times24\times2}\text{d}=0.96\text{d}，取1\text{d}$$

回填土劳动量为100个工日，采用一班制施工，施工班组为25人，其流水节拍为

$$t_{回填土} = \frac{100}{2 \times 25 \times 1}\text{d} = 2\text{d}$$

则基础工程的工期为

$$\begin{aligned} T &= t_{挖土方} + t_{垫层} + (K_{扎筋,模板} + K_{模板,混凝土} + K_{混凝土,回填} + T_{回填}) \\ &= [4 + 3 + (2 + 3 + 2 + 4)]\text{d} = 18\text{d} \end{aligned}$$

（2）主体工程　基础工程完成后，进行验收和主体放线，开始进行主体施工，主体工程包括搭脚手架，立柱子钢筋，安装柱、梁、板模板，浇筑柱子混凝土，梁、板、楼梯钢筋绑扎，梁、板、楼梯混凝土浇筑，拆模板，砌围护墙等施工过程，其中搭脚手架、拆模板两个施工过程随着施工进度而穿插进行。主体工程由于有层间关系，要保证施工过程流水施工，必须使 $m \geqslant n$，否则施工班组合会出现窝工现象。本工程中平面上划分为两个施工段，主导施工过程是柱、梁、板模板的安装，要组织主体工程流水施工，就要保证主导施工过程连续作业，因此将其他次要施工过程总和为一个施工过程来考虑其流水节拍，且其流水节拍值不得大于主导施工过程的流水节拍，以保证主导施工过程的连续性，则主体工程参与流水施工的过程数 $n = 2$，满足 $m = n$ 的要求。具体组织如下：

柱筋劳动量为140个工日，施工班组人数为18人，一班制施工，则其流水节拍为

$$t_{柱筋} = \frac{140}{8 \times 18 \times 1}\text{d} = 0.97\text{d}，取1\text{d}$$

柱、梁、板、梯模板劳动量为2360个工日，施工班组人数为25人，两班制施工，则流水节拍为

$$t_{柱、梁、板梯模板} = \frac{2360}{8 \times 25 \times 2}\text{d} = 5.9\text{d}，取6\text{d}$$

柱混凝土，劳动量为217个工日，施工班组人数为15人，两班制施工，则流水节拍为

$$t_{柱混凝土} = \frac{217}{8 \times 15 \times 2}\text{d} = 0.9\text{d}，取1\text{d}$$

梁、板、梯钢筋劳动量为800个工日，施工班组人数为25人，两班制施工，其流水节拍为

$$t_{梁、板、梯钢筋} = \frac{800}{8 \times 25 \times 2}\text{d} = 2\text{d}$$

梁、板、梯混凝土劳动量为928个工日，施工班组人数为20人，三班制施工，其流水节拍为

$$t_{梁、板、梯、混凝土} = \frac{928}{8 \times 20 \times 3}\text{d} = 1.93\text{d}，取2\text{d}$$

主体工程完成后进行围护墙的砌筑，此施工过程也不参与流水施工。其劳动量为720工日，一班制施工，施工班组人数安排为40人，其施工持续时间为

$$t_{砌墙} = \frac{720}{40 \times 1}\text{d} = 18\text{d}$$

由于参与流水的施工过程中，主导施工工程的流水节拍与其他施工过程的节拍之和相等，则主体阶段施工时间的确定如下

$$T = (mr + n - 1) \times t + T_{砌墙} = [(2 \times 4 + 2 - 1) \times 6 + 18]\text{d} = 72\text{d}$$

（3）屋面工程　屋面工程包括屋面保温隔热层，找平层和防水层3个施工过程。考虑

屋面防水要求高，所以不分段施工，即采用依次施工的方式。屋面保温隔热层劳动量为 240 个工日，施工班组人数为 40 人，一班制施工，其施工持续时间为

$$t_{保温}=\frac{240}{40\times1}d=6d$$

屋面找平层劳动量为 64 个工日，18 人一班制施工，其施工持续时间为

$$t_{找平}=\frac{64}{18\times1}d=3.5d，取 4d$$

屋面找平层完成后，安排 7d 的养护和干燥时间，方可进行屋面防水层的施工。SBS 改性沥青防水层劳动量为 59 个工日，安排 15 人一班制施工，其施工持续时间为

$$t_{防水}=\frac{59}{15\times1}d=3.9d，取 4d$$

（4）装饰工程　装饰工程包括外墙保温、外墙面砖、楼地面、顶棚墙面抹灰、门窗框安装、门窗扇安装、内墙涂料、油漆等施工过程。外墙保温、外墙面砖采用自上而下的施工顺序，不参与流水施工，其他室内装饰工程采用自上而下的施工起点流向，结合装修工程的特点，把每层房屋视为 1 个施工段，共 4 各施工段（$m=4$），5 个施工过程，组织异节拍流水施工。

外墙保温劳动量为 383 个工日，施工班组人数为 25 人，一班制施工，则其施工持续时间为

$$t_{外墙保温}=\frac{383}{25\times1}d=15.32d，取 16d$$

外墙面砖劳动量为 985 个工日，施工班组人数为 36 人，一班制施工，则其施工持续时间为

$$t_{外墙面砖}=\frac{985}{36\times1}d=27.36d，取 28d$$

门窗框安装劳动量为 189 个工日，施工班组人数为 12 人，一班制施工，则其流水节拍为

$$t_{门窗框安装}=\frac{189}{4\times12\times1}d=3.94d，取 4d$$

顶棚墙面抹灰劳动量为 1420 个工日，施工班组人数为 45 人，一班制施工，则其流水节拍为

$$t_{抹灰}=\frac{1420}{4\times45\times1}d=7.9d，取 8d$$

楼地面劳动量为 965 个工日，施工班组人数为 35 人，一班制施工，其流水节拍为

$$t_{地面}=\frac{965}{4\times35\times1}d=6.89d，取 7d$$

门窗扇安装劳动量为 197 个工日，施工班组人数为 13 人，一班制施工，则其流水节拍为

$$t_{门窗扇}=\frac{197}{4\times13\times1}d=3.79d，取 4d$$

涂料、油漆劳动量为 474 个工日，施工组人数为 30 人，一班制施工，则其流水节拍为

$$t_{涂料油漆} = \frac{474}{4 \times 30 \times 1}d = 3.95d，取4d$$

室外装饰与室内装饰采用平行搭接施工，外墙保温施工后再进行门窗框安装。

装饰分部流水施工工期计算如下

$$K_{框、抹灰} = 4d$$
$$K_{抹灰、地面} = 11d$$
$$K_{地面、扇} = 16d$$
$$K_{扇、涂料油漆} = 4d$$

$$T = \sum k_{i,i+1} + mt_n + \frac{t_{外墙保温}}{4} = \left[(4 + 11 + 16 + 4) + 4 \times 4 + \frac{16}{4}\right]d = 55d$$

（5）水暖电安装工程　水暖电安装工程随工程的施工穿插进行。

本工程流水施工进度计划安排如图3-8所示。

### 3.4.2　用网络图表达施工进度计划

**1. 网络计划概述**

（1）网络计划的基本原理　首先应用网络图形来表示一项计划（或工程）中各项工作的开展顺序及其相互之间的关系；通过对网络图进行时间参数计算，找出计划中的关键工作和关键线路；通过不断改进网络计划，寻求最优方案，以求在计划执行过程中对计划进行有效的控制与监督，保证合理地使用人力、物力和财力，以最小的消耗取得最大的经济效果。

网络图是指由箭线和节点组成的，用来表示工作流程的有向、有序的网状图形。

网络计划是指用网络图表达任务构成、工作顺序，并加注工作时间参数的进度计划。

利用网络图的形式表达各项工作之间的相互制约和相互依赖关系，并分析其内在的规律，从而寻求最优方案的方法称为网络计划技术。

（2）网络计划的优缺点　网络计划同横道计划相比具有以下优缺点：

1）从工程整体出发，统筹安排，能明确地反映出各项工作之间的先后顺序和相互制约、相互依赖的关系。

2）通过对网络图中各项时间参数的计算，找出计划中的关键工作及关键线路，显示各工作的机动时间，从而使管理人员抓住主要矛盾，更好地利用和调配人、财、物等资源。

3）在计划执行过程中进行有效的监测和控制，以便合理地使用资源，优质、高效、低耗地完成预定的工作。

4）通过网络计划的优化，可在若干个方案中找到最优方案。

5）网络计划的编制、计算、优化及调整等可以用计算机协助完成，实现计划管理的科学化。

网络计划虽然具有以上优点，但还存在一些缺点，如表达计划不直观、进度状况不能一目了然，从图上很难看出流水施工的情况，以及绘图、识图较难。

（3）网络计划的表示方式　网络计划根据绘图符号表示的含义不同，可分为双代号网络计划和单代号网络计划；根据有无时间坐标（即按其箭线的长度是否按照时间坐标刻度表示），网络计划可分为无时标网络计划和时标网络计划。

**2. 双代号网络计划**

（1）双代号网络图的基本概念　以一个箭线及两个节点的编号表示一个施工过程（或工作、工序、活动等）编制而成的网络图称为双代号网络图，如图 3-21 所示。

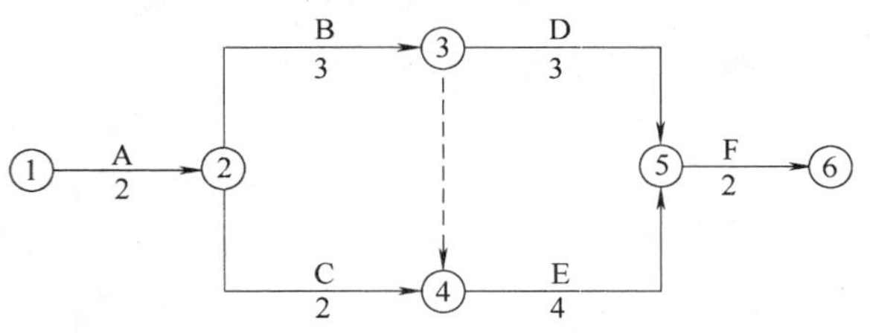


图 3-21　双代号网络图

工作名称写在箭线上方，工作持续时间写在箭线下方，箭线的方向表示工作的开展方向，箭尾表示工作的开始，箭头表示工作的结束，并在节点内进行编号，用箭尾节点号码 $i$ 和箭头节点号码 $j$ 作为这项工作的代号，如图 3-22 所示。由于各项工作均用两个代号表示，故称为双代号表示方法，用双代号网络图表示的计划称为双代号网络计划。

图 3-22　双代号网络图工作表示法

1）双代号网络图的组成。双代号网络图由箭线、节点、线路三个基本要素组成。

① 箭线。双代号网络图中，一条箭线代表一项工作（或作业、工序、活动等），如支模板、绑扎钢筋等，而工作所包含的范围可大可小，既可以是一道工序，也可以是一个分项工程或一个分部工程，甚至是一个单位工程。如何确定一项工作的范围取决于所绘制的网络计划的作用（控制性或指导性）。

在双代号网络图中，通常根据工作完成过程中需要消耗的时间和资源程度的不同分为三种：第一种，既消耗时间又消耗资源的工作，如砌砖、浇筑混凝土等；第二种，只消耗时间而不消耗资源的工作，如水泥砂浆找平层干燥、混凝土养护等技术间歇；第三种，既不消耗时间又不消耗资源的工作。

其中，第一、第二种工作是实际存在的，通常称为实工作，如图 3-21 中的工作 A、B、C 等，第三种工作是虚设的，只表示相邻前后工作之间的逻辑关系，通常称为虚工作，如图 3-21中的③—④工作。

> **特别提示：**在无时标的网络图中，箭线的长短并不反映该工作占用时间的长短。箭线的形状可以是水平直线，也可以是折线或斜线，但最好画成水平直线或带水平直线的折线。

② 节点。在双代号网络图中，用圆圈表示的各箭线之间的连接点称为节点。节点表示前面工作结束和后面工作开始的瞬间。节点不需要消耗时间和资源。

一项工作，箭线的箭尾节点表示该工作的开始节点；箭线的箭头节点表示该工作的结束节点。根据节点在网络图中的位置不同可以分为起点节点、终点节点和中间节点。一项网络计划的第一个节点，称为该项网络计划的起点节点，它是整个项目计划的开始节点，如图 3-21中的①节点；一项网络计划的最后一个节点称为终点节点，表示一项计划的结束，如图 3-21 中的⑥节点。除起点节点和终点节点以外的节点称为中间节点，如图 3-21 中，节点②～⑤均为中间节点。

为了便于网络图的检查和计算，需对网络图各节点进行编号。

节点编号的基本规则：其一，箭头节点编号大于箭尾节点编号，因此节点编号顺序是由起点节点顺箭线方向至终点节点；其二，在一个网络图中，所有节点的编号不能重复、漏编，号码可以按自然数顺序连续进行，也可以不连续。

节点编号的方法：编号宜在绘图完成、检查无误后，顺着箭头方向依次进行；当网络图中的箭线均为由左向右和由上至下时，可采取每行由左向右，由上至下逐行编号的水平编号法，如图 3-23a 所示；也可以采取每列由上至下，由左向右逐列编号的垂直编号法，如图 3-23b所示。

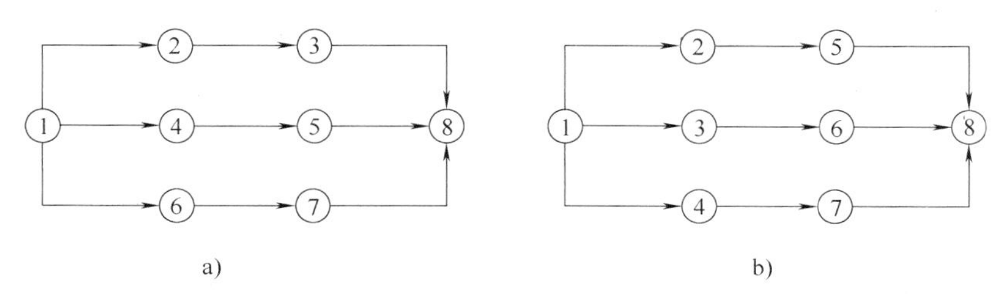


图 3-23 网络图编号示意图

a）水平编号法 b）垂直编号法

③ 线路。双代号网络图中，由起点节点沿箭线方向经过一系列箭线与节点，最后到达终点节点的通路称为线路。线路可依次用该通路上的节点代号来记述，也可依次用该通路上的工作名称来记述，如图 3-24 所示。

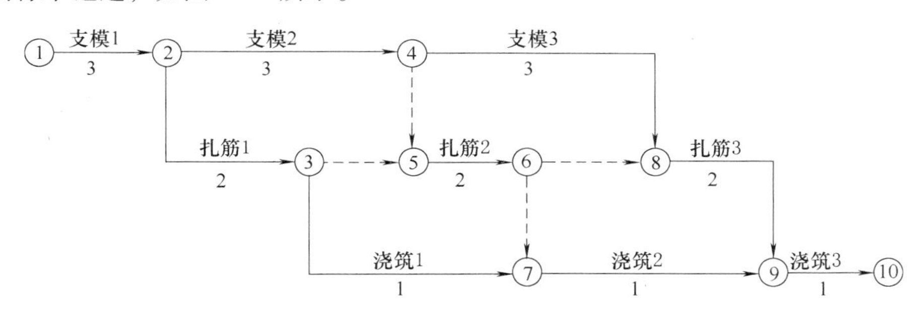


图 3-24 双代号网络图

图 3-24 所示的网络图有以下六条线路：

第一条线路：①→②→④→⑧→⑨→⑩（12d）。

第二条线路：①→②→④⇢⑤→⑥⇢⑧→⑨→⑩（11d）。

第三条线路：①→②→④⇢⑤→⑥⇢⑦→⑨→⑩（10d）。

第四条线路：①→②→③⇢⑤→⑥⇢⑧→⑨→⑩（10d）。

第五条线路：①→②→③⇢⑤→⑥⇢⑦→⑨→⑩（9d）。

第六条线路：①→②→③→⑦→⑨→⑩（8d）。

在一个网络图中，从起点节点到终点节点，一般都存在着许多条线路，每条线路都包含若干项工作，这些工作的持续时间之和就是该线路的时间长度，即线路上总的工作持续时间。

图 3-24 中，第一条线路的持续时间最长，即为关键线路，它决定着该项工程的计算工期，如果该线路的完成时间提前或拖延，则整个工程的完成时间将发生变化；第二条线路称

为次关键线路；其余线路均为非关键线路。

在双代号网络图中，位于关键线路上的工作称为关键工作，其余工作称为非关键工作。一般来说，一个网络图中至少有一条关键线路。关键线路也不是一成不变的，在一定的条件下，关键线路和非关键线路会相互转化。

非关键线路都有若干机动时间（即时差），利用非关键工作具有的时差可以科学地、合理地调配资源和进行网络计划优化。

关键线路宜用粗箭线、双箭线或彩色箭线标注，以突出其在网络计划中的重要位置。

2）双代号网络图的相关概念。双代号网络图中工作间有紧前工作、紧后工作和平行工作三种关系。

① 紧前工作：在网络图中，相对于某工作而言，紧排在该工作之前的工作称为该工作的紧前工作。双代号网络图中，工作与紧前工作之间可能有虚工作存在。如图 3-24 所示，支模 1 是支模板 2 的组织关系上的紧前工作；扎筋 1 和扎筋 2 之间虽有虚工作，但扎筋 1 仍然是扎筋 2 在组织关系上的紧前工作；支模 1 则是扎筋 1 在工艺关系上的紧前工作。

② 紧后工作：在网络图中，相对于某工作而言，紧排在该工作之后的工作称为该工作的紧后工作。双代号网络图中，工作与紧后工作之间可能有虚工作存在。如图 3-24 所示，扎筋 2 是扎筋 1 在组织关系上的紧后工作；扎筋 1 是支模 1 在工艺关系上的紧后工作。

③ 平行工作：在网络图中，相对于某工作而言，可与该工作同时进行的工作称为该工作的平行工作。如图 3-24 所示，支模 2 是扎筋 1 的平行工作。

（2）双代号网络图的绘制　网络图的绘制是网络计划方法应用的关键。要正确绘制网络图，必须正确反映逻辑关系，遵守绘图的基本规则。

1）网络图的逻辑关系。网络图的逻辑关系是指由网络计划所表示的各个施工过程之间的先后顺序关系，是各工作之间相互制约和依赖的关系，这种关系包括工艺关系和组织关系两大类。

① 工艺关系。工艺关系是指由施工工艺所决定的各个施工过程之间客观上存在的先后顺序关系。对于一个具体的分部工程而言，当确定了施工方法以后，则该分部工程的各个施工过程的先后顺序一般是固定的，有的是绝对不能颠倒的。如图 3-24 所示，支模 1→扎筋 1→浇筑 1 为工艺关系。

② 组织关系。组织关系是指在不违反工艺关系的前提下，人为安排的工作先后顺序关系。如图 3-24 所示，支模 1→支模 2、扎筋 1→扎筋 2 等为组织关系。

2）虚箭线及其作用。虚箭线又称虚工作，在双代号网络计划中，只表示前后相邻工作之间的逻辑关系，既不占用时间，也不消耗资源的虚拟工作，用带箭头的虚线表示。箭线过短时可用实箭线表示，但其工作延续时间必须用“0”表示，如图 3-25 所示。


图 3-25　虚箭线的表示法

虚箭线主要是帮助正确表达各工作之间的关系，避免出现逻辑错误。虚箭线的作用主要是连接、区分和断路。

① 连接作用。例如，如图 3-26 所示，A、B、C、D 四项工作，工作 A 完成后，工作 C 才能开始；工作 A、B 完成后，工作 D 才能开始。工作 A 和工作 B 比较，工作 B 后面只有工作 D 这一项紧后工作，则将工作 D 直接画在工作 B 的箭头节点上；工作 C 仅作为工作 A

的紧后工作，则将工作C直接画在工作A的箭头节点上；工作A的紧后工作除了工作C外还有工作D，此时必须引进虚箭线，使A、D两个施工过程连接起来。这里虚箭线起到了连接的作用。

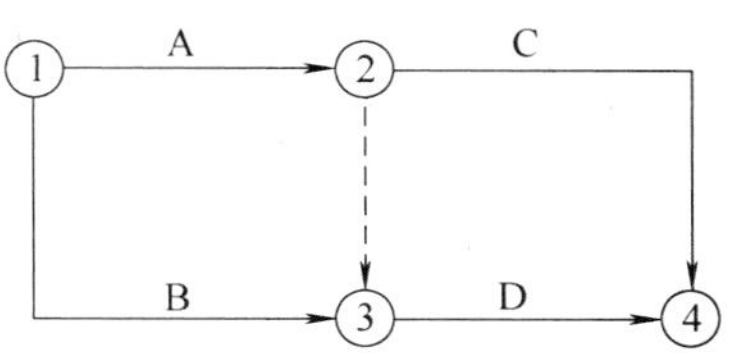

图3-26 虚箭线的连接作用示意图

② 区分作用。例如，如图3-27所示A、B、C三项工作，工作A、B完成后，工作C才能开始。

③ 断路作用。例如，某工程由A、B、C三个施工过程组成，在平面上划分三个施工段，组织流水施工，试据此绘制双代号网络图。

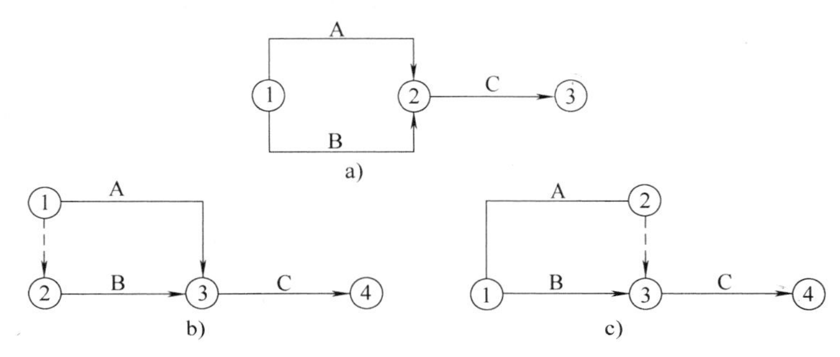

图3-27 区分作用示意图

a）错误画法 b）、c）正确画法

如果绘制成图3-28所示的网络图，则是错误的。因为该网络图中$A_2$与$C_1$，$A_3$与$C_2$两处，把无联系的工作联系上了，即出现了多余联系的错误。

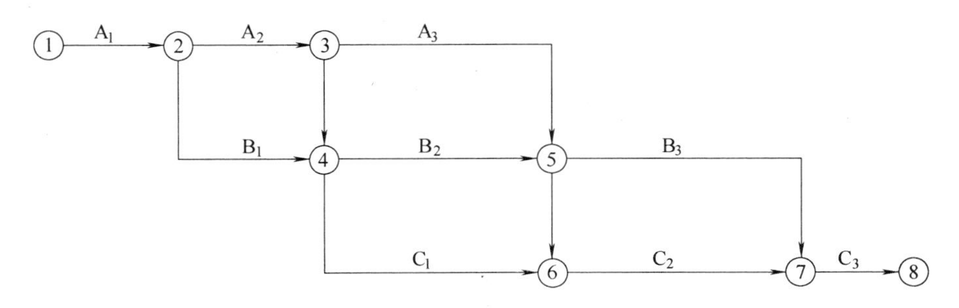

图3-28 逻辑关系错误的网络图

为了消除这种错误的联系，在出现逻辑错误的节点之间增设新节点（即虚箭线），即将$B_1$的结束节点与$B_2$的开始节点、$B_2$的结束节点与$B_3$的开始节点分开，切断毫无关系的工作之间的联系，其正确的网络图如图3-29所示。这里增加了3-5和6-8两个虚箭线，起到了逻辑断路的作用。

3）双代号网络图的绘制原则

① 必须正确地表达各项工作之间的先后关系和逻辑关系。在网络图中，应根据施工顺序和施工组织的要求，正确地反映各项工作之间的相互制约和相互依赖关系，这些关系是多种多样的，常见的几种工作逻辑关系的表示方法见表3-19。

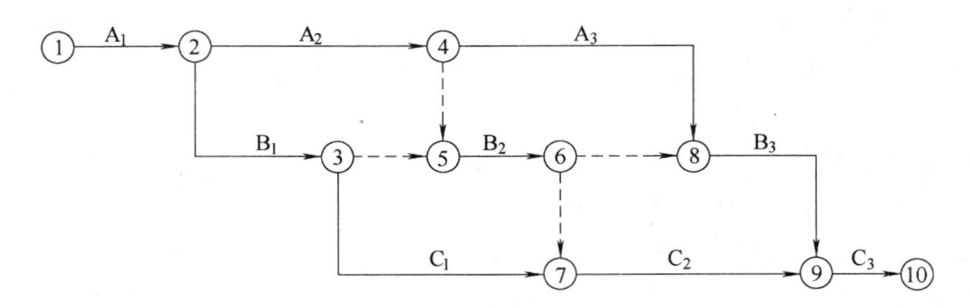


图 3-29 逻辑关系正确的网络图

**表 3-19 双代号网络图中各工作逻辑关系的表示方法**

| 序号 | 工作间的逻辑关系 | 双代号网络图上的表示方法 | 说　明 |
| --- | --- | --- | --- |
| 1 | A、B 两项工作，依次施工 | 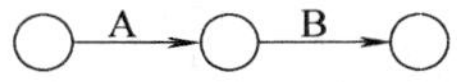 | 工作 B 依赖工作 A，工作 A 约束工作 B |
| 2 | A、B、C 三项工作，同时开始施工 | 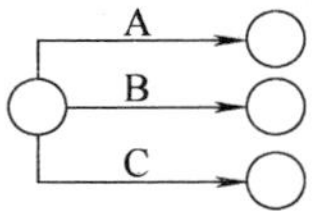 | A、B、C 三项工作为平行工作 |
| 3 | A、B、C 三项工作，同时结束施工 | 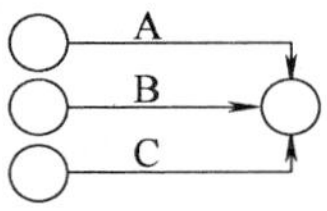 | A、B、C 三项工作为平行工作 |
| 4 | A、B、C 三项工作，只有 A 完成后，B、C 才能开始 | 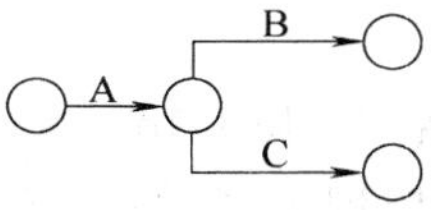 | A 工作制约 B、C 工作的开始；B、C 工作为平行工作 |
| 5 | A、B、C 三项工作，C 工作只有在 A、B 完成之后才能开始 | 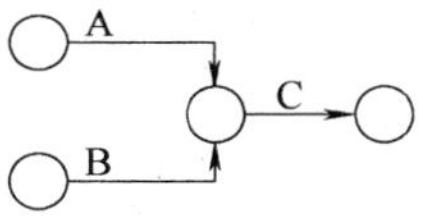 | C 工作依赖于 A、B 工作；A、B 工作为平行工作 |
| 6 | A、B、C、D 四项工作，当 A、B 完成之后，C、D 才能开始 | 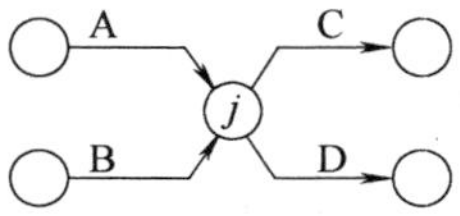 | 通过中间节点 $j$ 正确地表达了 A、B、C、D 工作之间的关系 |
| 7 | A、B、C、D 四项工作，当 A 完成后，C 才能开始，A、B 完成之后，D 才能开始 | 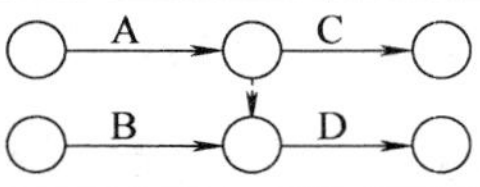 | D 与 A 之间引入了虚工作，只有这样才能正确表达它们之间的约束关系 |
| 8 | A、B、C、D、E 五项工作，当 A、B 完成后，D 才能开始；B、C 完成之后 E 才能开始 | 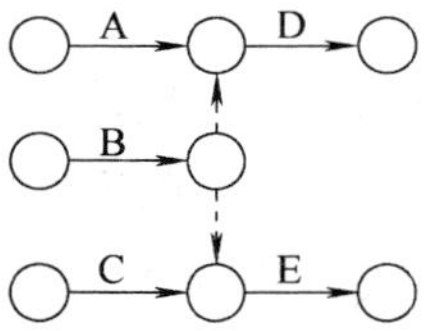 | B、D 之间和 B、E 之间引入了虚工作，只有这样才能正确表达它们之间的约束关系 |
| 9 | A、B、C、D、E 五项工作，当 A、B、C 完成后，D 才能开始；B、C 完成之后 E 才能开始 | 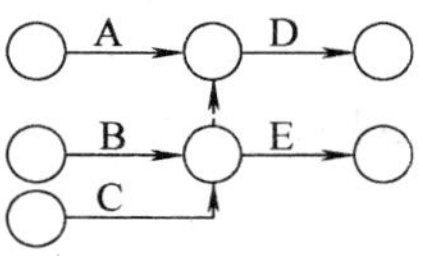 | 虚工作正确地表示了作为平行工作的 A、B、C 既全部作为 D 的紧前工作，又部分作为 E 的紧前工作 |

（续）

| 序号 | 工作间的逻辑关系 | 双代号网络图上的表示方法 | 说　明 |
| --- | --- | --- | --- |
| 10 | A、B 两项工作，分三个施工段进行流水施工 | $A_1$ $A_2$ $A_3$ $B_1$ $B_2$ $B_3$ | 按工种建立两个专业班组，分别在三个施工段上进行流水作业，虚工作表达了工种之间的关系 |

② 在网络图中，不允许出现循环回路，即从一个节点出发，沿箭线方向再返回到原来的节点。双代号网络图中的箭线（包括虚箭线）宜保持自左向右的方向，不宜出现箭头指向左方的水平箭线和箭头偏向左方的斜向箭线，遵循这一原则绘制网络图，就不会产生循环回路。如图 3-30 中的③→⑤→⑥→④→③组成了循环回路，导致违背逻辑关系的错误。

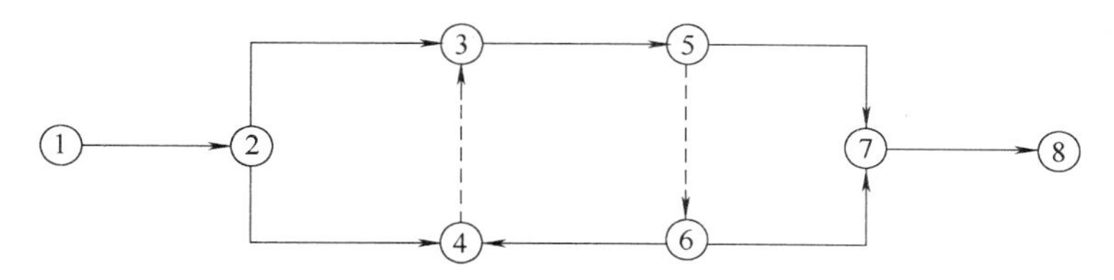

图 3-30　出现循环回路的错误网络图

③ 在网络图中，不允许出现带有双向箭头或无箭头的连线，如图 3-31 所示。

图 3-31　不允许出现双向箭头或无箭头
a）双向箭头　b）无箭头

④ 网络图中严禁出现没有箭尾节点的箭线和没有箭头节点的箭线，如图 3-32 所示。

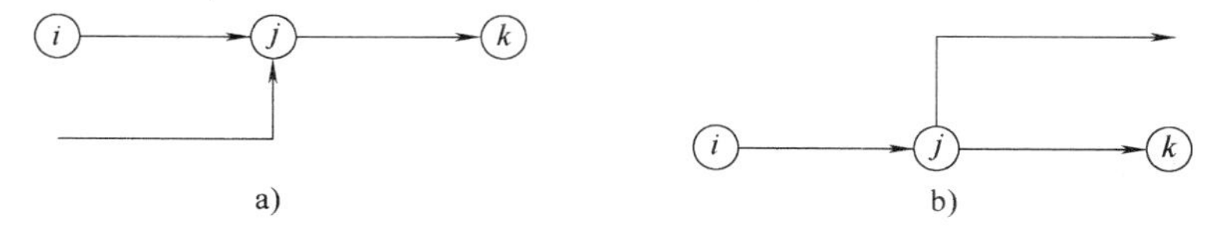

图 3-32　错误的画法
a）存在没有箭尾节点的箭线　b）存在没有箭头节点的箭线

⑤ 在一个网络图中，不允许出现相同编号的节点或箭线。如图 3-33a 中的 B、C 两个施工过程均用②→③代号表示是错误的。在此，引入虚箭线，（利用其区分作用），并加入节点，使工作 B、C 区分开来，正确的表达如图 3-33b 或 c 所示。

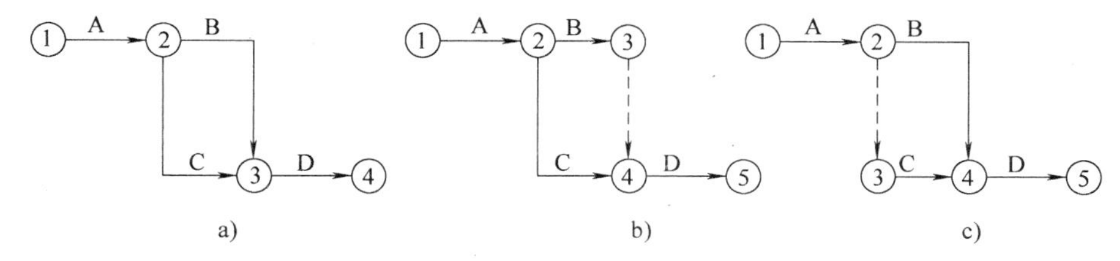

图 3-33　不允许出现相同编号的节点或箭线
a）错误　b）、c）正确

⑥ 在网络图中，严禁在箭线上引入或引出箭线，如图 3-34 所示。

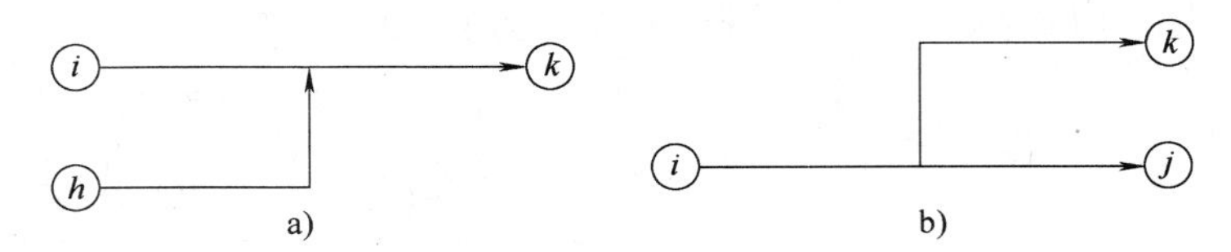


图 3-34　在箭线上引入或引出箭线的错误画法
a）在箭线上引入箭线　b）在箭线上引出箭线

⑦ 在网络图中，尽量减少交叉箭线，当无法避免时，应采用过桥法或指向法表示，如图 3-35 所示。

⑧ 当网络图的某些节点有多条外向箭线或内向箭线时，可用母线法绘制，如图 3-36 所示。

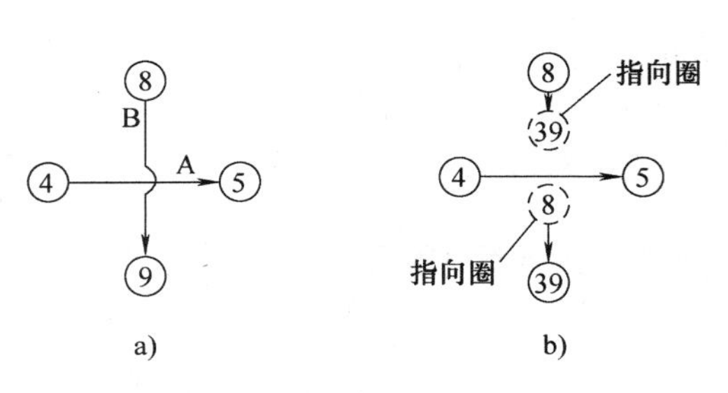


图 3-35　箭线交叉的表示方法
a）过桥法　b）指向法

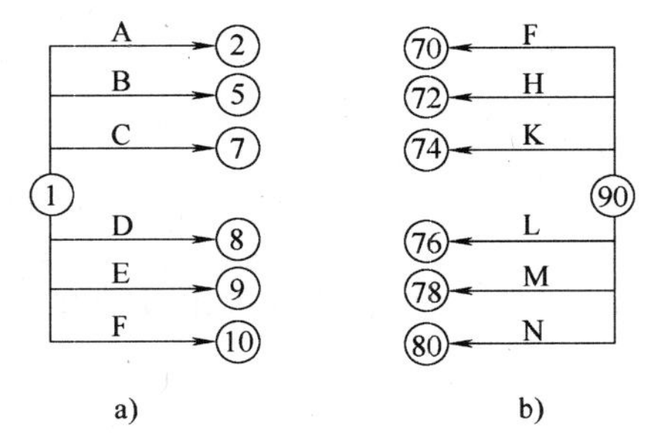


图 3-36　母线法
a）多条外向箭线　b）多条内向箭线

⑨ 双代号网络图中只允许有一个起点节点（该节点编号最小没有内向箭线）；不是分期完成任务的网络图中，只允许有一个终点节点（该节点编号最大且没有外向箭线）；而其他所有节点均是中间节点（既有内向箭线又有外向箭线）。如图 3-37 所示的网络图中有两个起点节点①和②，有两个终点节点⑦和⑧，此画法是错误的；应将①和②合并成 1 个起点节点，将⑦和⑧合并成 1 个终点节点，如图 3-38 所示。

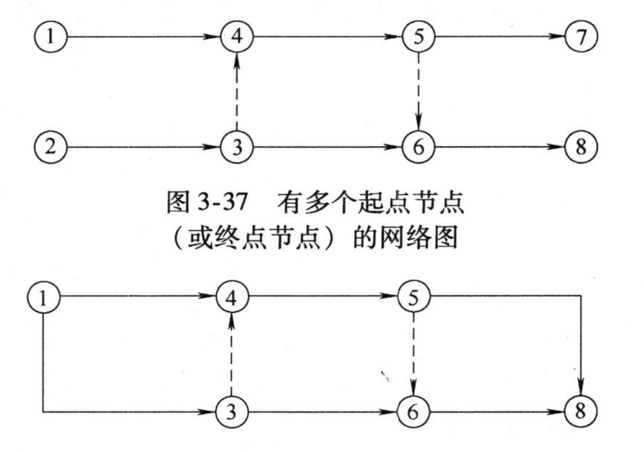


图 3-37　有多个起点节点（或终点节点）的网络图

图 3-38　正确的网络图

4）双代号网络图的绘制方法。在绘制双代号网络图时，先根据网络图的逻辑关系，绘制草图；再按照绘图规则调整布局，最后形成正式网络图，具体的绘制方法和步骤如下：

① 绘制没有紧前工作的箭线时，如果有多项则使它们具有相同的箭尾节点，即起始节点。

② 依次绘制其他工作箭线。

③ 合并没有紧后工作的工作箭线的箭头节点，即终点节点。

④ 检查工作和逻辑关系有无错漏，并进行修正。

⑤ 按网络图绘图规则的要求完善网络图，使网络图条理清楚、层次分明。

⑥ 按网络图的编号要求进行节点编号。

**特别提示**：绘制双代号网络图应注意的问题：网络图布局要规整，层次清楚，重点突出；尽量采用水平箭线和垂直箭线，少用斜箭线，避免交叉箭线；减少网络图中不必要的虚箭线和节点；灵活应用网络图的排列形式，以便网络图的检查、计算和调整。

【**例3-7**】根据表3-20中各施工过程的逻辑关系，绘制双代号网络图。

**表3-20　某工程各施工过程的逻辑关系**

| 施工过程名称 | A | B | C | D | E | F | G | H |
|---|---|---|---|---|---|---|---|---|
| 紧前工作 | — | — | A | A | B | C、D | D、E | F、G |
| 紧后过程 | C、D | E | F | F、G | G | H | H | — |

绘制该网络图，可按下面要点进行：

① 绘制没有紧前工作的A和B。

② 绘制工作C和D，C和D工作为A工作的紧后工作，将工作C和D的箭线直接画在工作A的箭头节点上即可。

③ 绘制工作E，E工作为B工作的紧后工作，将工作E的箭线直接画在工作B的箭头节点上即可。

④ 绘制工作F，工作C只有一个紧后工作F，将工作F的箭线直接画在工作C的箭头节点上即可。

⑤ 绘制工作G，工作E只有一个紧后工作G，将工作G的箭线直接画在工作E的箭头节点上即可。

⑥ 用虚箭线连接工作D与工作F，箭头方向向上。

⑦ 用虚箭线连接工作D与工作G，箭头方向向下。

⑧ 绘制工作H，工作F和G共同有一个紧后工作H，将工作F和G的箭头节点合并，工作H的箭线直接画在工作F和G的合并箭头节点上即可。

⑨ 根据以上步骤绘出草图后，再检查每个施工过程之间的逻辑关系是否正确，最后经过加工整理，绘制成完整的网络图，并进行节点编号，如图3-39所示。

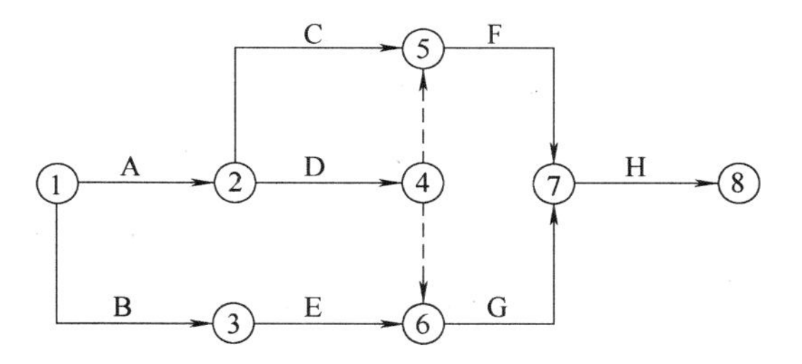


图3-39　双代号网络图的绘制

（3）双代号网络计划的时间参数计算　双代号网络计划时间参数的计算是确定关键线路和工期的基础。它包括工作的最早开始时间和最迟开始时间的计算，最早完成时间和最迟完成时间的计算，工期、总时差和自由时差的计算。计算时间参数的目的主要有三个：第一，确定关键线路和关键工作，便于施工中抓住重点，向关键线路要时间；第二，明确非关键线路工作及在施工时间上有多大的机动性，便于挖掘潜力、统筹全局、部署资源；第三，确定总工期，做到工程进度心中有数。

双代号网络计划时间参数的计算方法很多，一般常用的有按工作计算法和按节点计算法；在计算方式上又有分析计算法、图上计算法、表上计算法、矩阵法和计算机计算法等。本节主要介绍按工作计算法和节点计算法在图上进行计算的方法。

1）双代号网络计划的时间参数及符号。设有线路ⓗ→ⓘ→ⓙ→ⓚ则其时间参数及符号介绍如下：

① 工作的持续时间 $D_{i-j}$。工作的持续时间是指一项工作从开始到完成的时间。在双代号网络计划中，工作 $i—j$ 的持续时间用 $D_{i-j}$表示。

② 工期 $T$。工期是指完成一项任务所需要的时间。在网络计划中，工期一般有以下 3 种：

计算工期。计算工期是指根据网络计划时间参数计算所得到的工期，用 $T_c$ 表示。

要求工期。要求工期是指任务委托人提出的合同工期或指令性工期，用 $T_r$ 表示。

计划工期。计划工期是指根据要求工期和计划工期所确定的作为实施目标的工期，用 $T_p$ 表示。

当规定了要求工期时，计划工期不应超过要求工期，即

$$T_p \leqslant T_r \tag{3-24}$$

当未规定要求工期时，可令计划工期等于计算工期，即

$$T_p = T_c \tag{3-25}$$

③ 工作的最早开始时间 $ES_{i-j}$。最早开始时间是指各紧前工作全部完成后，本工作有可能开始的最早时刻。工作 $i—j$ 的最早开始时间用 $ES_{i-j}$表示。

④ 工作的最早完成时间 $EF_{i-j}$。最早完成时间是指各紧前工作全部完成后，本工作有可能完成的最早时刻。工作 $i—j$ 的最早完成时间用 $EF_{i-j}$表示。

⑤ 工作的最迟完成时间 $LF_{i-j}$。最迟完成时间是指在不影响整个任务按期完成的前提下，工作必须完成的最迟时刻。工作 $i—j$ 的最迟完成时间用 $LF_{i-j}$表示。

⑥ 工作的最迟开始时间 $LS_{i-j}$。最迟开始时间是指在不影响整个任务按期完成的前提下，工作必须开始的最迟时刻。工作 $i—j$ 的最迟完成时间用 $LS_{i-j}$表示。

⑦ 节点最早时间 $ET_i$。节点最早时间是指以该节点为开始节点的各项工作的最早开始时间。节点 $i$ 的最早时间用 $ET_i$ 表示。

⑧ 节点的最迟时间 $LT_i$。节点最迟时间是指以该节点为完成节点的各项工作的最迟完成时间。节点 $i$ 的最迟时间用 $LT_i$ 表示。

⑨ 工作的总时差 $TF_{i-j}$。总时差是指在不影响总工期的前提下，本工作可以利用的机动时间。工作 $i—j$ 的总时差用 $TF_{i-j}$表示。

⑩ 工作的自由时差 $FF_{i-j}$。自由时差是指在不影响其紧后工作最早开始时间的前提下，本工作可以利用的机动时间。工作 $i—j$ 的自由时差用 $FF_{i-j}$表示。

2）网络计划的时间参数计算。双代号网络计划时间参数的图上计算简单直观、应用广泛，通常有工作计算法和节点计算法。

① 工作计算法。工作计算法是指以网络计划中的工作为对象，直接计算各项工作的时间参数。这些参数包括工作的最早开始时间和最早完成时间，工作的最迟完成时间和最迟开始时间，工作的总时差和自由时差；此外，还应计算网络计划的计算工期。参数的计算结果应标注在箭线之上，如图 3-40 所示。

| $ES_{i-j}$ | $LS_{i-j}$ | $TF_{i-j}$ |
| --- | --- | --- |
| $EF_{i-j}$ | $LF_{i-j}$ | $FF_{i-j}$ |

ⓘ —工作名称 / 持续时间→ ⓙ

图 3-40 工作计算法的标注方式

下面以图3-41所示双代号网络计划为例，说明按工作计算时间参数的过程。

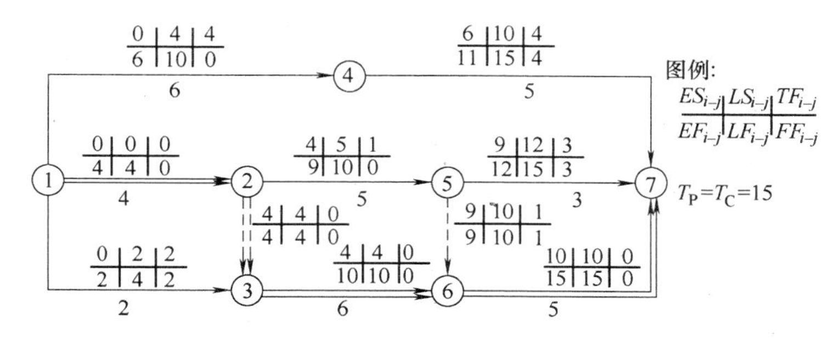


图3-41　双代号网络图的图算法

A. 计算各工作最早开始时间 $ES_{i-j}$ 和最早完成时间 $EF_{i-j}$。

工作的最早开始时间和最早完成时间的计算应从网络计划的起点节点开始，顺着箭线方向依次进行。其计算步骤如下：

第一步：以网络计划起点节点为开始的工作，当未规定其最早开始时间时，其最早开始时间为0，即

$$ES_{i-j}=0 \tag{3-26}$$

例如在本例中，工作1—2、工作1—3和1—4的最早开始时间都为0，即

$$ES_{1-2}=ES_{1-3}=ES_{1-4}=0$$

第二步：工作最早完成时间可按式（3-27）进行计算

$$EF_{i-j}=ES_{i-j}+D_{i-j} \tag{3-27}$$

例如在本例中，工作1—2、工作1—3和1—4的最早完成时间分别为

$$EF_{1-2}=ES_{1-2}+D_{1-2}=0+4=4$$

$$EF_{1-3}=ES_{1-3}+D_{1-3}=0+2=2$$

$$EF_{1-4}=ES_{1-4}+D_{1-4}=0+6=6$$

第三步：其他工作最早开始时间应等于其紧前工作最早完成时间的最大值，即

$$ES_{i-j}=\max\{EF_{h-i}\}=\max\{ES_{h-i}+D_{h-i}\} \tag{3-28}$$

式中　$EF_{h-i}$——工作 $i$—$j$ 的紧前工作 $h$—$i$ 的最早完成时间；

$ES_{h-i}$——工作 $i$—$j$ 的紧前工作 $h$—$i$ 的最开始成时间。

例如，在本例中，工作2—5、3—6和4—7的最早开始时间分别为：

$$ES_{2-5}=EF_{2-3}=4$$

$$ES_{3-6}=\max\ \{EF_{1-3},\ EF_{1-2}\}\ =\max\ \{2,\ 4\}\ =4$$

$$ES_{4-7}=EF_{1-4}=6$$

**特别提示：**计算工作最早开始时间时，应注意以下问题：一是计算顺序应从起点节点开始顺着箭线的方向，按节点次序逐项工作计算。二是同一节点的所有外向工作最早开始时间相等。三是要看清各项工作的每项紧前工作，以便准确计算时间参数。

B. 确定网络计划的计划工期 $T_p$。

网络计划的计算工期应等于以网络计划终点节点为完成节点的工作最早完成时间的最大

值，即

$$T_c = \max\{EF_{i-n}\} \tag{3-29}$$

式中 $EF_{i-n}$——以终点节点（$j=n$）为箭头节点的工作 $i$—$n$ 的最早完成时间。

本例中，则计算工期 $T_c$ 为：

$$T_c = \max\ \{EF_{4-7}，EF_{5-7}，EF_{6-7}\}\ = \max\ \{11，12，15\}\ = 15$$

本例中未规定要求工期，则其计划工期就等于计算工期，即

$$T_p = T_c = 15$$

C. 计算各工作最迟完成时间 $LF_{i-j}$和最迟开始时间 $LS_{i-j}$。

工作最迟完成时间和工作的最迟开始时间的计算应从网络计划的终点节点开始，逆着箭线方向依次进行。其计算步骤如下：

第一步：以网络计划终点节点为完成节点的工作，其最迟完成时间等于网络计划的计划工期，即

$$LF_{i-n} = T_p \tag{3-30}$$

式中 $LF_{i-n}$——以网络计划终点节点 $n$ 为完成节点的工作最迟完成时间。

例如在本例中，工作 4—7、5—7 和 6—7 的最迟完成时间为

$$LF_{4-7} = LF_{5-7} = LF_{6-7} = T_p = 15$$

第二步：工作的最迟开始时间可按式（3-31）进行计算

$$LS_{i-j} = LF_{i-j} - D_{i-j} \tag{3-31}$$

例如，在本例中，工作 4—7、5—7 和 6—7 的最迟开始时间分别为

$$LS_{4-7} = LF_{4-7} - D_{4-7} = 15 - 5 = 10$$

$$LS_{5-7} = LF_{5-7} - D_{5-7} = 15 - 3 = 12$$

$$LS_{6-7} = LF_{6-7} - D_{6-7} = 15 - 5 = 10$$

第三步：其他工作的最迟完成时间应等于其紧后工作最迟开始时间的最小值，即

$$LF_{i-j} = \min\{LS_{j-k}\} = \min\{LF_{j-k} - D_{j-k}\} \tag{3-32}$$

式中 $LS_{j-k}$——工作 $i$—$j$ 的紧后工作 $j$—$k$ 的最迟开始时间；

$LF_{j-k}$——工作 $i$—$j$ 的紧后工作 $j$—$k$ 的最迟完成时间；

$D_{j-k}$——工作 $i$—$j$ 的紧后工作 $j$—$k$ 的持续时间。

例如，在本例中，工作 2—5 和工作 3—6 的最迟完成时间分别为

$$LF_{2-5} = \min\ \{LS_{5-6}，LS_{5-7}\}\ = \min\ \{10，12\}\ = 10$$

$$LF_{3-6} = LS_{6-7} = 10$$

**特别提示：**根据上述计算可以看出，计算工作最迟时间时，应注意以下问题：一是计算顺序，即从终点节点开始，逆箭线方向按节点次序逐项工作计算；二是同一节点所有内向工作最迟完成时间相等；三是要看清各项工作的每项紧后工作，以便准确计算时间参数。

D. 计算各工作总时差 $TF_{i-j}$。

工作的总时差是指在不影响总工期的前提下，本工作可以利用的最大机动时间，总时差计算简图如图 3-42 所示。

在不影响总工期的前提下，一项工作可以利用的时间范围是从该工作最早开始时间到最

迟完成时间，即工作从最早开始时间或最迟开始时间开始，均不会影响工期；而工作实际需要的持续时间是 $D_{i-j}$，扣去 $D_{i-j}$ 后，余下的一段时间就是工作可以利用的机动时间，即为总时差；所以总时差等于最迟开始时间减去最早开始时间，或者最迟完成时间减去最早完成时间，即

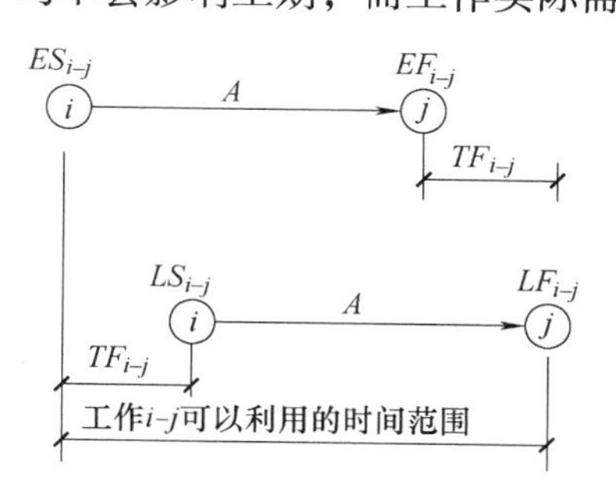

图 3-42 总时差计算简图

$$TF_{i-j}=LS_{i-j}-ES_{i-j}=LF_{i-j}-EF_{i-j} \qquad (3\text{-}33)$$

例如在本例中，工作2—5和工作3—6的总时差为

$$TF_{2-5}=LF_{2-5}-EF_{2-5}=10-9=1$$

或

$$TF_{3-6}=LS_{3-6}-ES_{3-6}=5-4=1$$

E. 计算各工作自由时差 $FF_{i-j}$。

工作的自由时差是指在不影响其紧后工作最早开始时间的前提下，本工作可以利用的机动时间，自由时差计算简图如图3-43所示。

在不影响其紧后工作最早开始时间的前提下，一项工作可以利用的时间范围是从该工作最早开始时间至其紧后工作最早开始时间；而工作实际需要的持续时间是 $D_{i-j}$，那么扣去 $D_{i-j}$ 后，余下的一段时间就是自由时差。

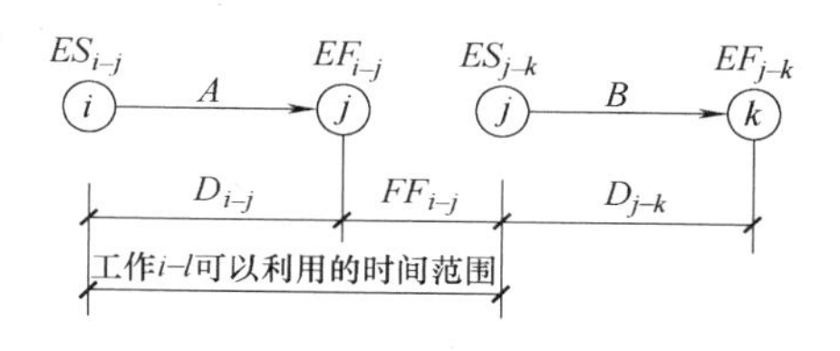

图 3-43 自由时差计算简图

对于有紧后工作的，其自由时差等于本工作的紧后工作最早开始时间减本工作最早完成时间所得之差的最小值，即

$$FF_{i-j}=\min\{ES_{j-k}-EF_{i-j}\}=\min\{ES_{j-k}-ES_{i-j}-D_{i-j}\} \qquad (3\text{-}34)$$

式中 $ES_{j-k}$——工作 $i—j$ 的紧后工作 $j—k$ 的最早开始时间。

例如在本例中，工作1—4和工作2—5的自由时差为：

$$FF_{1-4}=ES_{4-7}-EF_{1-4}=6-6=0$$

$$FF_{2-5}=\min\{ES_{5-6}-EF_{2-5},ES_{5-7}-EF_{2-5}\}=\min\{9-9,9-9\}=0$$

F. 确定关键工作和关键线路。

在网络计划中，总时差最小的工作为关键工作；特别地，当网络计划的计划工期等于计算工期时，总时差为零的工作就是关键工作，例如在本例中，工作1—2、3—6、6—7的总时差均为0，即这些工作在执行中不具备机动时间，这样的工作称为关键工作。

找出关键工作之后，将这些关键工作首尾相连，便构成从起点节点到终点节点的通路，位于该通路上各项工作的持续时间总和最大，这条通路就是关键线路。在关键线路上可能有虚工作。

关键线路一般用粗线、双线箭线标出，也可以用彩色箭线标出，例如在本例中，①→②→③→⑥→⑦即为关键线路。关键线路上各项工作的持续时间总和等于网络计划的计算工期，这一特点也是判别关键线路是否正确的准则。在1个网络图中，关键线路不止1条，有时有多条。

② 节点计算法。节点计算法是指先计算网络计划中各个节点的最早时间和最迟时间，然后再计算各项工作的时间参数和网络计划的计算工期。时间参数的计算结果应标注在节点之上，如图3-44所示。

下面仍以图 3-41 所示双代号网络计划为例，说明按节点计算法计算时间参数的过程。其计算结果如图 3-45 所示。

A. 计算节点的最早时间。

节点最早时间是指双代号网络计划中，以该节点为开始节点的各项工作的最早开始时间。

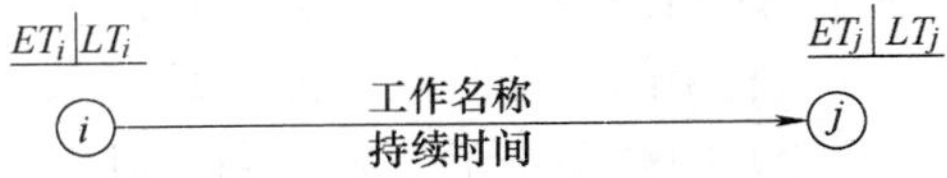


图 3-44　按节点计算法的标注内容

节点最早时间的计算应从网络计划的起点节点开始，顺着箭线方向依次进行。其计算步骤如下：

第一步：网络计划起点节点，如果未规定最早时间时，其值应为 0，例如在本例中，起点节点最早时间为 0，即

$$ET_1 = 0$$

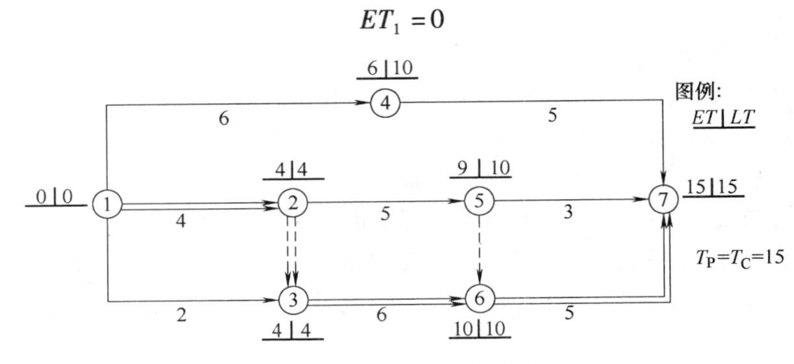


图 3-45　双代号网络计划

第二步：其他节点的最早时间应按式（3-35）进行计算

$$ET_j = \max\{ET_i + D_{i-j}\} \tag{3-35}$$

例如在本例中，节点②和节点③的最早时间分别为：

$$ET_2 = ET_1 + D_{1-2} = 0 + 4 = 4$$

$$ET_3 = \max\{ET_1 + D_{1-3},\ ET_2 + D_{2-3}\}$$

$$= \max\{0 + 2,\ 4 + 0\} = \max\{2,\ 4\} = 4$$

第三步：网络计划的计算工期等于网络计划终点节点的最早时间，即

$$T_C = ET_n \tag{3-36}$$

式中　$ET_n$——网络计划终点节点 $n$ 的最早时间。

例如在本例中，其计算工期为：

$$T_C = ET_7 = 15$$

B. 确定网络计划的计划工期：网络计划工期 $T_p$ 的确定与工作计算法相同。

C. 计算节点最迟时间。

节点最迟时间是指双代号网络计划中，以该节点为完成节点的各项工作的最迟完成时间。

节点最迟时间的计算应从网络计划的终点节点开始，逆着箭线方向依次进行。其计算步骤如下：

第一步：网络计划终点节点的最迟时间等于网络计划的计划工期，即

$$LT_n = T_p \tag{3-37}$$

式中　$LT_n$——网络计划终点节点 $n$ 的最迟时间。

例如在本例中，终节点⑦的最迟时间为

$$LT_7 = T_p = 15$$

第二步：其他节点的最迟时间应按式（3-38）进行计算

$$LT_i = \min \{LT_j - D_{i-j}\} \tag{3-38}$$

例如在本例中，节点⑤和节点⑥的最迟时间分别为：

$$\begin{aligned} LT_5 &= \min \{LT_7 - D_{5-7},\ LT_6 - D_{5-6}\} \\ &= \min \{15-3,\ 10-0\} = \min \{12,\ 10\} = 10 \end{aligned}$$

$$LT_6 = LT_7 - D_{6-7} = 15 - 5 = 10$$

D．工作时间参数的计算。

工作的最早开始时间等于该工作开始节点的最早时间，即

$$ES_{i-j} = ET_i \tag{3-39}$$

例如在本例中，工作 1—4 和 4—7 的最早开始时间分别为

$$ES_{1-4} = ET_1 = 0$$

$$ES_{4-7} = ET_4 = 6$$

工作的最早完成时间等于该工作开始节点的最早时间与其持续时间之和，即

$$EF_{i-j} = ET_i + D_{i-j} \tag{3-40}$$

例如在本例中，工作 1—4 和 4—7 的最早完成时间分别为

$$EF_{1-4} = ET_1 + D_{1-4} = 0 + 6 = 6$$

$$EF_{4-7} = ET_4 + D_{4-7} = 6 + 5 = 11$$

工作的最迟完成时间等于该工作完成节点的最迟时间，即

$$LF_{i-j} = LT_j \tag{3-41}$$

例如在本例中，工作 1—4 和 4—7 的最迟完成时间分别为

$$LF_{1-4} = LT_4 = 10$$

$$LF_{4-7} = LT_7 = 15$$

工作的最迟开始时间等于该工作完成节点的最迟时间与其持续时间之差，即

$$LS_{i-j} = LT_j - D_{i-j} \tag{3-42}$$

例如在本例中，工作 1—4 和 4—7 的最迟开始时间分别为

$$LS_{1-4} = LT_4 - D_{1-4} = 10 - 6 = 4$$

$$LS_{4-7} = LT_7 - D_{4-7} = 15 - 5 = 10$$

工作的总时差可根据式（3-43）进行计算

$$TF_{i-j} = LT_j - ET_i - D_{i-j} \tag{3-43}$$

例如在本例中，工作 1—4 和 4—7 的总时差分别为

$$TF_{1-4} = LT_4 - ET_1 - D_{1-4} = 10 - 0 - 6 = 4$$

$$TF_{4-7} = LT_7 - ET_4 - D_{4-7} = 15 - 6 - 5 = 4$$

工作的自由时差可根据式（3-44）进行计算

$$FF_{i-j} = ET_j - ET_i - D_{i-j} \tag{3-44}$$

例如在本例中，工作 1—4 和 4—7 的总时差分别为

$$FF_{1-4} = ET_4 - ET_1 - D_{1-4} = 6 - 0 - 6 = 0$$

$$FF_{4-7} = ET_7 - ET_4 - D_{4-7} = 15 - 6 - 5 = 4$$

E. 确定关键工作和关键线路。

在双代号网络计划中，关键线路上的节点称为关键节点。关键工作两端的节点必为关键节点，但两端为关键节点的工作不一定是关键工作。关键节点的最迟时间与最早时间的差值最小；特别地，当网络计划的计划工期等于计算工期时，关键节点的最早时间与最迟时间必然相等。

当利用关键节点判别关键线路和关键工作时，还满足式（3-45）

$$\begin{cases} LT_i - ET_i = T_p - T_c \\ LT_j - ET_j = T_p - T_c \\ LT_j - ET_i - D_{i-j} = T_p - T_c \end{cases} \tag{3-45}$$

如果两个关键点之间的工作满足式（3-45），则该工作必然为关键工作；否则该工作就不是关键工作，例如在本例中，工作 1—2，3—6 和 6—7 均符合上式，故为关键工作。

将上述各项关键工作依次连接起来，就构成整个网络图的关键线路，如图 3-45 中双箭线所示。

在双代号网络计划中，当计划工期等于计算工期时，关键节点具有以下特性：

开始节点和完成节点均为关键节点的工作，不一定是关键工作，例如如图 3-45 所示网络计划中，节点①和节点③为关键节点，但工作 1—3 为非关键工作。由于其两端为关键节点，机动时间不可能为其他工作所利用，故其总时差和自由时差均为 2。

以关键节点为完成节点的工作，其总时差和自由时差必然相等，例如如图 3-45 所示网络计划中，工作 4—7 的总时差和自由时差均为 4。

当两个关键节点间有多项工作，且工作间的非关键节点无其他内向箭线和外向箭线时，则两个关键节点间各项工作的总时差均相等。在这些工作中，除以关键节点为完成节点的工作自由时差等于总时差外，其余工作的自由时差均为 0。例如图 3-45 所示网络计划中，工作 1—4 和工作 4—7 的总时差均为 4；工作 4—7 的总时差等于自由时差，而工作 1—4 的自由时差为 0。

当两个关键节点间有多项工作，且工作间的非关键节点有外向箭线，而无其他内向箭线时，则两个关键节点间各项工作的总时差均不一定相等。在这些工作中，除以关键节点为完成节点的工作自由时差等于总时差外，其余工作的自由时差均为 0，例如如图 3-45 所示网络计划中，工作 2—5 和工作 5—7 的总时差分别为 1 和 3。工作 5—7 的总时差等于自由时差，而工作 2—5 的自由时差为 0。

**3. 双代号时标网络计划**

（1）双代号时标网络计划的概念　双代号时标网络计划（简称时标网络计划）是指以时间坐标为尺度绘制的网络计划。时标的时间单位应根据需要在编制网络计划之前确定好，一般可为天、周、月或季等。

时标网络计划是无时标网络计划与横道计划的有机结合，采用在横道图的基础上引进网络计划中各施工过程之间的逻辑关系的表示方法。这样既解决了横道计划中各施工过程之间的关系表达不明确的问题，又解决了网络计划时间表达不直观的问题。

（2）时标网络计划的特点

1）时标网络计划中，箭线的水平投影长度表示工作持续时间。

2）时标网络计划可以直接显示各施工过程的时间参数和关键线路。

3）可以直接在时标网络图的下方统计劳动力、材料、机具资源等的需用量，便于绘制资源消耗动态曲线，也便于计划的控制和分析。

4）时标网络在绘制中受到坐标的限制，因此不易产生循环回路之类的逻辑错误。

5）由于工作箭线的长度和位置受时间坐标的限制，因而调整和修改不太方便。

（3）时标网络计划的绘制要求

1）时间长度是以所有符号在时标表上的水平位置及其水平投影的长度来表示的，与其所代表的时间值相对应。

2）节点的中心必须对准时标的刻度线。

3）以实箭线表示工作，以虚箭线表示虚工作，以水平波形线表示自由时差。

4）虚工作必须以垂直虚箭线表示，有时差时加波形线表示。

（4）时标网络计划的绘制方法　时标网络计划宜按最早时间编制时标网络计划。其绘制方法有间接绘制法和直接绘制法两种。

1）间接绘制法。间接绘制法是指先计算网络计划的时间参数，再根据时间参数在时间坐标上进行绘制的方法。其绘制的步骤和方法如下：

① 先绘制无时标网络计划，计算时间参数，确定关键工作和关键线路。

② 根据需要确定时间单位并绘制时标横轴。

③ 根据各节点的最早时间，从起点节点开始将各节点逐个定位在时间坐标的纵轴上。

④ 依次在各点后面绘出箭线长度及自由时差。绘制时宜先画关键工作、关键线路，再画非关键工作。如果箭线长度不足以达到工作的结束节点时，用波形线补足。箭头画在波形线与节点的连接处。

⑤ 用虚箭线连接各有关节点，将各有关的工作连接起来。

⑥ 把总时差为零的箭线从起点节点到终点节点连接起来，并用粗箭线、双箭线或彩色箭线表示，即形成时标网络计划的关键线路。

2）直接绘制法。直接绘制法是指不计算网络计划的时间参数，直接在时间坐标上进行绘制的方法。其绘制步骤和方法可归纳为如下口诀："时间长短坐标限，曲直斜平利相连；箭线到齐画节点，画完节点补波线；零线尽量拉垂直，否则安排有缺陷。"

① 时间长短坐标限：箭线的长度代表着具体的施工时间，受到时间坐标的制约。

② 曲直斜平利相连：箭线的表达方式可以是直线、折线、斜线等，但布图应合理，直观清晰。

③ 箭线到齐画节点：工作的开始节点必须在该工作的全部紧前工作都画出后，定位在这些紧前工作最晚完成的时间刻度上。

④ 画完节点补波线：某些工作的箭线长度不足以达到其完成节点时，用波形线补足。

⑤ 零线尽量拉垂直：虚工作持续时间为零，应尽可能让其为垂直线。

⑥ 否则安排有缺陷：若出现虚工作占据时间的情况，其原因是工作面停歇或施工作业队组工作不连续。

**【例3-8】**　以图3-46所示的双代号网络计划为例，绘制双代号时标网络图。

按直接绘制的方法，绘制出双代号时标网络计划，如图3-47所示。

（5）关键线路及时间参数的确定

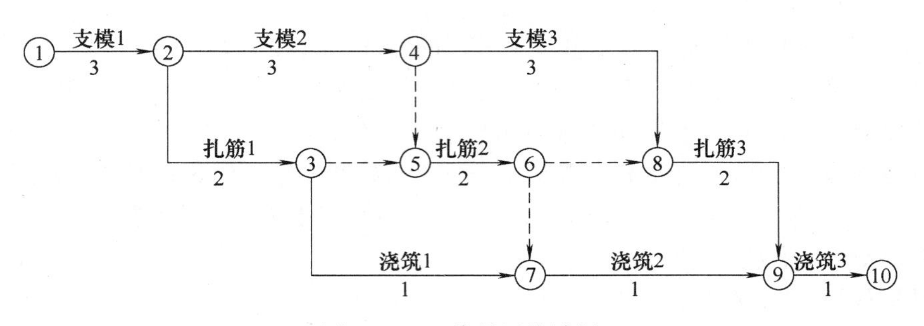


图 3-46 双代号网络计划

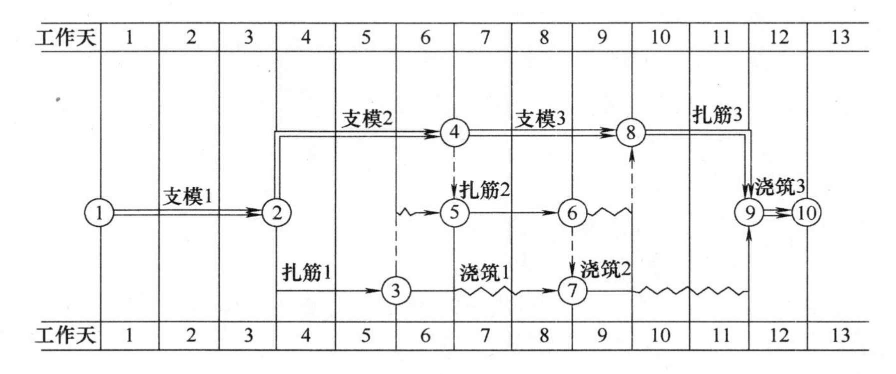


图 3-47 双代号时标网络计划

1）关键线路的确定。双代号时标网络计划中，自终点节点向起点节点观察，凡自始至终不出现自由时差（波形线）的通路，就是关键线路。

2）工期的确定。时标网络计划的计算工期，应是其终点节点与起点节点所在位置的时标值之差。

3）工作最早时间参数的判断。按最早时间绘制的时标网络计划，每条箭线的箭尾和箭头（或实箭线的端部）所对应的时标为该工作的最早开始时间和最早完成时间。

4）时差的判断与计算

① 时标网络计划中，工作的自由时差表示在该工作的箭线中，是指波形线部分在坐标轴上的水平投影长度。这是因为双代号时标网络计划波形线的后面节点所对应的时标值，是波形线所在工作的紧后工作的最早开始时间，波形线的起点对应的时标值是本工作的最早完成时间，因此按照自由时差的定义，紧后工作的最早开始时间与本工作的最早完成时间的差（即波形线在坐标轴上的水平投影长度）就是此工作的自由时差。

② 总时差不能从图上直接识别，需要进行计算。计算应自右向左进行，且符合下列规定：

第一，以终点节点为箭头节点的工作（$j—n$）的总时差 $TF_{j—n}$ 应按网络计划的计划工期 $T_p$ 计算确定，公式为

$$TF_{j—n} = T_p - EF_{j—n} \tag{3-46}$$

第二，其他工作的总时差的计算公式是

$$TF_{i—j} = \min\{TF_{j—k}\} + FF_{i—j} \tag{3-47}$$

式中 $TF_{j—k}$——$i—j$ 工作的紧后工作 $j—k$ 的总时差。

总时差值等于“其紧后工作总时差的最小值与本工作的自由时差之和”。总时差是指某线路段上各项工作共有的时差，其值大于或等于其中任一工作的自由时差，因此某工作的总时差既包括本工作独用的自由时差。也包含其紧后工作的总时差。如果本工作有多项紧后工作，只有取紧后工作总时差的最小值，才不会影响总工期。

③ 双代号时标网络计划最迟时间的计算。由于最早时间与总时差已知，故最迟时间可用下式计算

$$LS_{i-j} = ES_{i-j} + TF_{i-j} \tag{3-48}$$

$$LF_{i-j} = EF_{i-j} + TF_{i-j} \tag{3-49}$$

**4. 单代号网络计划**

（1）单代号网络图的表示方法　单代号网络图是指用一个节点表示一项工作（或一个施工过程），工作名称、持续时间和工作代号等标注在节点内，以实箭线表示工作之间逻辑关系的网络图，如图3-48所示。用这种表示方法，把一项计划的所有施工过程按逻辑关系从左至右绘制而成的网状图形，叫做单代号网络图，如图3-49所示。用单代号网络图表示的计划称为单代号网络计划。

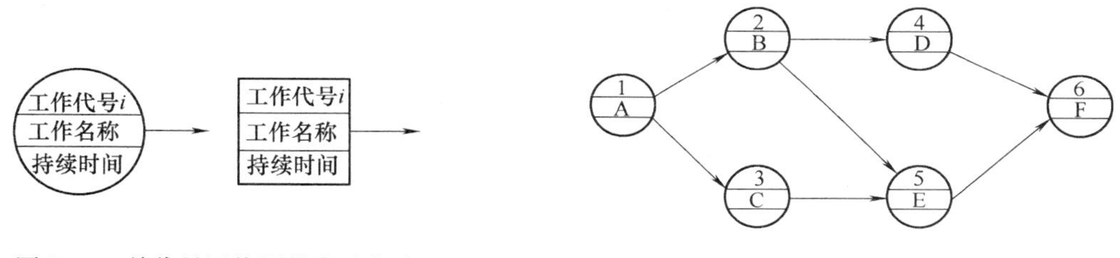


图3-48　单代号网络图的表示方法　　图3-49　单代号网络图

（2）单代号网络图的组成　单代号网络图也是由箭线、节点及线路组成。

1）节点。在单代号网络图中，节点表示一个施工过程或一项工作，其范围、内容与双代号网络图箭线基本相同。节点宜用圆圈或矩形表示。当有两个以上施工过程同时开始或结束时，一般要虚拟一个“开始节点”或“结束节点”，以完善其逻辑关系。节点的编号同双代号网络图。

2）箭线。单代号网络图中的每条箭线均表示相邻工作之间的逻辑关系；箭头所指的方向表示工作的进行方向；在单代号网络图中，箭线均为实箭线，没有虚箭线。箭线应保持自左向右的总方向，宜画成水平箭线或斜箭线。

3）线路。在单代号网络图中，从起点节点到终点节点沿着箭线方向顺序通过一系列箭线与节点的通路，称为单代号网络图的线路。单代号网络图也有关键施工过程和关键线路，非关键施工过程和非关键线路。

（3）单代号网络图的绘制基本规则　单代号网络图绘制规则与双代号基本相同，主要区别在于：当网络图中有多项开始工作时，应增设一项虚拟的工作（S），作为该网络图的起点节点；当网络图中有多项结束工作时，应增设一项虚拟的工作（F），作为该网络图的终点节点。如图3-50所示，其中S和F为虚拟工作。

（4）单代号网络图的绘制方法　单代号网络图的绘制方法与双代号网络图的绘制方法基本相同，而且由于单代号网络图逻辑关系容易表达，因此绘制方法更为简便，其绘制步骤

如下：

先根据网络图的逻辑关系，绘制出网络图草图，再结合绘图规则进行调整布局，最后形成正式网络图。

1）提供逻辑关系表，一般只要提供每项工作的紧前工作。

2）用矩阵图确定紧后工作。

3）绘制没有紧后工作的工作，当网络图中有多项起点节点时，应在网络图的始端设置一个虚拟的起点节点。

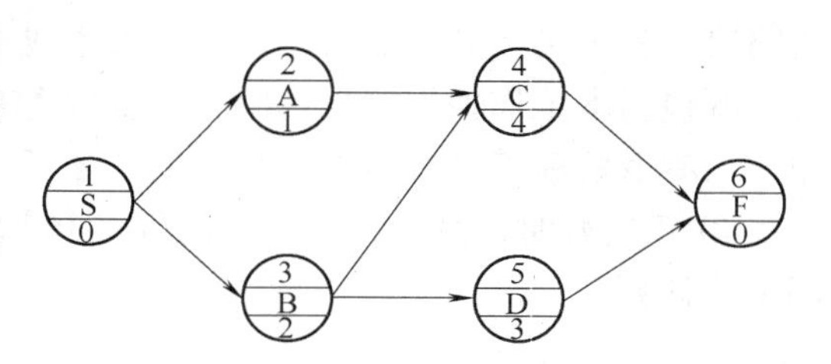


图 3-50 具有虚拟起点节点和终点节点的单代号网络图

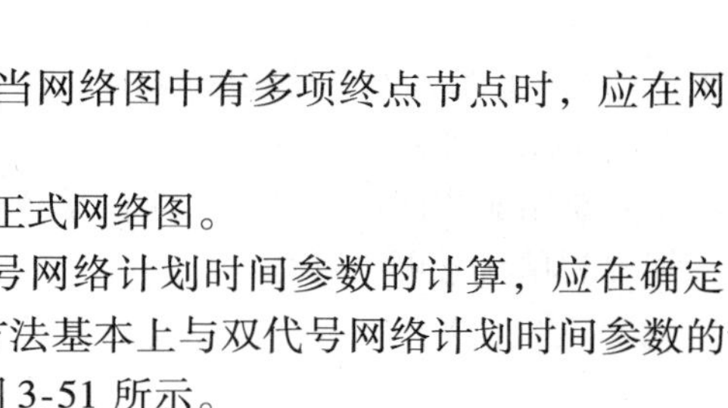

4）依次绘制其他各项工作，直到终点节点。当网络图中有多项终点节点时，应在网络图的末端设置一个虚拟的终点节点。

5）检查、修改，并进行结构调整，最后绘出正式网络图。

（5）单代号网络计划的时间参数计算　单代号网络计划时间参数的计算，应在确定了各项工作的持续时间之后进行。时间参数的计算方法基本上与双代号网络计划时间参数的计算相同。单代号网络计划时间参数的标注形式如图 3-51 所示。

设有线路ⓗ→ⓘ→ⓙ→ⓚ，则

$D_i$——工作 $i$ 的持续时间；

$D_h$——工作 $i$ 的紧前工作 $h$ 的持续时间；

$D_j$——工作 $i$ 的紧后工作 $j$ 的持续时间；

$ES_i$——工作 $i$ 的最早开始时间；

$EF_i$——工作 $i$ 的最早完成时间；

$LS_i$——工作 $i$ 的最迟开始时间；

$LF_i$——工作 $i$ 的最迟完成时间；

$TF_i$——工作 $i$ 的总时差；

$FF_i$——工作 $i$ 的自由时差；

$LAG_{i-j}$——相邻两项工作 $i$ 和 $j$ 之间的时间间隔。

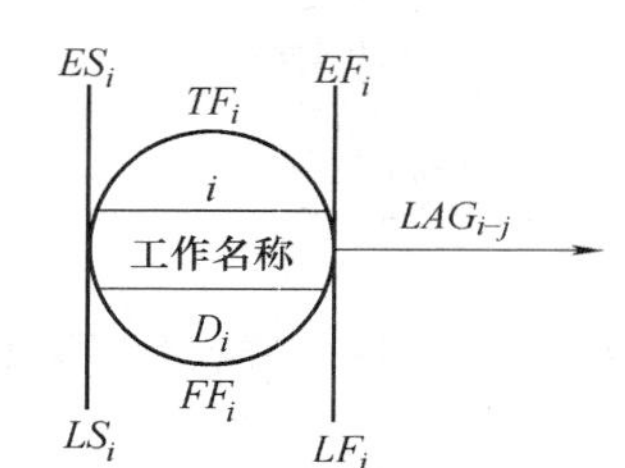


图 3-51 单代号网络计划时间参数的标注形式

单代号网络计划与双代号网络计划只是表现形式不同，其所表达的内容则完全相同。下面以图 3-52 所示单代号网络计划为例，说明其时间参数的计算过程。计算结果如图 3-53 所示。

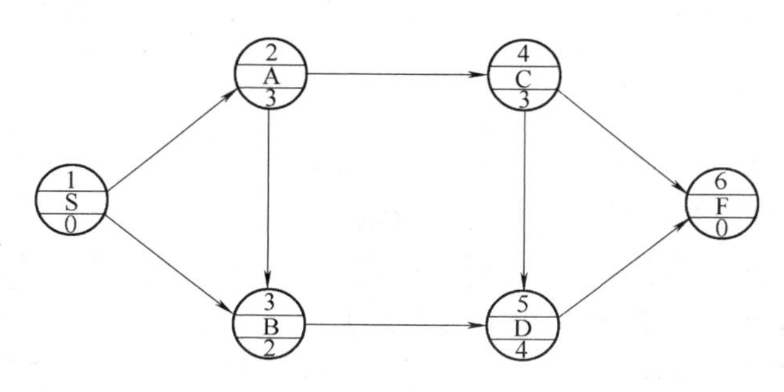


图 3-52 单代号网络计划

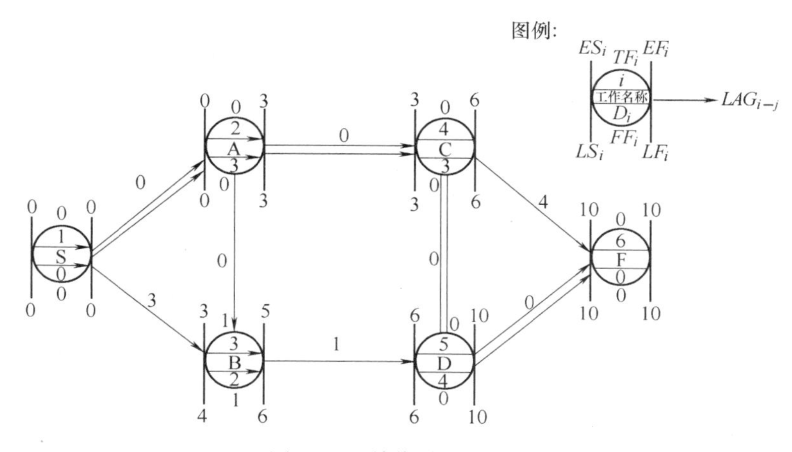


图3-53 单代号网络计划

1）计算工作的最早开始时间和最早完成时间。工作的最早开始时间应从网络计划的起点节点开始，顺着箭线方向按节点编号从小到大的顺序依次进行计算。网络计划起点节点所代表的工作，其最早开始时间未规定时取值为0，其他工作的最早开始时间应等于紧前工作最早完成时间的最大值。其计算公式如下

$$ES_1 = 0 \tag{3-50}$$

$$ES_j = \max\ \{EF_i\} \tag{3-51}$$

例如在本例中，起点节点S所代表的工作（虚拟工作），工作B和工作C的最早开始时间分别为

$$ES_1 = 0$$

$$ES_3 = \max\{EF_1, EF_2\} = \max\{0, 3\} = 3$$

$$ES_4 = EF_2 = 3$$

工作的最早完成时间应等于本工作的最早开始时间与持续时间之和，其计算公式如下

$$EF_i = ES_i + D_i \tag{3-52}$$

例如在本例中，虚拟工作S和工作A的最早完成时间分别为

$$EF_1 = ES_1 + D_1 = 0 + 0 = 0$$

$$EF_2 = ES_2 + D_2 = 0 + 3 = 3$$

网络计划的计算工期等于其终点节点所代表的工作的最早完成时间，例如在本例中，其计算工期为

$$T_C = EF_6 = 10$$

2）计算相邻两项工作之间的时间间隔。相邻两项工作之间的时间间隔是指其紧后工作的最早开始时间与本工作最早完成时间的差值，即

$$LAG_{i-j} = ES_j - EF_i \tag{3-53}$$

例如在本例中，工作A与工作C、工作B与工作D的时间间隔分别为

$$LAG_{2-4} = ES_4 - EF_2 = 3 - 3 = 0$$

$$LAG_{3-5} = ES_5 - EF_3 = 6 - 5 = 1$$

3）确定网络计划的计划工期。网络计划的计划工期仍按式（3-24）或式（3-25）确定。在本例中，假设未规定要求工期，则其计划工期等于计算工期，即

$$T_p = T_C = 10$$

4）计算工作最迟完成和最迟开始时间。工作最迟完成时间应从网络计划的终点节点开始，逆着箭线方向按节点编号从大到小的顺序依次进行计算。以网络计划终点节点为完成节点的工作，其最迟完成时间等于网络计划的计划工期；其他工作的最迟完成时间应等于其紧后工作最迟开始时间的最小值。其计算公式如下

$$LF_n = T_p \tag{3-54}$$

$$LF_i = \min\{LS_j\} \tag{3-55}$$

式中　$LF_n$——以网络计划终点节点 $n$ 为完成节点的工作的最迟完成时间。

例如在本例中，终点节点⑥所代表的工作 F（虚拟工作），工作 C 和工作 A 的最迟完成时间分别为

$$LF_6 = T_p = 10$$

$$LF_4 = \min\{LS_6, LS_5\} = \min\{10, 6\} = 6$$

$$LF_2 = \min\{LS_4, LS_3\} = \min\{3, 4\} = 3$$

工作的最迟开始时间等于其最迟完成时间减去本工作持续时间，其计算公式如下

$$LS_i = LF_i - D_i \tag{3-56}$$

例如在本例中，工作 D 和工作 B 的最迟开始时间分别为

$$LS_5 = LF_5 - D_5 = 10 - 4 = 6$$

$$LS_3 = LF_3 - D_3 = 6 - 2 = 4$$

5）计算工作的总时差。工作总时差等于工作的最迟开始时间减去工作最早开始时间。工作总时差也可以用该项工作与紧后工作的时间间隔与紧后工作的总时差之和来表示，当紧后工作有多项时应取最小值，其计算公式如下：

$$TF_i = LS_i - ES_i \tag{3-57}$$

$$TF_i = \min\{TF_j + LAG_{i-j}\} \tag{3-58}$$

例如在本例中，工作 D 和工作 A 的总时差分别为

$$TF_5 = LS_5 - ES_5 = 6 - 6 = 0$$

$$TF_5 = TF_6 + LAG_{5-6} = 0 + 0 = 0$$

$$TF_2 = LS_2 - ES_2 = 0 - 0 = 0$$

$$TF_2 = \min\{TF_3 + LAG_{2-3},\ TF_4 + LAG_{2-4}\}$$

$$= \min\{1 + 0,\ 0 + 0\} = 0$$

6）计算工作的自由时差。工作自由时差等于本工作的紧后工作最早开始时间减去本工作最早完成时间所得之差的最小值，也可以用本工作与其紧后工作之间时间间隔的最小值。其计算公式如下

$$FF_i = \min\{ES_j - EF_i\} \tag{3-59}$$

$$FF_i = \min\{LAG_{i-j}\} \tag{3-60}$$

例如在本例中，工作 B 和工作 C 的总时差分别为

$$FF_3 = ES_5 - EF_3 = 6 - 5 = 1$$

$$FF_3 = LAG_{3-5} = 1$$

$$FF_4 = \min\{ES_5 - EF_4,\ ES_6 - EF_4\}$$
$$= \min\{6-6, 10-6\}$$
$$= 0$$
$$FF_4 = \min\{LAG_{4-5}, LAG_{4-6}\} = \min\{0,4\} = 0$$

7）确定网络计划的关键线路。如前所述，总时差最小的工作为关键工作。将这些关键工作相连，并保证相邻两项关键工作的时间间隔为0而构成的线路就是关键线路。

例如在本例中，由于工作A、工作C和工作D的总时差为零，故它们为关键工作。由网络计划的起点节点①和终点节点⑥与上述三项关键工作组成的线路上，相邻两项工作之间的时间间隔全部为零，故线路①→②→④→⑤→⑥为关键线路。

**5. 建筑施工网络计划的应用**

（1）建筑施工网络图的排列方法　为了使网络计划更确切地反映建筑工程的施工特点，绘图时可根据不同的工程情况、施工组织而灵活排列，使各项工作之间的逻辑关系更清晰。其主要的排列方式有以下几种：

1）按施工过程排列。这种方法是指根据施工顺序把各施工过程按垂直方向排列，施工段按水平方向排列，如图3-54所示。其特点是同一工种在同一条水平线上，突出不同工种的工作情况。

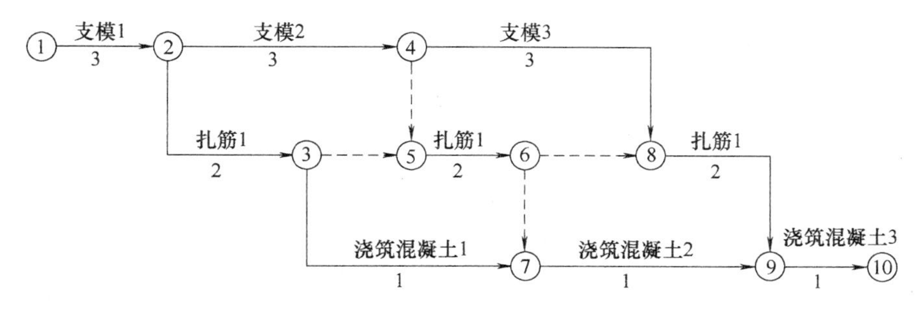


图3-54　按施工过程排列的网络图

2）按施工段排列。这种方法是指把同一施工段上的有关施工过程按水平方向排列，施工段按垂直方向排列，如图3-55所示。其特点是同一施工段的工作在同一水平线上，反映出分段施工的特征，突出工作面的利用情况。

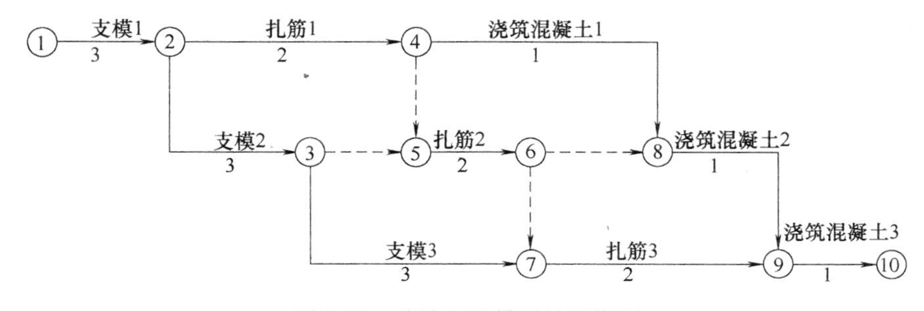


图3-55　按施工段排列的网络图

3）按楼层排列。按楼层排列是指将同一楼层上的各施工过程按水平方向排列，而将楼层按垂直方向排列，如图3-56所示。其特点是同一楼层上的各施工过程在同一水平线上，突出了各工作面（楼层）的利用情况，使较复杂的施工过程变得清晰、明了。

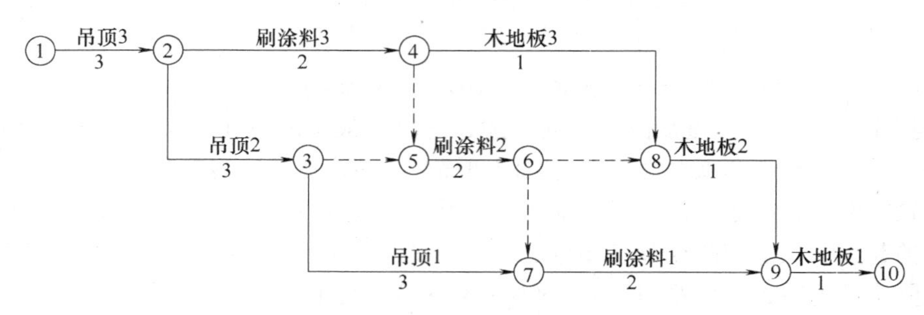


图3-56 按楼层排列的网络图

4）混合排列。这种排列方式适用于简单的网络图，可根据施工顺序和逻辑关系将各施工过程对称排列，如图3-57所示。其特点是构图灵活、美观、形象、大方。

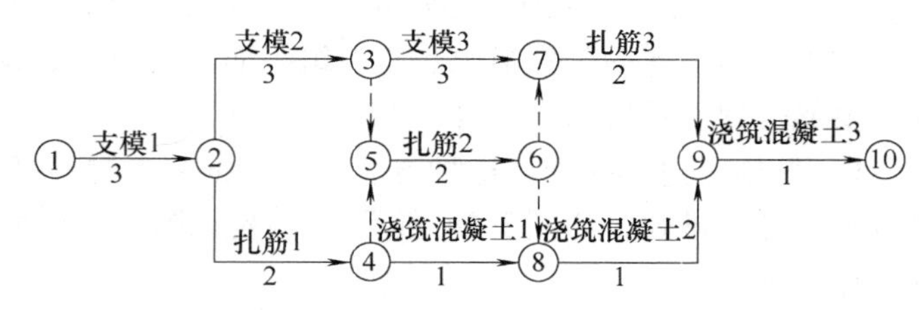


图3-57 混合排列的网络图

（2）建筑施工网络图的合并、连接及详略组合

1）网络图的合并。在实际工作中，有时为了简化网络图，可以将某些相对独立的局部网络合并为少量的箭线。网络图工作合并的基本方法是：保留局部网络中与外部工作相联系的节点，合并后箭线所表达的工作持续时间为合并前该部分网络图中相应最长线路段的工作时间之和，如图3-58、图3-59所示。

网络图的合并主要适用于群体工程施工控制网络计划和施工单位的季度、年度控制网络计划的编制。

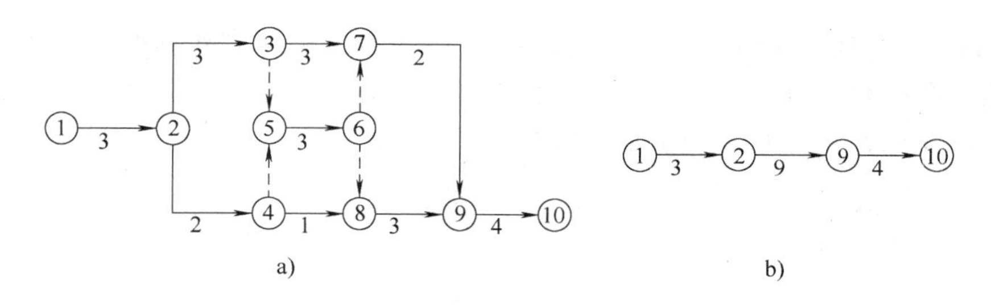


图3-58 网络图的合并（一）

a）合并前 b）合并后

2）网络图的连接。绘制较复杂的网络图时，一般先按不同的分部工程编制局部网络图，然后按逻辑关系进行连接，形成一个总体网络图，如图3-60所示。

为了把分别绘制的局部网络图连接起来，绘制局部网络图时要考虑彼此之间的联系，同时要应注意以下内容：必须有统一的构图和排列形式；整个网络图的节点编号要统一；施工过程划分的粗细程度应一致；各分部工程之间应预留连接节点。

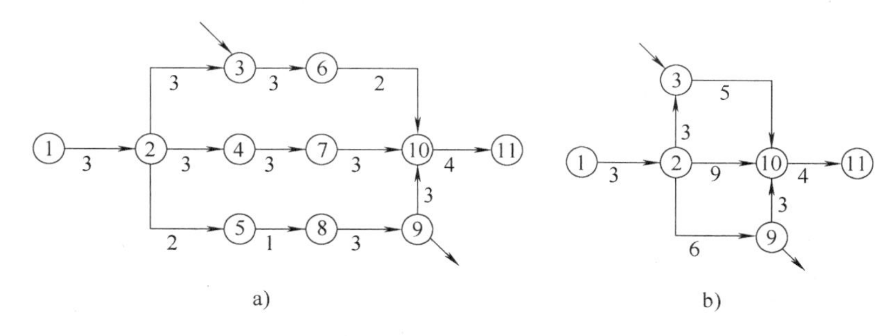


图3-59　网络图的合并（二）
a）合并前　b）合并后

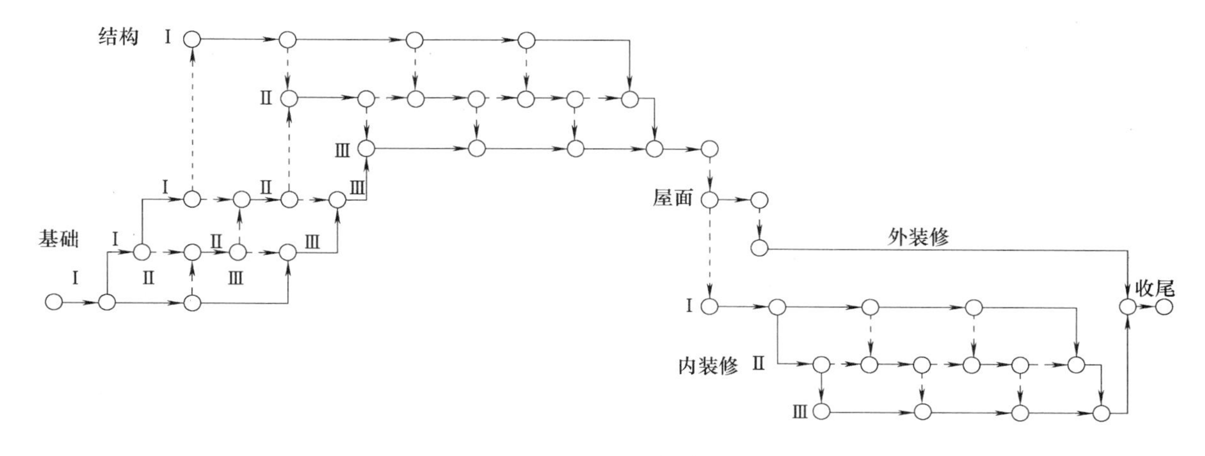


图3-60　网络图的连接

3）网络图的详略组合。在1个施工计划的网络图中，为了简化网络图的绘制，并为了突出计划的重点，一般采取“局部详细、整体简略”的方法来绘制，这种方法称为详略组合，例如某多层或高层办公楼各层是统一的标准设计，各层的施工过程工程量大致相同，所以在编制其网络施工计划时，只要详细绘制出一个标准层的网络图，其他相同层就可以简略绘制，如图3-61所示。

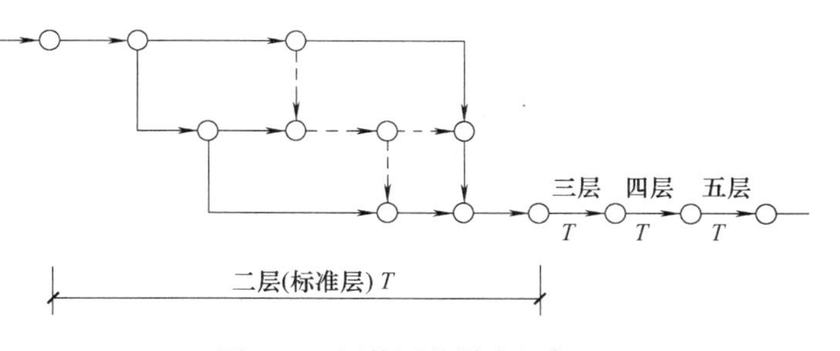


图3-61　网络图的详略组合

（3）网络计划应用实例　某6层住宅楼，砖混结构，建筑面积为6217.43m²，平面形状为一字形，地下1层，地上6层，建筑物总高度为16.8m。基础为钢筋混凝土筏形基础；主体砖墙承重，楼板为现浇钢筋混凝土楼板；室内装饰为毛墙毛面；外墙采用中级混合砂浆粉刷；塑钢门窗、胶合板门；屋面为卷材防水屋面。

本工程基础、主体均分成两个施工段进行施工，屋面不分段，内装饰每层为一段，外装饰自上而下依次完成。该单位工程时标网络计划如图3-62所示。

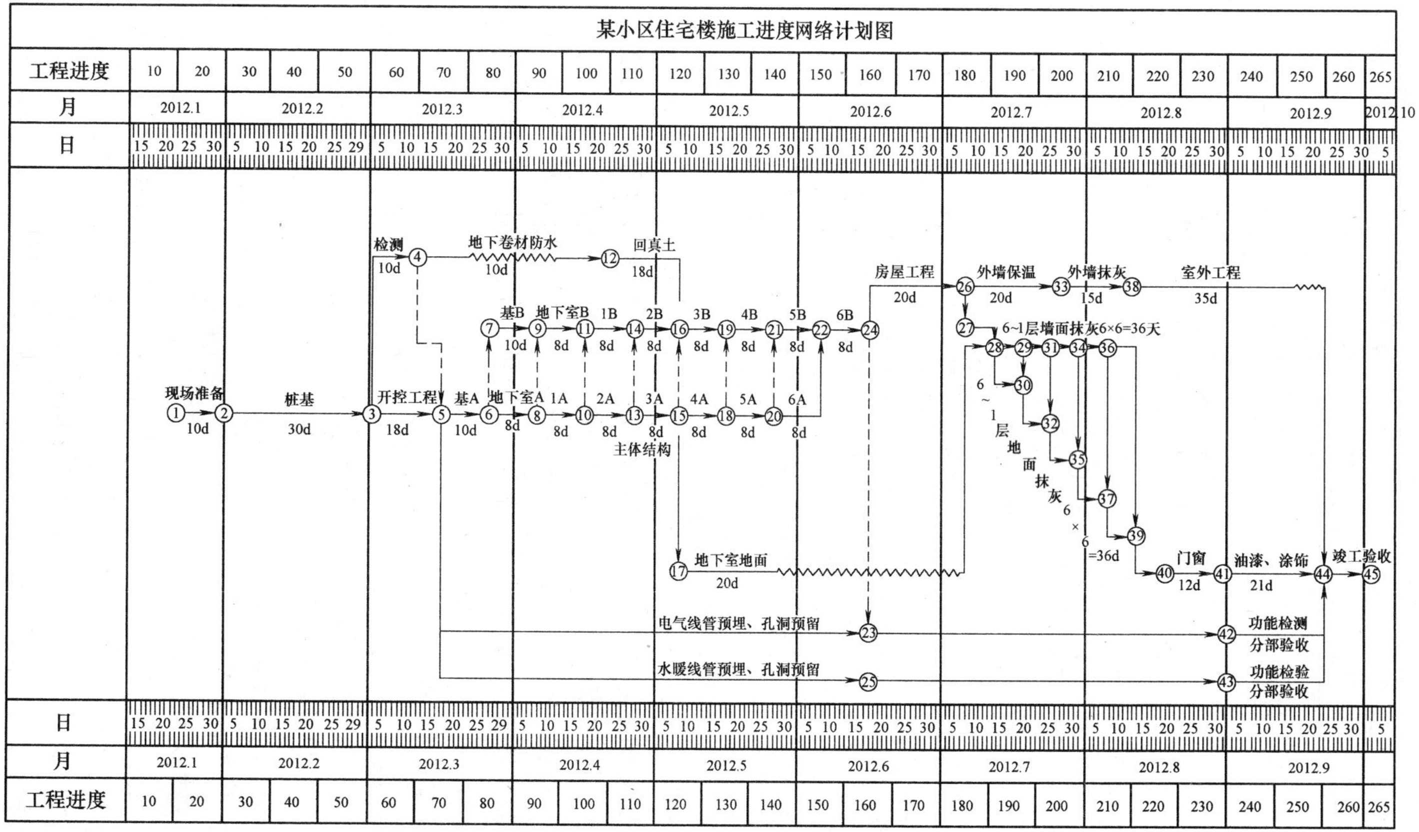

某小区住宅楼施工进度网络计划图

| 工程进度 | 10 | 20 | 30 | 40 | 50 | 60 | 70 | 80 | 90 | 100 | 110 | 120 | 130 | 140 | 150 | 160 | 170 | 180 | 190 | 200 | 210 | 220 | 230 | 240 | 250 | 260 | 265 |
|---|---|---|---|---|---|---|---|---|---|---|---|---|---|---|---|---|---|---|---|---|---|---|---|---|---|---|---|
| 月 | 2012.1 | | 2012.2 | | | 2012.3 | | | 2012.4 | | | 2012.5 | | | 2012.6 | | | 2012.7 | | | 2012.8 | | | 2012.9 | | | 2012.10 |
| 日 | 15 20 25 30 | | 5 10 15 20 25 29 | | | 5 10 15 20 25 30 | | | 5 10 15 20 25 30 | | | 5 10 15 20 25 30 | | | 5 10 15 20 25 30 | | | 5 10 15 20 25 30 | | | 5 10 15 20 25 30 | | | 5 10 15 20 25 30 | | | 5 |

现场准备 10d
桩基 30d
开挖工程 18d
检测 10d
地下卷材防水 10d
回填土 18d
基A 10d
地下室A 8d
1A 8d
2A 8d
3A 8d
4A 8d
5A 8d
6A 8d
主体结构
基B 10d
地下室B 8d
1B 8d
2B 8d
3B 8d
4B 8d
5B 8d
6B 8d
地下室地面 20d
房屋工程 20d
外墙保温 20d
外墙抹灰 15d
室外工程 35d
6~1层墙面抹灰6×6=36天
6~1层地面抹灰6×6=36d
门窗 12d
油漆、涂饰 21d
竣工验收
电气线管预埋、孔洞预留
功能检测 分部验收
水暖线管预埋、孔洞预留
功能检验 分部验收

注：本工程基础、主体划分两个施工段，A表示第一段，B表示第二段。

图3-62 某小区住宅楼施工进度网络计划

### 3.4.3　施工进度计划编制

施工进度计划是施工组织设计的主要内容，也是现场施工管理的中心工作，是对施工现场各项施工活动在时间上所做的集体安排。

施工进度计划是施工部署和施工方案在时间上的具体反映，它反映的是单位工程在具体时间内产出的量化过程和结果，因此正确地编制施工进度计划，是保证整个工程按期交付使用，充分发挥投资效果，降低工程成本的重要条件。

单位工程施工进度计划是在确定了施工部署和施工方案的基础上，根据合同规定的工期、工程量和投入的资金、劳动力等各种资源的供应条件，遵循工程的施工顺序，用图表的形式表示各分部（分项）工程搭接关系及工程开工、竣工时间的一种计划安排。

**1. 施工进度计划的作用**

1）控制单位工程的施工进度，保证在规定工期内完成符合质量要求的工程任务。

2）确定单位工程中各分部（分项）工程的施工顺序、施工持续时间、相互衔接和合理配合关系。

3）为编制季度、月、旬生产作业计划提供依据。

4）为编制各种资源需要量计划和施工准备工作计划提供依据。

5）具体指导现场的施工安排。

**2. 施工进度计划的分类**

根据工程规模的大小、结构的复杂程度、工期长短及工程的实际需要，单位工程施工进度计划一般可分为控制性进度计划和指导性进度计划。

（1）控制性进度计划　控制性进度计划是指以单位工程或分部工程作为施工项目划分对象，用以控制各单位工程或分部工程的施工时间及相互间配合、搭接关系的一种进度计划，常用于工程结构较为复杂、规模较大、工期较长或资源供应不落实、工程设计可能变化的工程。

（2）指导性进度计划　指导性进度计划是指以分部（分项）工程作为施工项目划分对象，具体确定各主要施工过程的施工时间及相互间搭接、配合关系的一种进度计划。对于任务具体而明确、施工条件基本落实、各种资源供应基本满足、施工工期不太长的工程均应编制指导性进度计划；对于编制了控制性进度计划的单位工程，当各单位工程或分部工程及施工条件基本落实后，也应在施工前编制出指导性进度计划，不能以“控制”代替“指导”。

**3. 施工进度计划的表示方法**

施工进度计划通常用两种图表来表示：横道图和网络图，横道图的形式如表3-21所示。

表3-21　施工进度计划横道图

| 序号 | 分部分项工程名称 | 工程量 | | 定额 | 劳动量 | | 机械量 | | 工作班制 | 每班人数 | 工作天数 | 施工进度 | | | | | | | | |
|---|---|---|---|---|---|---|---|---|---|---|---|---|---|---|---|---|---|---|---|---|
| | | 单位 | 数量 | | 工种 | 数量 | 机械名称 | 台班数量 | | | | ×月 | | | | | | ×月 | | |
| | | | | | | | | | | | | 5 | 10 | 15 | 20 | 25 | 30 | 5 | 10 | … |
| 1 | | | | | | | | | | | | | | | | | | | | |
| 2 | | | | | | | | | | | | | | | | | | | | |
| … | | | | | | | | | | | | | | | | | | | | |

横道图由左、右两大部分所组成，左边部分列出了分部（分项）工程的名称、工程量、定额（劳动定额或时间定额）和劳动量、人数、持续时间等计算数据；右边部分是从规定的开工日起到竣工之日止的进度指示图表，用不同线条来形象地表现各个分部（分项）工程的施工进度和搭接关系。有时也在进度指示图表下方汇总每天的资源需要量，组成资源需求量动态曲线。施工进度表中的一格视其工期的长短可以代表1天或若干天。

**4. 施工进度计划的编制依据**

1）工程项目的全部设计图纸，包括工程的初步设计或扩大初步设计、技术设计、施工图设计、设计说明书及建筑总平面图等。

2）工程项目有关概（预）算资料、指标、劳动力定额、机械台班定额和工期定额。

3）施工承包合同规定的进度要求和施工组织设计。

4）施工总方案（施工部署和施工方案）。

5）工程项目所在地区的自然条件和技术、经济条件，包括气象、地形地貌、水文地质及交通、水、电条件等。

6）工程项目需要的资源，包括劳动力状况、机具设备能力、物资供应来源条件等。

7）地方建设行政主管部门对施工的要求。

8）国家现行的建筑施工技术、质量、安全规范、操作规程和技术、经济指标。

**5. 施工进度计划的编制程序**

单位工程施工进度计划的编制程序如图3-63所示。

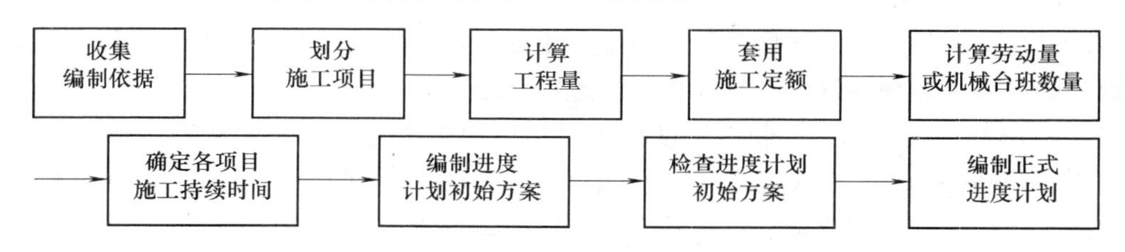


图3-63 单位工程施工进度计划的编制程序

**6. 施工进度计划的编制步骤**

（1）划分施工项目 编制施工进度计划时，首先应按照图纸和施工顺序，将拟建单位工程的各个施工过程列出，并结合施工方法、施工条件和劳动组织等因素，加以适当调整后确定。

施工项目是指包括一定工作内容的施工过程，它是施工进度计划的基本组成单元。施工项目内容的多少，划分的粗细程度，应该根据计划的需要来决定。对于大型建设工程，经常需要编制控制性施工进度计划，此时工作项目可以划分得粗一些，一般只明确到分部工程即可；如果编制指导性施工进度计划，工作项目就应划分得细一些。在一般情况下，单位工程施工进度计划中的施工项目应明确到分项工程或更具体，以满足指导施工作业、控制施工进度的要求。

由于单位工程中的施工项目较多，应在熟悉施工图纸的基础上，根据建筑结构特点及已确定的施工方案，按施工顺序逐项列出，以防止漏项或重项。凡是与工程对象施工直接有关的内容均应列入计划，而不属于直接施工的辅助性项目和服务性项目则不必列入。

另外，有些分项工程在施工顺序上和时间安排上是相互穿插进行的，或者是由同一专业施工队完成的，为了简化进度计划的内容，应尽量将这些项目合并，以突出重点。

（2）计算工程量　工程量的计算应根据施工图和工程量计算规则，针对所划分的每一个施工项目进行。计算工程量时应注意以下问题：

① 工程量的计算单位应与现行定额手册中所规定的计量单位相一致，以便计算劳动力、材料和机械数量时直接套用定额，而不必进行换算。

② 要结合具体的施工方法和安全技术要求计算工程量。

③ 应结合施工组织的要求，按已划分的施工段分层、分段进行计算。

（3）套用施工定额　确定了施工项目及其工程量之后，即可套用建筑工程施工定额，以确定劳动量和机械台班量。

在套用国家或当地颁布的定额时，必须注意结合本单位工人的技术等级、实际操作水平、施工机械情况和施工现场条件等因素，确定定额的实际水平，使计算出来的劳动量、机械台班量等符合实际需要。

（4）计算劳动量和机械台班量　根据施工项目的工程量和所采用的定额，即可按式（3-61）计算出各施工项目所需要的劳动量和机械台班量

$$P_i = \frac{Q_i}{S_i} = Q_i H_i \tag{3-61}$$

式中　$P_i$——某分项工程的劳动量或机械台班量（工日、台班）；

$Q_i$——某分项工程的工程量（$m^3$、$m^2$、m、t 等）；

$S_i$——某分项工程计划产量定额（$m^3$/工日、$m^2$/工日、m/工日、t/工日等）；

$H_i$——某分项工程计划时间定额（工日/$m^3$、工日/$m^2$、工日/m、工日/t 等）。

当某施工项目是由若干个分项工程合并而成时，其总劳动量应按下式计算

$$P_{总} = \sum_{i=1}^{n} p_i = p_1 + p_2 + \cdots + p_n \tag{3-62}$$

当某施工项目是由同一工种，但不同做法、不同材料的若干个分项工程合并而成时，则应分别根据各分项工程的时间定额（或产量定额）及工程量，按式（3-63）计算出合并后的综合产量定额（或综合时间定额）。

$$\overline{S} = \frac{\sum_{i=1}^{n} Q_i}{\sum_{i=1}^{n} P_i} = \frac{Q_1 + Q_2 + \cdots + Q_n}{p_1 + p_2 + \cdots + p_n} = \frac{Q_1 + Q_2 + \cdots + Q_n}{\frac{Q_1}{S_1} + \frac{Q_2}{S_2} + \cdots + \frac{Q_n}{S_n}} \tag{3-63}$$

$$\overline{H} = \frac{1}{\overline{S}} \tag{3-64}$$

式中　$\overline{S}$——某施工项目的综合产量定额（$m^3$/工日、$m^3$/台班等）；

$\overline{H}$——某施工项目的综合时间定额（工日/$m^3$、台班/$m^3$ 等）；

$\sum_{i=1}^{n} Q_i$——总工程量（$m^3$、$m^2$、m、t 等）；

$\sum_{i=1}^{n} P_i$——总劳动量（工日、台班）；

$Q_1$，$Q_2$，…，$Q_n$——同一施工项目的各分项工程的工程量；

$S_1$，$S_2$，…，$S_n$——与 $Q_1$，$Q_2$，…，$Q_n$ 相对应的产量定额。

零星项目所需要的劳动量可结合实际情况，根据承包单位的经验进行估算。

由于水、暖、电、卫等工程通常由专业施工单位施工，因此在编制施工进度计划时，不计算其劳动量和机械台班数，仅安排其进度与土建施工相配合。

（5）确定各项目的施工持续时间　各项目施工持续时间的确定同流水节拍的计算。其确定的方法有三种：经验估算法、定额计算法和倒排计划法。

1）经验估算法。经验估算法是指先估计出完成该施工项目的最乐观时间、最悲观时间和最可能时间三种施工时间，再根据公式计算出该施工项目的持续时间。这种方法适用于新结构、新技术、新工艺及新材料等无定额可循的施工项目。其计算公式为

$$D=\frac{A+4B+C}{6} \tag{3-65}$$

式中　$D$——施工项目的持续；

$A$——最乐观的时间估算（最短时间）；

$B$——最可能的时间估算（正常时间）；

$C$——最悲观的时间估算（最长时间）。

2）定额计算法。定额计算法是指根据施工项目需要的劳动量或机械台班量，以及配备的劳动人数或机械台班确定施工过程的持续时间。其计算公式为

$$D=\frac{P}{NR} \tag{3-66}$$

式中　$D$——某手工操作或机械操作为主的施工项目的持续时间（天）；

$P$——该施工项目所需的劳动量（工日）或机械台班数（台班）；

$N$——每天所采用的工作班制（班）或工作台班（台班）；

$R$——该施工项目所配备的施工班组人数（人）或机械台数（台）。

在实际工作中，确定施工班组人数或机械台班数，必须结合施工现场的具体条件、最小工作面与最小劳动组合人数的要求及机械施工的工作面、机械效率、机械必要的停歇维修与保养时间等因素，才能确定出符合实际要求的施工班组人数及机械台班数。

3）倒排计划法。倒排计划法是根据施工的工期要求，先确定施工过程的持续时间、工作班制，再确定施工班组人数或机械台数。计算公式如下

$$R=\frac{P}{ND} \tag{3-67}$$

式中参数意义同上。

（6）编制施工进度计划的初始方案　上述各项内容确定之后，开始编制施工进度计划，即横道图的右边部分。编制进度计划时，首先把单位工程分为几个分部工程，安排出每个分部工程的施工进度计划；再将各分部工程的进度进行合理搭接，最后汇总成整个单位工程进度计划的初步方案。施工进度计划可采用横道图或网络图的形式表示。

（7）检查与调整施工进度计划　施工进度计划初步方案编制以后，还需要经过检查、复核、调整，最后才能确定出较合理的施工进度计划。

1）施工顺序的检查与调整。施工顺序应符合建筑施工的客观规律，要从技术上、工艺上、组织上检查各施工顺序是否正确，流水施工的组织方法应用是否正确，平行搭接施工及施工中的技术间歇是否合理。

2）施工工期检查与调整。计划工期应满足施工合同的要求，应满足获得较好经济效益的要求，一般有两种评价指标：提前工期与节约工期。

提前工期是指计划工期比上级要求或合同规定工期提前的天数。节约工期是指计划工期比定额工期少用的天数。当进度计划既没有提前工期又没有节约工期时，应进行必要的调整。

3）资源消耗均衡性的检查与调整。施工进度计划的劳动力、材料、机械等的供应与使用，应避免过分集中，尽量做到均衡。在此主要讨论劳动力消耗的均衡问题。劳动力消耗是否均衡一般的检查方法是观察劳动力和物资需要量的变动曲线。这些动态曲线如果有较大的高峰出现时，则可用适当的移动穿插项目的时间或调整某些项目的持续时间等方法逐步加以改进，最终使施工过程趋于均衡。

劳动力消耗的均衡性可用劳动力消耗不均衡系数$K$来表示，其公式如下

$$K=\frac{R_{max}}{R_m} \tag{3-68}$$

式中　$R_{max}$——施工期间的最高峰人数；

$R_m$——施工期间的平均人数。

$K$值最理想为1，在2以内较好，超过2则不正常，需要调整。

施工进度计划的每个步骤都是相互依赖、相互联系、同时进行的，由于建筑施工是一个复杂的生产过程，受自然条件和客观因素的影响较大，如气候，物质与材料的供应，资金等，故施工实际进度经常会出现不符合原计划的要求。由于施工进度计划并不是一成不变的，因此在施工中，应随时掌握施工动态，经常检查，不断调整。

## 任务5　资源配置计划编制

**【工作任务】**

编制某工程资源配置计划。

**【任务目标】**

**知识目标：**熟悉资源配置计划的内容、作用；掌握单位工程资源配置计划的编制方法。

**能力目标：**能够编制单位工程资源配置计划。

资源配置计划是指根据单位工程施工进度计划要求编制的，包括劳动力、材料、构配件、加工品及施工机具等的需要量计划。它是组织物资供应与运输、调配劳动力和机械的依据，是组织有秩序、按计划顺利施工的保证，同时也是确定现场临时设施的依据。

### 3.5.1　劳动力配置计划编制

劳动力配置计划是指根据施工进度计划编制的，主要反映工程施工所需技工、普通工人人数的配置计划。它是控制劳动力平衡调配的主要依据。其编制方法是：将施工进度计划表上每天施工的项目所需的施工人员按工种分配、统计，得出每天所需工种及其人数，再按时间进度要求汇总。劳动力配置计划常用表格形式见表3-22。

表 3-22 劳动力配置计划

| 序号 | 工种名称 | 需用总工日数 | 需用人数及时间 | | | | | | | | | | | | 备注 |
|---|---|---|---|---|---|---|---|---|---|---|---|---|---|---|---|
| | | | ××月 | | | ××月 | | | ××月 | | | ××月 | | | |
| | | | 上 | 中 | 下 | 上 | 中 | 下 | 上 | 中 | 下 | 上 | 中 | 下 | |
| | | | | | | | | | | | | | | | |
| | | | | | | | | | | | | | | | |

## 3.5.2 物质配置计划编制

### 1. 主要材料配置计划

主要材料配置计划是指根据施工预算、材料消耗定额及施工进度计划编制的，主要指工程用水泥、钢筋、砂、石子、砖及防水材料等主要材料的配置计划，是确定施工备料、供料和确定仓库、堆场面积及运输量的依据。编制时应提出材料名称、规格、数量及使用时间等要求。主要材料配置计划常用表格形式见表 3-23。

表 3-23 主要材料配置计划

| 序号 | 材料名称 | 规格 | 需用量 | | 需用时间 | | | | | | | | | | | | 备注 |
|---|---|---|---|---|---|---|---|---|---|---|---|---|---|---|---|---|---|
| | | | 单位 | 数量 | ××月 | | | ××月 | | | ××月 | | | ××月 | | | |
| | | | | | 上 | 中 | 下 | 上 | 中 | 下 | 上 | 中 | 下 | 上 | 中 | 下 | |
| | | | | | | | | | | | | | | | | | |
| | | | | | | | | | | | | | | | | | |

### 2. 成品、半成品配置计划

成品、半成品配置计划是指依据施工图、施工方案及施工进度计划要求编制的，主要指混凝土预制构件、钢结构、门窗构件等成品、半成品的配置计划，主要反映施工中各种成品、半成品的需用量及供应日期，以其作为施工单位按所需构件的规格、数量和使用时间组织构件加工和进场的依据。一般应按不同种类的构件分别编制，提出构件的名称、规格、数量及使用时间等。成品、半成品配置计划常用表格形式见表 3-24。

表 3-24 成品、半成品配置计划

| 序号 | 成品、半成品名称 | 图号和型号 | 规格尺寸/mm | 单位 | 数量 | 要求供应起止日期 | 备注 |
|---|---|---|---|---|---|---|---|
| | | | | | | | |
| | | | | | | | |

### 3. 施工机具配置计划

施工机具配置计划是指根据施工方案、施工方法及施工进度计划编制的，主要反映施工所需的各种机械和器具的名称、规格、型号、数量及使用时间的配置计划，可作为落实机具来源、组织机具进场的依据。施工机具配置计划常用表格形式见表 3-25。

表 3-25　施工机具配置计划

| 序　号 | 机具名称 | 规　格 | 单　位 | 需用数量 | 施工起止日期 | 备　注 |
|---|---|---|---|---|---|---|
| | | | | | | |
| | | | | | | |

# 任务 6　施工现场平面布置图的设计

**【工作任务】**

设计某工程施工现场平面布置图。

**【任务目标】**

**知识目标：** 熟悉图纸，掌握施工平面图的设计内容、设计依据、设计原则和设计步骤等。

**能力目标：** 能设计单位工程施工平面布置图。

## 3.6.1　施工现场平面布置

施工现场平面布置是指根据拟建工程的规模、施工方案、施工进度及施工生产的需要，结合现场的具体情况和条件，按照一定的布置原则，对施工现场作出的规划、部署和具体安排。将布置方案绘制成图，即绘成施工现场平面布置图。

单位工程施工现场平面布置图是施工组织设计的主要组成部分，施工现场平面图布置得合理与否直接关系着现场施工生产是否能有条不紊地进行，关系着是否能顺利执行施工进度计划，以及劳动生产率和工程成本的高低，因此在施工组织设计中，对施工平面布置图的设计应予以高度重视。

**1. 施工现场平面布置图的设计依据**

施工现场平面布置图的设计依据应包括以下内容：

1）国家有关法律法规对施工现场管理提出的要求及地方政策的要求。

2）设计与施工的原始资料。

① 自然条件资料。自然条件资料包括地形资料、地质资料、水文资料及气象资料等，主要用来确定施工排水沟渠、易燃易爆品仓库的位置。

② 技术经济条件资料。技术经济条件资料包括地方资源情况、水电供应条件、生产和生活基地情况及交通运输条件等，主要用来确定材料仓库、构件和半成品堆放场地、道路及可以利用的生产和生活临时设施。

③ 社会调查资料。社会调查资料包括社会劳动力和生活设施情况、参加施工的各单位情况，以及建设单位可以为施工提供的房屋和其他生活设施等。

3）设计文件。

① 建筑总平面图。在建筑总平面图上标有既有和拟建建（构）筑物的平面位置及尺寸，根据建筑总平面图和施工条件确定临时建筑物和临时设施的平面位置及尺寸。

② 各种地下、地上管线位置。一切既有或拟建的管线，应在施工中尽可能考虑利用；如果对施工有影响，则应采用措施予以解决。

③ 土方调配规划及建筑区竖向设计。土方调配规划及建筑区竖向设计与土方挖填及土方取舍的位置密切相关，它影响施工现场的平面关系。

4）施工组织设计资料。

① 施工方案。施工方案对施工平面布置的要求，应具体体现在施工平面上，如各种设施的布置，起重机开行线路等。

② 施工进度计划及各种资源配置计划。根据施工进度计划及由施工进度而编制的资源配置计划，进行现场材料堆放场地，仓库位置、面积和运输道路的确定。根据劳动力和各种材料、构件、半成品等的需要量计划，可确定宿舍、食堂的面积、位置，仓库和堆放场地的面积、形式、位置等。

**2. 施工现场平面布置图的设计原则**

1）平面布置科学合理，施工场地占用面积小。

2）合理组织运输，减少二次搬运。

3）施工区域的划分和场地的临时占用应符合总体施工部署和施工流程的要求，减少相互干扰。

4）充分利用既有建（构）筑物和既有设施为项目施工服务，降低临时设施的建造费用。

5）临时设施应方便生产和生活，办公区、生活区和生产区宜分离设置。

6）符合节能、环保、安全和消防等要求。

7）遵守当地主管部门和建设单位关于施工现场安全文明施工的相关规定。

设计施工现场平面布置图除考虑上述基本原则外，还必须结合施工方法、施工进度、设计多个施工现场平面布置图方案，通过对施工用地的面积、临时道路和管线的长度、临时设施的面积和费用等技术经济指标进行比较，择优选择方案。

**3. 施工现场平面布置图的设计内容**

施工现场平面布置图的内容一般包括下列内容：施工平面图说明、施工平面图及施工平面管理规划。施工现场平面布置图图纸的具体内容通常如下：

1）工程施工用地范围内的地形状况。

2）全部拟建的建（构）筑物和其他基础设施的位置。

3）工程施工用地范围内的加工设施（搅拌站、加工棚）、运输设施（塔式起重机、施工电梯、井架等）、存储设施（材料、构配件、半成品的堆放场地及仓库）、供电设施、供水供热设施、排水排污设施、临时施工道路和办公、生活用房等。

4）施工现场必备的安全、消防、保卫和环境保护等设施。

5）相邻的地上、地下既有建（构）筑物及相关环境。

## 3.6.2 施工现场平面布置图的设计步骤

施工现场平面布置图的设计步骤一般是：确定垂直运输机械的位置→确定搅拌站、加工棚、材料及构件堆放场地的尺寸和仓库位置→布置运输道路→布置临时房屋→布置临时水电管线→布置安全消防设施→调整优化。

**特别提示：** 以上步骤在实际设计时，不是独立的，往往互相牵连，互相影响，因此需要多次反复进行才能确定。除研究其在平面上布置是否合理外，还必须考虑它们的空间条件是否合理，特别要注意安全问题。

**1. 垂直运输机械位置的确定**

垂直运输机械的位置直接影响仓库、搅拌站、各种材料和构件等的位置，以及道路，水、电线路的布置等，因此其布置是施工现场全局的中心环节，应首先予以考虑。

（1）塔式起重机的布置　塔式起重机的平面位置主要取决于建筑物的平面形状和四周场地条件，一般应在场地较宽的一面沿建筑物的长度方向布置，以充分发挥其效率。

1）布置要求。轨道式塔式起重机和固定式塔式起重机服务范围及布置如图3-64、图3-65所示。塔式起重机沿建筑物长度方向布置时，回转半径 $R$ 应满足下式要求，即

$$R \geqslant B + D \tag{3-69}$$

式中　$R$——塔式起重机最大回转半径（m）；

$B$——建筑物平面的最大宽度（m）；

$D$——轨道中心线与外墙中心线的距离（m）。

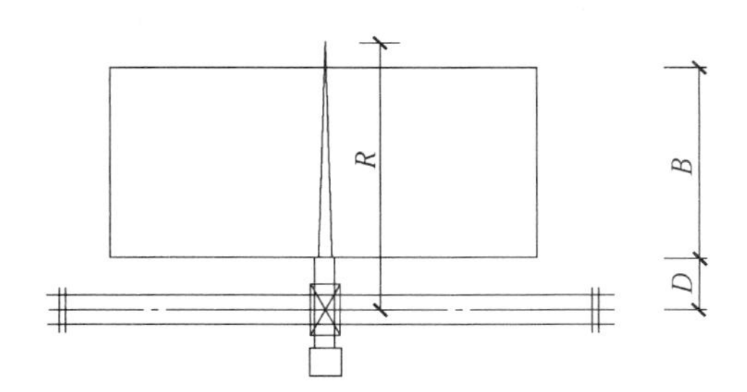


图3-64　轨道式塔式起重机服务范围及布置

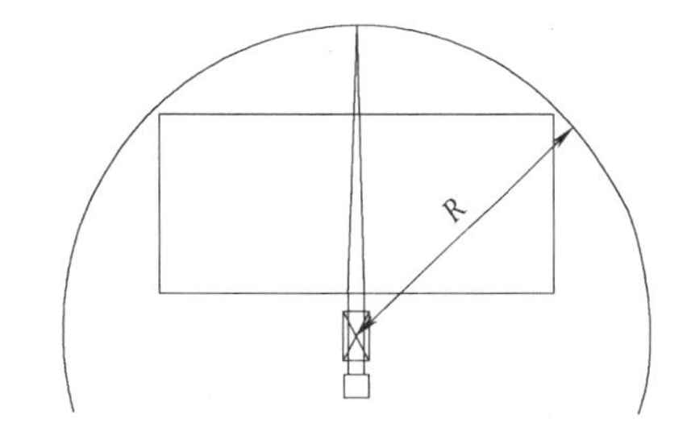


图3-65　固定式塔式起重机服务范围及布置

2）塔式起重机的起重参数。塔式起重机一般有三个起重参数：起重量（$Q$）、回转半径（$R$）、起重高度（$H$），有些塔式起重机还设有起重力矩。

塔式起重机的中心与到外墙边线的距离取决于凸出墙面的雨棚、阳台及脚手架的尺寸，还取决于塔式起重机的型号、性能及构件的重量和位置，还与现场地形及施工用地范围的大小有关系，如果不满足式（3-69），则可以调整公式中的距离 $D$。当 $D$ 已经是最小安全距离时，则应采取其他技术措施，如采用双侧布置、结合井架布置等。

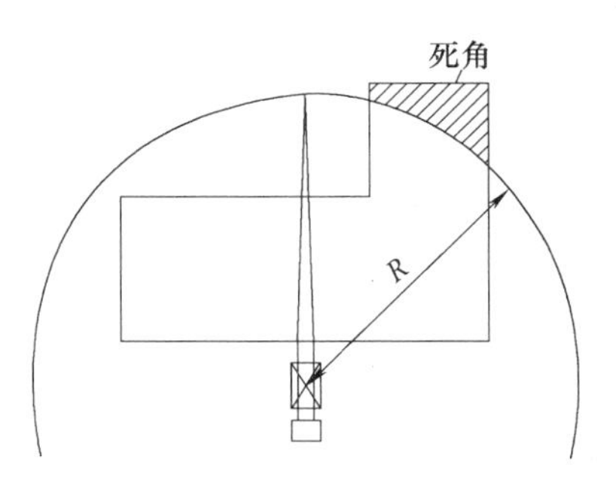


图3-66　塔式起重机服务范围

3）塔式起重机服务范围（图3-66）。建筑物在塔式起重机服务范围以外的阴影部分，称为“死角”。塔式起重机布置的最佳状况应使建筑物平面均在塔式起重机服务范围内，避免“死角”。若做不到这一点，也应使死角越小越好，或者使最重、最大、最高的构件不出现在死角内。如果塔式起重机吊运最远构件，需将构件作水平推移时，推移距离一般不超过1m，并应有严格的技术措施，否则要采用其他辅助措施。

**特别提示：**塔式起重机各部分距低压架空输电线路不应小于3m；距高压架空输电线路不应小于6m。固定式塔式起重机安装前应制订安装和拆除施工方案，塔式起重机的位置处应有较宽的空间，可以容纳两台汽车起重机安装或拆除塔机吊臂的工作需要。

（2）井架、龙门架布置

1）井架、龙门架布置的位置。井架、龙门架布置的位置一般取决于建筑物的平面形状和大小、建筑物高低层的分界位置、流水段的划分及四周场地大小等因素。当建筑物呈长条形，层数、高度相同时，一般布置在流水段的分界处，并应布置在现场较宽的一面，一般在这一面堆放砖和构件，以达到缩短运距的目的。

2）井架、龙门架布置的原则。充分发挥起重机械的能力，并使地面和楼面的水平运距最小。布置时应考虑以下几个方面：

① 当工程各部位的高度相同时，应布置在施工段的分界线附近。

② 当工程各部位的高度不同时，应布置在高低分界线较高部位的一侧。

③ 井架、龙门架的位置以布置在窗口处为宜，以避免砌墙留槎和减少井架拆除后的修补工作。

④ 井架、龙门架的数量要根据施工进度、垂直提升的构件和材料的数量，台班工作效率等因素计算确定，其服务范围一般为50～60m，台班吊装次数一般为80～100次。

⑤ 卷扬机的位置不应距离起重机械太近，以便司机的视线能够看到整个升降过程，一般要求此距离大于建筑物的高度，且最短距离不应小于10m，水平距外脚手架3m以上。

⑥ 井架应立在外脚手架之外，并有一定距离为宜，一般为5～6m。

（3）外用施工电梯　外用施工电梯是指一种安装于建筑物外部，施工期间用于运送施工人员及建筑器材的垂直运输机械。它是高层建筑施工中不可缺少的关键设备之一。

在确定外用施工电梯的位置时，应满足以下便于施工人员上下和物料集散；由电梯口至各施工处的平均距离应最近；便于安装附墙装置；接近电源，有良好的夜间照明。

（4）自行式起重机　对履带起重机、汽车起重机等，一般只要考虑其行驶路线即可。行驶路线根据吊装顺序、构件重量、堆放场地、吊装方法及建筑物的平面形状和高度等因素确定。

（5）混凝土泵　高层建筑施工中，混凝土的垂直运输量十分巨大，通常采用泵送的方法进行运输。混凝土泵是在压力推动下沿管道输送混凝土的一种设备，能一次连续完成水平运输和垂直运输，配以布料杆或布料机还可以有效地进行布料和浇筑。混凝土泵宜设置在场地平整、道路畅通、供料方便、距浇筑地点较近、便于配管，排水、供水、供电较方便的地方，并且在混凝土泵作用范围内不得有高压线。

**2. 确定搅拌站、仓库、材料和构件堆放场地及加工棚的位置**

布置这些内容时，总的要求是：既要使它们尽量靠近使用地点或将它们布置在起重机服务范围内，又要便于装卸、运输。

（1）确定搅拌站位置　砂浆、混凝土搅拌站的位置取决于垂直运输机械，布置搅拌机时，应考虑以下因素：

1）根据施工任务的大小和特点，选择适用的搅拌机类型及数量；然后根据总体要求，将搅拌机布置在使用地点和起重机附近，并与垂直运输机具相协调，以提高机械的利用率。

2）搅拌机的位置尽可能布置在运输道路附近，且与场外运输道路相连接，以保证大量的混凝土原材料顺利进场。

3）搅拌机布置应考虑后台有上料的地方，与砂石堆放场地的距离越近越好，并能在附近布置水泥库。

4）特大体积混凝土施工时，其搅拌机尽可能靠近使用地点。

5）混凝土搅拌台所需面积为$25m^2$左右，砂浆搅拌台所需面积为$15m^2$左右，冬期施工时还应考虑保温与隔热设施的设置等，相应增加面积。

6）搅拌站四周应有排水沟，以利于清洗机械和排除污水，避免现场积水。

**特别提示：**若采用商品混凝土，只要考虑其供应能力和运输设备能否满足需要，并及时做好订货联系即可，施工现场可不考虑布置搅拌站。

（2）确定仓库、材料和构件堆放位置　仓库、材料和构件堆放场地的面积应先通过计算，然后根据各施工阶段的需要及材料使用的先后进行布置。

1）仓库、材料和构件的堆放与布置

① 材料的堆放和仓库应尽量靠近使用地点，减少或避免二次搬运，并利于运输及卸料。建筑物基础所用的材料应布置在基坑四周，并根据基槽（坑）的深度、宽度和边坡坡度确定，应与基槽（坑）边缘保持一定的距离，以免造成土壁塌方事故。

② 水泥仓库应选择地势较高、排水方便、靠近搅拌机的地方。各种易燃易爆品仓库的布置应符合防火、防爆安全距离的要求。木材、钢筋及水电器材等仓库的布置，应与加工棚结合布置，以便就近取材、加工。

③ 各种主要材料应根据其用量的大小、使用时间的长短、供应与运输情况等研究确定。凡用量较大、使用时间较长、供应与运输较方便的，在保证施工进度与连续施工的情况下，均应考虑分期、分批进场，以减少堆放场地或仓库所需面积，达到降低损耗、节约施工费用的目的。

④ 根据不同的施工阶段使用不同的材料的特点，在同一位置上可先后布置不同的材料。

⑤ 如果采用固定垂直运输设备，则材料、构件的堆放场地应尽量靠近垂直运输设备，采用塔式起重机进行垂直运输时，可布置在其服务范围内。

⑥ 多种材料同时布置时，对大宗的、重量较大的和先期使用的材料，尽可能靠近使用地点或起重机附近布置；而对少量的、重量较小的和后期使用的材料，则可布置得远一些。

⑦ 模板、脚手架等周转材料，应选择在装卸、取用、整理方便和靠近拟建工程的地方布置。

⑧ 预制构件的堆放位置要考虑到吊装顺序。先吊的放在上面，吊装构件进场时间应密切与吊装进行配合，力求直接卸到就位位置，避免二次搬运。

⑨ 砂石应尽可能布置在搅拌机后台附近，石子的堆放场地应更靠近搅拌机一些，并按石子的不同粒径分别设置。

2）各种仓库及堆放场地所需面积的确定。各种仓库及堆放场地所需的面积，可根据施工进度、材料供应情况等确定分期、分批进场，并根据下列公式进行计算，即

$$F = Q/nqk \tag{3-70}$$

式中　$F$——材料堆放场地或仓库需要面积；

$Q$——各种材料在现场的总用量；

$n$——该材料分期、分批进场的次数；

$q$——该材料每平方米储存定额；

$k$——堆放场地、仓库面积利用系数。

常用材料仓库或堆放场地面积计算参考指标见表3-26。

**表3-26 常用材料仓库或堆放场地面积计算参考指标**

| 序号 | 材料、半成品名称 | 单位 | 每平方米储存定额 $q$ | 面积利用系数 $k$ | 备注 | 库存货堆放场地 |
|---|---|---|---|---|---|---|
| 1 | 水泥 | t | 1.2～1.5 | 0.7 | 堆高12～15袋 | 封闭库存 |
| 2 | 生石灰 | t | 1.0～1.5 | 0.8 | 堆高1.2～1.7m | 加工棚 |
| 3 | 砂子（人工堆放） | $m^3$ | 1.0～1.2 | 0.8 | 堆高1.2～1.5m | 露天 |
| 4 | 砂子（机械堆放） | $m^3$ | 2.0～2.5 | 0.8 | 堆高2.4～2.8m | 露天 |
| 5 | 石子（人工堆放） | $m^3$ | 1.0～1.2 | 0.8 | 堆高1.2～1.5m | 露天 |
| 6 | 石子（机械堆放） | $m^3$ | 2.0～2.5 | 0.80 | 堆高2.4～2.8m | 露天 |
| 7 | 块石 | $m^3$ | 0.8～1.0 | 0.7 | 堆高1.0～1.2m | 露天 |
| 8 | 卷材 | 卷 | 45～50 | 0.7 | 堆高2.0m | 仓库 |
| 9 | 木模板 | $m^2$ | 4～6 | 0.7 | | 露天 |
| 10 | 红砖 | 千块 | 0.8～1.2 | 0.8 | 堆高1.2～1.8m | 露天 |
| 11 | 泡沫混凝土 | $m^3$ | 1.5～2.0 | 0.7 | 堆高1.5～2.0m | 露天 |

（3）加工棚的布置　现场加工作业棚主要包括各种料具仓库、加工棚等，木材和钢筋等加工棚的位置宜设置在建筑物四周稍远处，并有相应的材料及成品堆放场地。石灰及淋灰池的位置可根据情况布置在砂浆搅拌机附近，并在下风向处。

现场加工作业棚所需面积参考指标见表3-27。

**表3-27 现场加工作业棚所需面积参考指标**

| 序号 | 名称 | 单位 | 面积 | 备　注 |
|---|---|---|---|---|
| 1 | 木工作业棚 | $m^2$/人 | 2 | 占地为建筑面积的2～3倍 |
| 2 | 电锯房 | $m^2$ | 80 | 86～91cm圆锯一台 |
| 3 | 电锯房 | $m^2$ | 40 | 小圆锯一台 |
| 4 | 钢筋作业棚 | $m^2$/人 | 3 | 占地为建筑面积的3～4倍 |
| 5 | 搅拌站 | $m^2$/台 | 10～18 | |
| 6 | 卷扬机棚 | $m^2$/台 | 6～12 | |
| 7 | 烘炉房 | $m^2$ | 30～40 | |
| 8 | 焊工房 | $m^2$ | 20～40 | |
| 9 | 电工房 | $m^2$ | 15 | |
| 10 | 白铁工房 | $m^2$ | 20 | |
| 11 | 油漆工房 | $m^2$ | 20 | |
| 12 | 机、钳工修理房 | $m^2$ | 20 | |

（续）

| 序号 | 名称 | 单位 | 面积 | 备注 |
| --- | --- | --- | --- | --- |
| 13 | 立式锅炉房 | $m^2$/台 | 5~10 | |
| 14 | 发电机房 | $m^2$/kW | 0.2~0.3 | |
| 15 | 水泵房 | $m^2$/台 | 3~8 | |
| 16 | 空气压缩机房（移动式） | $m^2$/台 | 18~30 | |
| 17 | 空气压缩机房（固定式） | $m^2$/台 | 9~15 | |

### 3. 现场运输道路的布置

施工运输道路的布置主要解决运输和消防两个问题，应按材料和构件运输的需要，沿仓库和堆放场地进行布置，道路要保持畅通无阻。施工现场主要应尽可能利用永久性道路，或者先建好永久性道路路基，在土建工程结束之前再铺好路面，以节约费用。为使运输工具有回转的可能性，因此运输路线最好围绕建筑物布置成环形道路。道路的最小宽度和转弯半径见表3-28和表3-29。

道路两侧一般应结合地形设置排水管（沟），沟深和宽度不小于0.4m。

**表3-28 施工现场道路最小宽度**

| 序号 | 车辆类别及要求 | 道路宽度/m |
| --- | --- | --- |
| 1 | 汽车单行道 | ≥3.5 |
| 2 | 汽车双行道 | ≥6.0 |
| 3 | 平板拖车单行道 | ≥4.0 |
| 4 | 平板拖车双行道 | ≥8.0 |

**表3-29 施工现场道路最小转弯半径**

| 车辆类型 | 路面内侧的最小曲线半径/m | | |
| --- | --- | --- | --- |
| | 无拖车 | 有一辆拖车 | 有两辆拖车 |
| 小客车、三轮汽车 | 6 | | |
| 一般二轴载货汽车 | 9（单车道）<br>7（双车道） | 12 | 15 |
| 三轴载货汽车<br>重型载货汽车 | 12 | 15 | 18 |
| 起重型载货汽车 | 15 | 18 | 21 |

**特别提示：**施工道路的布置应满足消防的要求，使道路靠近建筑物、木料场等易发生火灾的地方，以便车辆能开到消火栓处。消防车道宽度不应小于4m。施工道路应避开拟建工程和地下管道等地方。

### 4. 临时设施的布置

施工现场的临时设施较多，这里主要指施工期间临时搭建、租赁的各种房屋等临时设施。临时设施必须合理选址、正确用材，新建临时设施必须使用符合规定要求的装配式彩钢活动房屋，活动房屋不得超过两层，并满足安全、卫生、保温、通风等要求。

（1）临时设施的种类

1）办公设施：包括办公室、会议室、门卫等。

2）生活设施：包括宿舍、食堂、厕所、淋浴室、阅览娱乐室、卫生保健室等。

3）生产设施：包括材料仓库、防护棚、加工棚（加工站、加工厂，如混凝土搅拌站、砂浆搅拌站、木材加工厂、钢筋加工厂、金属加工厂和机械维修厂）、操作棚等。

4）辅助设施：包括道路、现场排水设施、围墙、大门、供水处、吸烟处等。

（2）临时设施的布置原则

1）办公、生活临时设施的选址首先应考虑与作业区相隔离，并保持安全距离；其次位置的周边环境必须具有安全性，例如不得设置在高压线下，也不得设置在沟边、崖边、河流边、强风口处、高墙下，以及滑坡、泥石流等灾害地质带上和山洪可能冲击到的区域。

2）临时办公、生活用房应尽量利用建设单位在施工现场或附近能提供的现有房屋和设施。

3）临时房屋应本着厉行节约，减少浪费，充分利用当地材料的原则，尽量采用活动式或容易拆装的房屋。

4）临时房屋的布置应方便生产和生活。

5）临时房屋的布置应符合安全、消防和环境卫生的要求。

（3）临时设施的布置方式

1）生活性临时房屋布置在工地现场以外，生产性临时设施按照生产的需要在工地选择适当的位置，行政管理办公室等应靠近工地或是工地现场出入口。

2）施工人员休息室应设在工作地点附近。

3）工地食堂可布置在工地内部或外部。

4）施工人员住房一般在场外集中设置。

5）生产性临时房屋，如混凝土搅拌站、钢筋加工厂、木材加工厂等，应全面分析比较确定位置。

（4）临时办公、生活用房建筑面积计算　临时办公、生活用房建筑面积的计算是指根据建筑工程性质、工程量、工期要求、施工条件、项目管理机构设置类型等，依据建筑工程劳动定额，先确定工地年（季）高峰平均职工人数，然后根据现行定额或实际经验数值，计算出需要的工地临时办公、生活用房建筑面积。其计算的方法是将该临时性建筑物的使用人数乘以相应的使用面积定额。

行政、生活福利临时建筑面积参考指标见表 3-30。

**表 3-30　行政、生活福利临时建筑面积参考指标**

<table>
<tr><th>序号</th><th>临时房屋名称</th><th>指标使用方法</th><th>参考指标/(m²/人)</th><th>备注</th></tr>
<tr><td>1</td><td>办公室</td><td>按干部人数</td><td>3～4</td><td rowspan="5">1）本表根据全国收集到的有代表性的企业、地区的资料综合而成</td></tr>
<tr><td>2</td><td>宿舍</td><td rowspan="4">按高峰年（季）平均职工人数（扣除不在工地住宿人数）</td><td>2.5～3.5</td></tr>
<tr><td></td><td>单层通铺</td><td>2.5～3</td></tr>
<tr><td></td><td>双层床</td><td>2.0～2.5</td></tr>
<tr><td></td><td>单层床</td><td>3.5～4</td></tr>
</table>

（续）

| 序号 | 临时房屋名称 | 指标使用方法 | 参考指标/（m²/人） | 备注 |
|---|---|---|---|---|
| 3 | 食堂 | 按高峰年平均职工人数 | 0.5～0.8 | 1）本表根据全国收集到的有代表性的企业、地区的资料综合而成<br>2）食堂包括厨房、库房，应考虑在工地就餐人数和进餐次数 |
| 4 | 其他 | | | |
| | 医务室 | 按高峰年平均职工人数 | 0.05～0.07 | |
| | 浴室 | 按高峰年平均职工人数 | 0.07～0.1 | |
| | 理发室 | 按高峰年平均职工人数 | 0.01～0.03 | |
| | 俱乐部 | 按高峰年平均职工人数 | 0.1 | |
| 5 | 现场小型设施 | | | |
| | 开水房 | | 10～40m² | |
| | 厕所 | 按高峰年平均职工人数 | 0.02～0.07 | |
| | 工人休息室 | 按高峰年平均职工人数 | 0.15 | |

**特别提示：**宿舍应实行单人单床，每个房间居住人数不得超过16人，严禁睡通铺。在建筑物内严禁安排人员住宿、办公。

### 5. 临时水电管网布置

（1）现场临时供水的布置　在建筑施工中，临时供水设施是必不可少的。为了满足生产、生活及消防用水的需要，要选择和布置合适的临时供水系统。

现场临时供水系统布置时，应先计算用水量、供水管径等，然后进行布置。

1）用水量的计算　施工现场用水包括施工生产、生活和消防三方面的用水。

① 施工生产用水量计算。施工生产用水量主要包括工程用水、机械用水。

工程用水量计算。工程用水量是指施工高峰的某一天或高峰时期内平均每天需要的最大用水量。可按式（3-71）计算

$$q_1 = K_1 \sum \frac{Q_1 N_1}{T_1 b} \frac{K_2}{8 \times 3600} \tag{3-71}$$

式中　$q_1$——施工用水量（L/s）；

$K_1$——未预见的施工用水系数（1.05～1.15）；

$Q_1$——年（季）度工程量（以实物计量单位表示）；

$T_1$——年季度有效工作日（d）；

$N_1$——施工（生产）用水定额，见表3-31；

$b$——每天工作班次；

$K_2$——施工用水不均衡系数，见表3-32。

**表3-31　现场或附属生产企业施工（生产）用水参考定额**

| 序号 | 用水对象 | 单位 | 耗水量 | 备　注 |
|---|---|---|---|---|
| 1 | 浇筑混凝土全部用水 | L/m³ | 1700～2400 | |
| 2 | 搅拌普通混凝土 | L/m³ | 250 | |
| 3 | 搅拌轻质混凝土 | L/m³ | 300～350 | |

（续）

| 序号 | 用水对象 | 单位 | 耗水量 | 备　注 |
|---|---|---|---|---|
| 4 | 混凝土养护（自然养护） | $L/m^3$ | 200~400 | |
| 5 | 混凝土养护（蒸汽养护） | $L/m^3$ | 500~700 | |
| 6 | 冲洗模板 | $L/m^3$ | 5 | |
| 7 | 冲洗石子 | $L/m^3$ | 600~1000 | 当含泥量大于2%，小于3%时 |
| 8 | 冲洗搅拌机 | L/台班 | 600 | |
| 9 | 洗砂 | $L/m^3$ | 1000 | |
| 10 | 砌砖工程全部用水 | $L/m^3$ | 150~250 | |
| 11 | 砌石工程全部用水 | $L/m^3$ | 50~80 | |
| 12 | 抹灰工程全部用水 | $L/m^3$ | 30 | |
| 13 | 浇砖 | L/千块 | 200~250 | |
| 14 | 抹面 | $L/m^2$ | 4~6 | 不包括调制用水 |
| 15 | 楼地面 | $L/m^2$ | 190 | 主要是找平层 |
| 16 | 搅拌砂浆 | $L/m^3$ | 300 | |
| 17 | 石灰消化 | L/t | 3000 | |

**表3-32　施工用水不均衡系数**

| 编　号 | 用水名称 | 系　数 |
|---|---|---|
| $K_2$ | 现场施工用水 | 1.50 |
| | 附属生产企业用水 | 1.25 |
| $K_3$ | 施工机械、运输机械用水 | 2.00 |
| | 动力设备用水 | 1.05~1.10 |
| $K_4$ | 施工现场生活用水 | 1.30~1.50 |
| $K_5$ | 生活区用水 | 2.00~2.50 |

施工机械用水量计算

$$q_2 = K_1 \sum Q_2 N_2 \frac{K_3}{8 \times 3600} \tag{3-72}$$

式中　$q_2$——机械用水量（L/s）；

$K_1$——未预见的施工用水系数，取1.05~1.15；

$Q_2$——同一种机械台数；

$N_2$——施工机械台班用水定额，见表3-33；

$K_3$——施工机械用水不均衡系数，见表3-32。

**表3-33　机械台班用水参考定额**

| 序号 | 用水对象 | 单位 | 耗水量/L | 备注 |
|---|---|---|---|---|
| 1 | 内燃挖土机 | $m^3$·台班 | 200~300 | 以斗容量 $m^3$ 计 |
| 2 | 内燃起重机 | t·台班 | 15~18 | 以起重量吨数计 |
| 3 | 内燃压路机 | t·台班 | 12~15 | 以压路机吨数计 |

（续）

| 序号 | 用水对象 | 单位 | 耗水量/L | 备注 |
|---|---|---|---|---|
| 4 | 拖拉机 | 台·d | 200~300 | |
| 5 | 汽车 | 台·d | 400~700 | |
| 6 | 空气压缩机 | （$m^3$/min）·台班 | 40~80 | 以压缩空气$m^3$/min计 |
| 7 | 内燃机动力装置（直流水） | 马力·台班 | 120~300 | |
| 8 | 内燃机动力装置（循环水） | 马力·台班 | 25~40 | |
| 9 | 锅炉 | t·h | 1000 | 以小时蒸发量计 |

② 生活用水量计算

生活用水主要包括施工现场生活用水和居住区生活用水。

施工现场生活用水量可按式（3-73）计算

$$q_3 = \frac{P_1 N_3 K_4}{b \times 8 \times 3600} \tag{3-73}$$

式中 $q_3$——施工现场生活用水量（L/s）；

$P_1$——施工现场最高峰昼夜人数（人）；

$N_3$——施工现场生活用水定额，每人每班用水量主要视当地气候而定，一般取20~60L/人·班；

$K_4$——施工现场生活用水不均衡系数，见表3-32；

$b$——每天工作班次。

居住区生活用水量可按式（3-74）计算

$$q_4 = \frac{P_2 N_4 K_5}{24 \times 3600} \tag{3-74}$$

式中 $q_4$——居住区生活用水量（L/s）；

$P_2$——居住区居民人数（人）；

$N_4$——居住区生活用水定额，见表3-34；

$K_5$——居住区生活用水不均衡系数，见表3-32；

$b$——每天工作班次。

**表3-34 生活用水量（$N_3$、$N_4$）定额**

| 用水名称 | 单位 | 耗水量 | 用水名称 | 单位 | 耗水量 |
|---|---|---|---|---|---|
| 盥洗、饮用水 | L/人·日 | 25~40 | 学校 | L/学生·日 | 10~30 |
| 食堂 | L/人·日 | 10~20 | 幼儿园、托儿所 | L/学生·日 | 75~100 |
| 淋浴带大池 | L/人·次 | 50~60 | 医院 | L/病床·日 | 100~150 |
| 洗衣房 | L/kg干衣 | 40~60 | 施工现场生活用水 | L/人 | 20~60 |
| 理发室 | L/人·次 | 10~25 | 生活区全部生活用水 | L/人 | 80~120 |

③ 消防用水量计算

消防用水主要供应工地消火栓用水，消防用水量（$q_5$）见表3-35。

**表3-35 消防用水量**

| 序号 | 用水名称 | | 火灾同时发生次数 | 单位 | 用水量 |
|---|---|---|---|---|---|
| 1 | 居民区消防用水 | 5000人以内 | 一次 | L/s | 10 |
| | | 10000人以内 | 二次 | L/s | 10～15 |
| | | 25000人以内 | 二次 | L/s | 15～20 |
| 2 | 施工现场消防用水 | 施工现场在250000m² 以内 | 一次 | L/s | 10～15 |
| | | 每增加250000m² | 一次 | L/s | 5 |

④ 总用水量计算。按以上各式计算用水量后，即可计算总用水量（$Q_{总}$）。

当（$q_1+q_2+q_3+q_4$）$\leqslant q_5$ 时，则

$$Q=\frac{1}{2}(q_1+q_2+q_3+q_4)+q_5 \tag{3-75}$$

当（$q_1+q_2+q_3+q_4$）$>q_5$ 时，则

$$Q=q_1+q_2+q_3+q_4 \tag{3-76}$$

当（$q_1+q_2+q_3+q_4$）$<q_5$，且工地面积小于50000m² 时，则

$$Q=q_5 \tag{3-77}$$

当计算出总用水量后，还应增加10%，以补偿不可避免的水管漏水等损失，即

$$Q_{总}=1.1Q \tag{3-78}$$

2）供水管径的计算。总用水量确定后，即可按式（3-79）计算供水管径

$$d=\sqrt{\frac{4Q}{\pi v\times 1000}} \tag{3-79}$$

式中 $d$——某管段的供水管直径（m）；

$Q$——某管段用水量（L/s），供水总管段按总用水量 $Q_{总}$ 计算，环状管网布置的各管段采用环管内同一用水量计算，枝状管段按各枝管内的最大用水量计算；

$v$——管网中水流速度（m/s），一般生活及施工用水取1.5m/s，消防用水取2.5m/s。

供水管径还可通过查表法或经验法选用，一般面积为5000～10000m² 的建筑物，其施工用水主管直径为100mm，支管直径为25～40mm。

3）供水管网的布置

① 布置方式。供水管网布置一般有三种方式，即环状管网、枝状管网和混合式管网。三种方式各有利弊，第一种适用于要求供水可靠的建设项目或建筑群工程；第二种适用于一般中小型工程；第三种适用于大型工程。

管网的铺设可采用明管或暗管。一般宜优先采用暗管，以免妨碍施工，影响运输。在冬

期施工中，水管宜埋置在冰冻线以下或采取防冻措施。

② 布置要求。管网的布置应在保证不间断供水的情况下，管道铺设越短越好；同时，还应考虑在施工期间各段管道具有移动的可能性。管网的布置要尽量避开永久性建筑或室外管沟位置，并尽可能地利用永久管网。根据工程防火的要求，应布置室外消火栓。室外消火栓应靠近十字路口、工地出入口，并沿道路布置，距路边不大于2m，与拟建房屋的距离不得大于25m，也不得小于5m，消火栓之间的间距不大于120m，消防水管直径不得小于100mm；室外消火栓必须设有明显标志，消火栓周围3m范围内不准堆放建筑材料、停放机具和搭设临时房屋等。

（2）现场临时供电的布置　现场临时供电设施布置时，应先进行用电量、导线计算，然后进行布置。

1）工地临时供电

① 现场临时用电量计算。施工现场临时用电包括施工动力用电和照明用电两方面，供电设备总需要容量可按下式计算

$$P = (1.05 \sim 1.10)\left(K_1 \frac{\sum P_1}{\cos\phi} + K_2 \sum P_2 + K_3 \sum P_3 + K_4 \sum P_4\right) \tag{3-80}$$

式中　$P$——供电设备总需要容量（kV·A）；

$\sum P_1$——全部施工用电设备中电动机额定功率之和（kW）；

$\sum P_2$——全部施工用电设备电焊机额定容量之和（kV·A）；

$\sum P_3$——室内照明容量之和（kW）；

$\sum P_4$——室外照明容量之和（kW）；

$\cos\phi$——电动机的平均功率因数（施工现场最高为0.75～0.78，一般为0.65～0.75）；

$K_1$、$K_2$、$K_3$、$K_4$——需要系数，见表3-36。

**表3-36　需要系数（$K$值）**

| 用电名称 | 数量 | 需要系数 | | 备注 |
|---|---|---|---|---|
| | | $K$ | 数值 | |
| 电动机 | 3～10台 | $K_1$ | 0.7 | 如施工中需电热时，应将其用电量计算进去。为使计算接近实际，式中各项动力和照明用电根据不同工作性质分别计算 |
| | 11～30台 | | 0.6 | |
| | 30台以上 | | 0.5 | |
| 加工厂动力设备 | | | 0.5 | |
| 电焊机 | 3～10台<br>10台以上 | $K_2$ | 0.6<br>0.5 | |
| 室内照明 | | $K_3$ | 0.8 | |
| 室外照明 | | $K_4$ | 1.0 | |

由于照明用电所占的比重较动力用电要少得多，为简化计算，可取动力用电容量的

10%作为照明用电容量，则上式可简化为

$$P = 1.1\left(K_1 \frac{\sum P_1}{\cos\phi} + K_2 \sum P_2\right) \tag{3-81}$$

② 变压器容量计算。现场附近有10kV或6kV高压电源时，一般多采取在工地设小型临时变电所装设变压器将二次电源降至380V/220V，有效半径一般在500m以内。大型工地可在多处设变压器（变电所）。

施工现场所需变压器容量可按下式计算

$$P_{变} = \frac{1.05P}{\cos\phi} = 1.4P \tag{3-82}$$

式中 $P_{变}$——所选变压器的容量（kV·A）；

1.05——功率损失系数；

$\cos\phi$——用电设备功率因数，一般建筑工地取0.7~0.75。

2）配电导线截面的选择。在确定导线截面面积时，应满足下列要求：

① 导线应有足够的力学强度，不发生断线现象。

② 导线在正常温度下，能持续通过最大的负荷电流而本身温度不超过规定值。

③ 电压损失应在规定的范围内，能保证机械设备正常工作。

按允许电流选择导线截面时，在三相四线制配电线路上的电流强度，可按下式计算：

$$I = \frac{1000P_{总}}{\sqrt{3}U\cos\phi} \tag{3-83}$$

式中 $I$——某配电线路上的电流强度；

$U$——某配电线路上的工作电压（V），三相四线制低压时取380V；

$P_{总}$——某配电线路上的总用电量（kW）；

$\cos\phi$——功率因数，临时电路系统时，取0.7~0.75（一般取0.75）。

三相四线制低压线时，$U=380V$，代入上式可简化为

$$I = 2P_{总} \tag{3-84}$$

根据上式计算某配电线路上的电流强度后，即可选择导线截面，要求选择的导线通过的电流值不超过规定值。

按允许电压损失选择导线截面时，配电导线上引起的电压损失必须控制在一定限度之内；否则，距电源较远的设备会因电动机电流过大，升温过高而很快损坏。

配电导线截面面积，按允许电压损失的计算公式如下：

$$S = \frac{\sum (P_{总} L)}{c[\varepsilon]} = \frac{\sum M}{c[\varepsilon]} \tag{3-85}$$

式中 $S$——按允许电压损失计算的配电导线截面面积（$mm^2$）；

$L$——用电负荷至电源（变压器）的配电线路长度（m）；

$c$——由导线材料、线路电压和输电方式等因素决定的输电系数，三相四线制中，铜线取77，铝线取46.3；

$\sum M$——配电线路上负荷矩总和（kW·m），等于配电线路上每个用电负荷的计算用电量 $P_{总}$ 与该负荷至电源的线路长度的乘积之总和；

[$\varepsilon$]——配电线路上允许的电压损失值，动力负荷线路取10%，照明负荷线路取6%，混合线路取8%。当已知配电导线截面面积时，可按下式复合允许电压损失值

$$\varepsilon = \frac{\sum M}{cS} \tag{3-86}$$

式中 $\varepsilon$——配电线路上计算的电压损失值（%）。

按导线力学强度复核截面时，所选导线截面面积应大于或等于力学强度允许的最小导线截面面积。导线最小截面面积与其敷设方式、供电电压、架空电杆间距及导线材料有关。当室外配电导线架空敷设在电杆上时，电杆间距为20~40m时，导线按力学强度要求的最小截面面积见表3-37。

**表3-37 导线按力学强度要求的最小截面面积** （单位：$mm^2$）

| 电压 | 裸导线 | | 绝缘导线 | |
|---|---|---|---|---|
| | 铜线 | 铝线 | 铜线 | 铝线 |
| 低压 | 6 | 16 | 4 | 10 |
| 高压 | 10 | 25 | — | — |

通过以上计算或查表所选择的配电导线截面面积，必须同时满足以上三项要求，并以求得的最大导线截面面积，作为最后确定的导线截面面积。

根据实践，在一般建筑工地，当配电线路较短时，导线截面面积可由允许电流选定，再按允许电压校核。

3）变压器及供电线路的布置

① 变压器的选择与布置要求。当施工现场只设一台变压器时，供电线路可按枝状布置，变压器一般设置在引入电源的安全地区；当工地较大，需要设置若干台变压器时，应先用一台主降压变压器，将工地附近的110kV或35kV的高压电网上的电压降至10kV或6kV，然后再通过若干个分变压器将电压降至380V/220V。主变压器与各分变压器之间采用环状连接布置，而各分变压器与该变压器负担的各用电点之间的线路采用枝状布置（即总的配电线路呈混合布置）。各分变压器应设置在该变压器所负担的用电设备集中、用电量较大的地方，以使供电线路布置较短。主变压器应布置在现场边缘高压线接入处，离地高度应大于3m，四周设置防护棚，并设有明显的标志，不应将变压器布置在交通通道口处。实际工程中，单位工程的临时供电系统一般采用枝状布置，并尽量利用原有的高压电网及已有的变压器。

② 供电线路的布置要求。配电线路的布置与水管网相似，也分为环状、枝状及混合式三种，其优缺点与给水管网也相似。工地电力网，一般3~10kV的高压线路采用环状布置；380V/220V的低压线采用枝状布置。供电线路应尽可能地接到各用电设备、用电场所附近，

以便各施工机械及动力设备或照明引线接用电。各供电线路宜布置在路边，为了维修方便，施工现场一般采用架空供电线路，只有在特殊情况下采用地下电缆。一般用木杆或水泥杆架空设置，杆距为25~40m；距建筑物应大于1.5m，垂直距离应在2m之上；在任何情况下，应尽可能使供电线路不作二次拆迁，各供电线路都不得妨碍交通运输和施工机械的进场、退场、装、拆及吊装等；同时，应避开堆放场地、临时设施、开挖的沟槽（坑）和后期拟建工程的部位。线路应布置在起重机械的回转半径之外；否则，必须搭设防护栏高度要超过线路2m，机械运转时还应采取相应措施，以确保安全。现场机械较多时，可采用地下电缆代替架空供电线路，以减少相互干扰。跨过材料、构件的堆放场地时，应有足够的安全架空距离。从供电线路上引入用电点的接线必须从电杆上引出，不得在两杆之间的线路上引接。各用电设备必须装配与设备功率相应的闸刀开关，其高度与装设点应便于操作；单机单闸，不允许一闸多机使用。配电箱及闸刀开关在室外装配时，应有防雨措施，严防漏电、短路及触电事故。

**6. 施工现场平面布置图的绘制**

施工现场平面布置图的内容和数量，应根据工程特点、工期长短、场地情况等确定。一般中小型工程只要绘制主体结构施工阶段的平面布置图即可；对于工期较长或受场地限制的大中型工程，则应分阶段绘制施工现场平面布置图，如高层建筑可绘制基础、主体、装饰装修等阶段的施工现场平面布置图。

单位工程施工现场平面布置图是施工的主要技术文件之一，是施工组织设计的重要组成部分，因此要精心设计，认真绘制。现将其绘制要求简述如下：

1）绘图时，图幅大小和绘图比例要根据施工现场大小及布置内容多少来确定。通常图幅不宜小于A3，应有图框、图签、指北针及图例。

2）绘图比例一般采用1:200~1:500，常采用1:200，具体视工程规模大小确定。

3）绘制施工现场平面布置图要求层次分明、比例适中，图例图形规范，线条粗细分明，图面整洁美观，同时绘图要符合国家的有关制图标准，并详细反映平面的布置情况。

4）施工现场平面布置图应按常规内容标注齐全，平面布置应有具体的尺寸和文字，例如塔式起重机要标明回转半径、具体位置坐标，建筑物主要尺寸，仓库及主要料具堆放区等。

5）红线外围环境对施工平面布置影响较大，施工平面布置中不能只绘制红线内的施工环境，还要对周边环境表述清楚，如既有建筑物的性质、高度和距离等，这样才能判断所布置的机械设备等是否影响周围环境，是否合理。

6）施工现场平面布置图应配有编制说明及注意事项。

**7. 施工现场平面布置图设计实例**

某商品住宅小区4号楼工程，建筑面积为8089.97m$^2$。地上9层、地下1层、3个单元，平面尺寸详见平面图（图略）。主体结构为现浇混凝土框架剪力墙结构，拟建场地位于崇五路一侧，场地地形相对平坦，高差不大，场地类别为Ⅱ类。本工程采用商品混凝土，主体施工阶段现场不用再设置混凝土搅拌站，只设砂浆搅拌站。主体阶段施工现场平面布置图如图3-67所示。

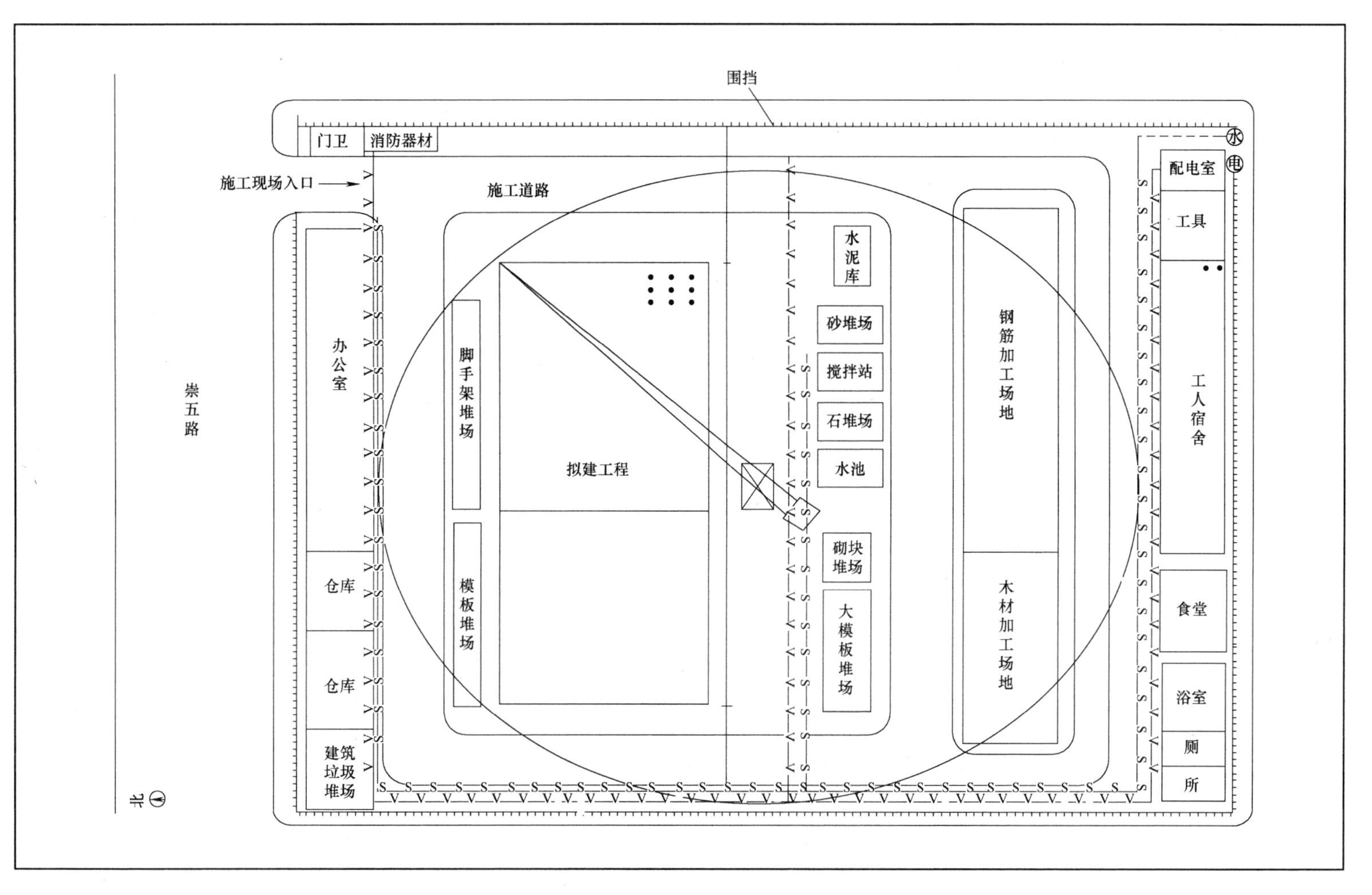


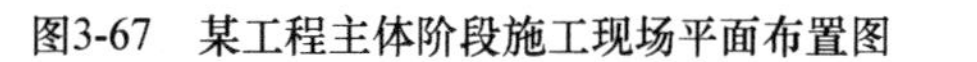
图3-67 某工程主体阶段施工现场平面布置图

# 任务7 主要施工管理计划的制订

**【工作任务】**

制定某工程主要管理计划。

**【任务目标】**

**知识目标：** 熟悉各项管理计划的内容。

**能力目标：** 针对不同工程能够制订质量、工期、安全文明等管理计划。

主要施工管理计划是指在管理和技术经济方面为保证进度、质量安全、成本、环境保护等管理目标的实现所采取的方法和措施，目前多作为管理和技术措施编制在施工组织设计中。

施工管理计划涵盖很多方面的内容，可根据工程的具体情况加以取舍。一般来说，施工组织设计中的施工管理计划应包括进度管理计划、质量管理计划、安全管理计划、环境管理计划、成本管理计划，以及其他管理计划等内容。

其他管理计划宜包括绿色施工管理计划、防火保安管理计划、合同管理计划、组织协调管理计划、创优质工程管理计划、质量保修管理计划，以及对施工现场的人力资源、施工机具、材料设备等生产要素的管理计划等。

主要施工管理计划是施工组织设计中不可缺少的重要内容，其中任何一项内容都必须在严格执行现行国家、行业和地方的有关法律、法规、施工验收规范、标准和操作规程等的前提下，结合工程施工特点、难点和施工现场的实际情况来拟定管理措施。

## 3.7.1 进度管理计划的制订

进度管理计划应按照项目施工的技术规律和合理的施工顺序进行制订，保证各工序在时间上和空间上的顺利衔接。具体可以从以下几个方面来考虑：

1）对进度管理计划进行逐级分解，通过阶段性目标的实现保证最终工期目标的完成。

2）建立施工进度管理的组织机构并明确职责，制订相应的管理制度。

3）针对不同施工阶段的特点，制订进度管理的相应措施，包括施工组织措施、技术措施和合同措施等。

4）建立施工进度动态管理机制，及时纠正施工过程中的进度偏差，并制订特殊情况下的赶工措施。

5）根据项目周边环境的特点，制订相应的协调措施，减少外部因素对施工进度的影响。

## 3.7.2 质量管理计划的制订

保证工程质量的关键是明确质量目标，建立质量保证体系，对工程对象经常发生的质量通病制订防范措施。制订质量管理计划，可以按照整个单位工程的质量要求制订，也可以按照各项主要分项工程的施工质量要求制订。对采用的新技术、新工艺、新材料和新结构，必须制订有针对性的技术措施。质量管理计划可参照《质量管理体系 要求》（GB/T 19001—2008），在施工单位质量管理体系的框架内，按项目具体要求编制。质量管理计划可以从以下几个方面考虑：

1）按照项目具体要求确定质量目标并进行目标分解，质量指标的内容应具有可测性。应制订具体的项目质量目标，质量目标应不低于工程合同明示的要求，质量目标应尽可能地量化并逐层分解到基层，建立阶段性目标。

2）建立项目质量管理的组织机构并明确职责。

3）制订符合项目特点的技术和资源保障措施，通过可靠的预防控制措施，保证质量目标的实现。

4）建立质量过程检查制度，并对质量事故的处理作出相应规定。

### 3.7.3　安全管理计划的制订

安全管理计划是指为了确保工程的顺利进行和避免不必要的意外损失，在吸取以往工程经验教训的基础上，对施工过程中可能发生的一些问题，提出具体的管理和技术方面的措施。安全管理计划编写时，不仅要从组织管理上采取措施，还要根据安全操作规程，对施工中可能发生安全问题的环节进行预测，提出预防措施。如果在施工中采用新技术，应针对新技术项目制订专门的安全技术措施。安全管理计划可参照《职业健康安全管理体系　要求》（GB/T 28001—2011），在施工单位安全管理体系的框架内编制，并应符合国家和地方政府部门的要求。安全管理计划主要从以下几个方面考虑：

1）确定项目重大危险源，制订项目职业健康安全管理目标。

2）建立有管理层次的项目安全管理组织机构并明确职责。

3）根据项目特点，进行职业健康安全方面的资源配置。

4）建立具有针对性的安全生产管理制度和职工安全教育培训制度。

5）针对项目重要危险源，制订相应的安全技术措施；对达到一定规模的危险性较大的分部（分项）工程和特殊工种的作业应制订专项安全技术措施的编制计划。

6）根据季节、气候的变化，制定相应的季节性安全施工措施。

7）建立现场安全检查制度，并对安全事故的处理做出相应规定。

### 3.7.4　环境管理计划的制订

环境管理计划可参照《环境管理体系要求及使用指南》（GB/T 24001—2004），在施工单位环境管理体系的框架内编制，并应符合国家和地方政府部门的要求。环境管理计划可以从以下几个方面考虑：

1）确定项目重要环境因素，制订项目环境管理目标。

2）建立项目环境管理的组织机构并明确职责。

3）根据项目特点，进行环境保护方面的资源配置。

4）制订现场环境保护的控制措施。

5）建立现场环境检查制度，并对环境事故的处理做出相应规定。

### 3.7.5　成本管理计划的制订

成本管理计划的内容主要包括制定降低工程成本的组织、技术和经济方面的管理措施。

成本管理计划制订时应以项目施工预算和施工进度计划为依据进行编制。要通过科学的管理方法和采用先进的技术降低工程成本，要针对施工中降低成本潜力大的项目提出措施（这些措施必须是不影响质量的，能保证施工的，能保证安全的），并要正确处理好降低成本、提高质量和缩短工期三者的关系，对采取的措施要计算经济效益。成本管理计划可以从以下几个方面考虑：

1）根据项目施工预算，制订项目施工成本目标。

2）根据施工进度计划，对项目施工成本目标进行阶段分解。

3）建立施工成本管理的组织机构并明确职责，制订相应管理制度。

4）采取合理的技术、组织和合同等措施，控制施工成本。

5）确定科学的成本分析方法，制订必要的纠偏措施和风险控制措施。

### 3.7.6 其他管理计划的制订

其他管理计划宜包括绿色施工管理计划、防火保安管理计划、合同管理计划、组织协调管理计划、创优质工程管理计划、质量保修管理计划，以及对施工现场的人力资源、施工机具、材料设备等生产要素的管理计划等，可根据项目的特点和复杂程度加以取舍。各项管理计划的内容应包括目标、组织机构、资源配置、管理制度和技术及组织措施等。

## 能力拓展训练

### 一、基础训练

**1. 复习思考题**

1）单位工程施工组织设计编制依据有哪些？

2）单位工程的工程概况包括哪些内容？

3）简述多层混合结构建筑的施工顺序。

4）简述框架结构的施工顺序。

5）选择施工方法和施工机械时应满足哪些基本要求？

6）组织施工有哪几种方式？各有什么特点？

7）流水施工有哪几种方式？各有什么特点？

8）组织流水施工的条件有哪些？

9）单位工程施工进度计划的编制步骤有哪些？

10）资源配置计划包括哪些内容？

11）单位工程施工平面布置图设计的原则有哪些？设计的步骤是什么？

12）简述进度管理的技术措施。

**2. 实训练习题**

1）某分部工程划分为A、B、C、D 4个施工过程，每个施工过程分为4个施工段，各施工过程的流水节拍分别为 $t_A=2d$，$t_B=4d$，$t_C=3d$，$t_D=5d$。试分别计算依次施工、平行施工及流水施工的工期，并绘制各自的施工进度横道图。

2）某分部工程划分为A、B、C、D 4个施工过程，每个施工过程分为4个施工段，各施工过程的流水节拍均为2d，已知A结束后有1d的技术间歇时间，C、D之间有1d的平行搭接时间。试求各施工过程之间的流水步距及该分部工程的工期，并绘制流水施工进度横道图。

3）某工程划分为 A、B、C、D 4 个施工过程，分 4 个施工段组织施工，各施工过程的流水节拍分别为 $t_A = 2d$，$t_B = 3d$，$t_C = 4d$，$t_D = 3d$，已知 B 完成后有 2d 的技术间歇时间，C 与 D 之间有 1d 的平行搭接时间。试求各施工过程之间的流水步距及该工程的工期，并绘制流水施工进度横道图。

4）某粮库工程，拟建三个结构形式和规模完全相同的粮库，施工过程划分为开挖基槽、浇筑基础、吊装工程、防水工程等，根据施工工艺要求，浇筑基础 1 周后才能进行墙板和屋面板吊装。各施工过程的流水节拍依次为 2 周、4 周、6 周、2 周。试绘制成倍流水节拍施工进度横道图。

5）某项目由 4 个施工过程组成，分别由 A、B、C、D 四个专业工作队完成，在平面上划分为 4 个施工段，施工持续时间表见表 3-38，试确定相邻专业工作队之间的流水步距，并绘制流水进度横道图。

**表 3-38　施工持续时间表**

| 施工过程 | 持续时间/d | | | |
|---|---|---|---|---|
| | ① | ② | ③ | ④ |
| A | 6 | 2 | 3 | 4 |
| B | 3 | 5 | 5 | 4 |
| C | 3 | 2 | 4 | 3 |
| D | 2 | 5 | 4 | 1 |

6）指出图 3-68 所示网络图中的错误。

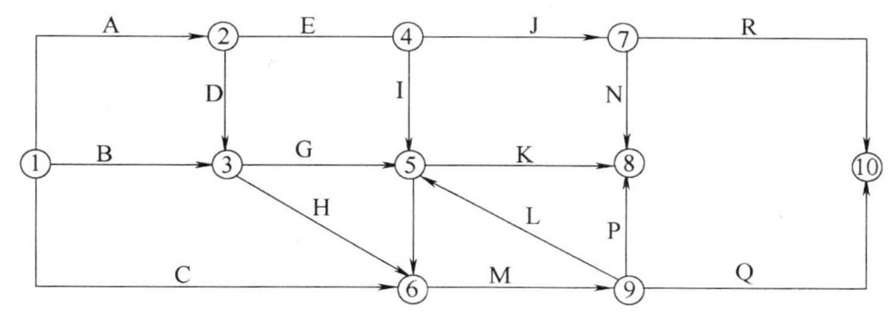


图　3-68

7）根据逻辑关系及工作持续时间表（表 3-39）绘制完整的双代号网络图和单代号网络图，并用图上计算法计算各工作的时间参数、确定关键线路和工期。

**表 3-39　逻辑关系及工作持续时间表**

| 施工过程 | A | B | C | D | E | F |
|---|---|---|---|---|---|---|
| 工作持续时间 | 4 | 3 | 2 | 2 | 3 | 4 |
| 紧前过程 | — | — | — | A | A | B、D |
| 紧后过程 | D 、E | F | — | F | — | — |

**3. 案例分析题**

**【背景 1】**现有一框架结构的厂房工程，桩基础采用人工灌注桩，地下 1 层，地下室外墙为现浇混凝土结构，高为6m，地下室室内独立柱尺寸为600mm×600mm，底板为600mm厚的筏形基础；地上4层，层高为4m。建筑物平面尺寸为45m×18m，地下室防水层为SBS高聚物改性沥青防水卷材，拟采用外防外贴法施工。屋顶为平屋顶，保温材料为150厚加气混凝土砌块，采用水泥加气混凝土碎渣找坡，屋面防水等级为Ⅱ级，采用二道防水设防，防水材料为3mm厚SBS高聚物改性沥青防水卷材，卷材采用热熔法铺贴。

【问题】

1）试确定该工程的基础工程施工顺序。

2）试确定本工程屋面工程的施工顺序。

3）请写出框架柱和顶板梁板在各分项工程施工中的施工顺序（包括钢筋分项工程、模板分项工程、混凝土分项工程）。

**【背景2】**某综合楼工程，地下1层，地上10层，钢筋混凝土框架结构，建筑面积为28500m$^2$，某施工单位与建设单位签订了工程施工合同，合同工期约定为20个月。施工单位根据合同工期编制了该工程项目的施工进度计划，并且绘制出施工进度网络计划图如图3-69所示（单位：月）。

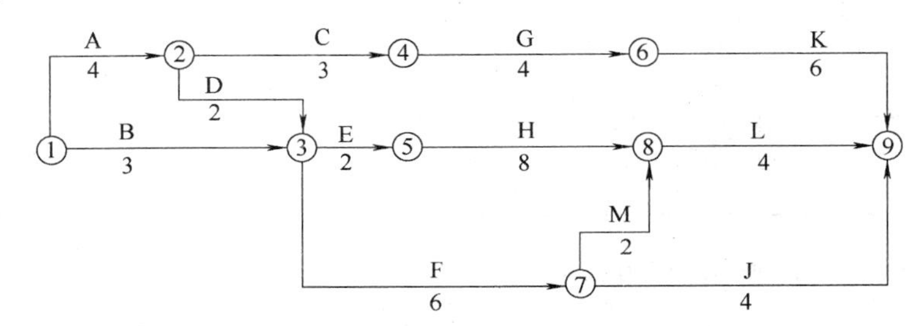


图3-69 某工程施工进度网络计划图

在工程施工中发生了如下事件：

事件一：因建设单位修改设计，致使工作K停工2个月。

事件二：因建设单位供应的建筑材料未按时进场，致使工作H延期1个月。

事件三：因不可抗力原因致使工作F停工1个月。

事件四：因施工单位原因工程发生质量事故返工，致使工作M实际进度延迟1个月。

【问题】

1）指出该网络计划的关键线路，并指出由哪些关键工作组成。

2）针对本案例上述各事件，施工单位是否可以提出工期索赔的要求？并说明理由。

3）上述事件发生后，本工程网络计划的关键线路是否发生改变？如果有改变，指出新的关键线路。

4）对于索赔成立的事件，工期可以顺延几个月？实际工期是多少？

**【背景3】**某市光明苑小区住宅楼工程位于该市路南区，建设单位为天地房地产开发有限公司，设计单位为市规划设计院，监理单位为天宇工程监理公司，政府质量监督部门为某市质量监督站，施工单位为天建建设集团公司，材料供应公司为利通贸易公司。该工程由三幢框架结构楼房组成，每幢楼房作为1个施工段，施工过程划分为基础工程、主体结构、屋面工程和装修工程4项，基础工程在每幢的持续时间为6周，主体结构在每幢的持续时间为

12周，屋面工程在每幢的持续时间为6周，装修工程在每幢的持续时间为12周。

【问题】

1）一般按照流水的节奏特征不同分类，流水作业的基本组织方式可分为哪几种？

2）如果该工程的资源供应能够满足要求，为加快施工进度，该工程可按哪种流水施工方式组织施工？试计算该种流水施工组织方式的工期。

3）如果工期允许，该工程可按哪种方式组织流水施工？试绘制该种流水施工横道图。

**【背景4】**某超高层建筑，位于街道转弯处。工程设计为剪力墙结构，抗震设计按8度设防。围护结构和内隔墙采用加气混凝土砌块。现场严格按照某企业制定的施工现场CI体系实施方案布置。根据场地条件、周围环境和施工进度计划，本工程采用商品混凝土，加工棚、堆放材料的临时仓库以及水、电、动力管线和交通运输道路等各类临时设施均已布置完毕。

【问题】

1）简述单位工程施工现场平面布置图的设计要点。

2）简述单位工程施工现场平面布置图的设计步骤。

3）简述施工现场临时供水、供电的布置要求。

4）施工现场平面布置图设计时，临时仓库和加工棚如何布置？

**【背景5】**某大型住宅小区内的地下车库工程，地上部分为社区活动中心，均为现浇混凝土结构，地下3层，地上2层。地下车库结构轮廓线紧临周边住宅楼，最近处的距离为11.7m。本工程秋季开工，先施工地下维护结构，灌注桩支护，水泥搅拌桩止水帷幕。地上结构维护体系施工均在白天进行，由于日间城市环境噪声较大，且附近居民楼白天很少有人，施工噪声未扰民，施工工程顺利完成。

维护结构强度达到相关要求值后开始进行土方开挖，土方开挖时已接近冬季枯水期尾声，冬季枯水期为地下车库土方开挖的最佳季节，施工单位为抢工期采取24小时连续作业。挖土机械、出土车辆工作时产生的噪声严重影响了周边居民的正常生活，居民直接向当地城管部门进行举报，城管部门现场检查后责令施工单位停工并限期整改。

【问题】

1）本案例中，灌注桩工程日间、土方工程日间及夜间噪声排放标准分别为多少？

2）土方工程夜间施工时，项目经理部应如何处理噪声扰民的问题？

3）建筑工程施工对环境的常见影响有哪些？

## 二、工程技能训练

1）以某工程为例，编制施工组织设计依据。

2）以某工程为例，编制工程概况。

3）以某工程为例，编制施工部署。

4）以某工程为例，编制施工方案。

5）以某工程为例，编制施工进度计划。

6）以某工程为例，编制资源配置计划。

7）以某工程为例，设计施工现场平面布置图。

8）以某工程为例，编制质量、进度、安全、成本及环境保护等管理计划。

# 项目4　施工组织设计的实施

## 任务1　施工组织设计的贯彻实施

**【工作任务】**

结合案例参观施工项目，对施工组织设计进行交底并检查。

**【任务目标】**

**知识目标：**了解施工组织设计的审批程序；熟悉施工组织设计交底、检查内容。

**能力目标：**具有一定的施工组织设计实施能力。

施工组织设计是贯彻整个施工过程的纲领性文件，它的贯彻实施具有非常重大的意义，必须引起高度的重视。施工组织设计文件或施工设计文件的编制为指导施工部署、组织施工活动提供了计划和依据。它是工程技术人员，根据建设产品的基本特点，使工程得以有组织、有计划、有条不紊的施工，达到相对最佳效果的技术经济文件。为了实现计划的预定目标，必须按照施工组织设计文件所规定的各项内容，认真实施、讲求实际，避免盲目施工，保证工程建设的顺利进行，因此工程建设的施工组织包含着编制施工组织设计文件的静态过程和贯彻执行、检查调整的动态过程。

编制完成的施工组织设计，仅是一个为实施工程施工所提供的可行方案，至于这个方案的技术经济效益如何，还必须通过实践去验证；而贯彻施工组织设计的实质，就是把一个静态平衡方案，运用到不断变化的施工过程中，考核其效果和检验其优劣的过程。如果施工组织设计在施工过程中得不到有效地贯彻，则一些预定的目标就不可能实现，因此施工组织设计贯彻情况的好坏，将对工程的技术经济效益产生直接的影响，其意义是非常重要的。

### 4.1.1　施工组织设计的审批

施工组织设计要由编制人员、审批人员签字，未经审批不得实施。施工组织设计应在工程开工之前进行编制，并做好审批工作。

1）施工组织设计的编制和审批工作实行分级管理。施工组织设计实行会签制度，同级相关部门负责审核和会签。负责审批工作的人员应相对固定，审批人员和审批部门应了解工程的实际情况，保证审批意见具有指导性、可靠性。

2）施工组织设计编制完成后，项目部各部门参与编制的有关人员在《施工组织设计会签表》上签字，再由项目经理审核后在会签表上签署意见并签字，签字齐全后上报施工单位相关部门审批。先由施工单位技术部门组织同级相关部门对施工组织设计进行讨论，将讨论意见签署在《施工组织设计会签表》上，然后由施工单位技术负责人或技术负责人授权的专业技术负责人审批，将审批意见签署在《施工组织设计会签表》上，签章后行文下发至项目部，最后由项目部向监理报批。《施工组织设计会签表》格式示例见表4-1。

表4-1　施工组织设计会签表

| 工程名称 | | 结构类型 | |
| --- | --- | --- | --- |
| 建设单位 | | 建筑面积 | |
| 建设地点 | | 工程造价 | |
| 设计单位 | | 编制单位 | |
| 编制单位意见 | 年　月　日 | | |
| 建设单位意见 | 年　月　日 | | |
| 监理单位意见 | 年　月　日 | | |

3）当施工组织在中心过程中，发生下列情况之一时，原施工组织设计难以实施，应由项目负责人或项目技术负责人组织相关人员对单位工程施工组织设计进行修改和补充，报送原审核人审核，原审批人审批后形成《施工组织设计修改纪录表》。

① 工程设计有重大修改。

② 有关法律、法规、规范和标准实施、修订和废止。

③ 主要施工方法有重大调整。

④ 主要施工资源配置有重大调整。

⑤ 施工环境有重大改变。

### 4.1.2　施工组织设计的贯彻

施工组织设计的编制，只是为实施拟建工程项目的生产过程提供了一个可行的方案。施工组织设计是一个静态平衡方案，仅是组织施工的一项准备工作，要真正发挥施工组织设计的施工指导作用，更重要的是在施工中切实贯彻执行。施工组织设计批准后，即成为进行施工准备和组织整个施工活动的技术、经济和管理的文件，必须严肃对待。

贯彻施工组织设计，是施工组织的动态过程，施工组织设计在贯彻执行过程中，应进行动态管理、跟踪管理，根据现场施工的情况变化及时调整、报审。为了保证施工组织设计的顺利贯彻执行，应做好以下几个方面的工作：

**1. 做好施工组织设计交底**

1）经过审批的施工组织设计，必须及时贯彻，在工程开工前可采用交底会、书面交底等形式，由企业或项目部组织相关人员进行施工组织设计交底。

2）施工组织总设计及大型、重点工程的施工组织设计由总承包单位总工程师组织各施工单位及分包单位参加交底会，由负责编制的部门进行交底，交底过程应有记录，并填写《施工组织设计交底记录表》。

3）单位工程施工组织设计由项目负责人组织对项目部全体管理人员及主要分包单位进行交底，交底过程应有记录，并填写《施工组织设计交底记录表》。

4）施工组织设计交底后，各专业要分别组织学习，按分工及要求落实责任范围。

**2. 制定各项管理制度**

施工组织设计贯彻的顺利与否，主要取决于施工企业的管理素质和技术素质及经营管理水平；而体现企业素质和水平的标志，在于企业各项管理制度的健全与否。实践经验证明，只有施工企业有了科学的、健全的管理制度，企业的正常生产秩序才能维持，才能保证工程质量，提高劳动生产率，防止可能出现的漏洞或事故，因此必须建立、健全各项管理制度，保证施工组织设计的顺利实施。

**3. 推行技术经济承包制度**

技术经济承包是指用经济的手段和方法，明确承发包双方的责任。推行技术经济承包制度有利于加强监督和相互促进，是保证承包目标实现的重要手段。为了更好地贯彻施工组织设计，应该推行技术经济承包制度，开展劳动竞赛，把施工过程中的技术经济责任同职工的物质利益结合起来（如开展全优工程竞赛，推行全优工程综合奖、节约材料奖和技术进步奖等），对于全面贯彻施工组织设计是十分必要的。

**4. 统筹安排及综合平衡**

在拟建工程项目的施工过程中，做好人力、物力、财力的统筹安排，保持合理的施工规模，既能满足拟建工程项目施工的需要，又能带来较好的经济效益。施工过程中的任何平衡都是暂时的和相对的，平衡中必然存在不平衡的因素，要及时分析和研究这些不平衡的因素，不断地进行施工条件的反复综合和各专业工种的综合平衡，进一步完善施工组织设计，保证施工的节奏性、均衡性和连续性。

**5. 切实做好施工准备工作**

施工准备工作是保证均衡和连续施工的重要前提，也是顺利地贯彻施工组织设计的重要保证。拟建工程项目不仅在开工之前要做好一切人力、物力和财力的准备，而且在施工过程中的不同阶段也要做好相应的施工准备工作。这对于施工组织设计的贯彻执行是非常重要的。

### 4.1.3 施工组织设计的检查与调整

在施工过程中，由于受到各种因素的影响，施工组织设计的贯彻执行会发生一定的变化，因此施工组织设计的检查与调整是一项经常性的工作，必须根据工程实际情况加强反馈、随时决策、及时调整，不断反复地进行，以适应新的情况，并使其贯彻于整个施工过

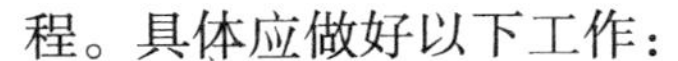



程。具体应做好以下工作：

1）在施工组织设计的实施过程中，由审批单位或部门对施工组织设计的实施情况进行检查（检查可按工程施工阶段进行），并记录检查结果。对于施工组织设计主要指标的检查，一般采用比较法，即把各项指标的完成情况同计划规定的指标相对比。检查内容包括施工部署、施工方法的落实情况和执行情况（具体涉及生产、技术、质量、安全、成本费用和施工平面布置等方面）并把检查的结果填写到《施工组织设计中间检查记录表》中。

2）中间检查的次数和检查时间可根据工程规模大小、技术复杂程度和施工组织设计的实施情况等因素由施工单位自行确定。通常情况下，中间检查主持人由承包单位技术负责人或相关部门负责人组成，参加人为承包单位相关部门负责人、项目经理部各有关人员。

3）当施工组织设计在执行过程中不能有效地指导施工或某项工艺发生变化时，应及时调整施工组织设计，根据检查发现的问题及其产生的原因，拟定改进措施或方案，对其相关部分进行调整，使其适应变化的需要，达到新的平衡。

4）修改方案由原编制单位编制，报原审批部门同意签字后实施，并填写到《施工组织设计修改纪录表》中。

实际上，施工组织设计的贯彻、检查和调整是一项经常性的工作，必须随着施工的进展情况加强反馈并及时地进行调整，应贯穿拟建工程项目施工过程的始终。

### 4.1.4　施工组织设计编制、实施的权威性和严肃性

施工组织设计在编制和实施过程中必须体现其权威性和严肃性。

1）未经审批或审批手续不全的施工组织设计，视为无效。

2）工程开工前必须按编制分工逐级向下进行施工组织设计交底，同时进行对有关部门和专业人员的横向交底，并应有相应的交底记录。

3）加强对实施全过程的控制，分别对基础施工、结构施工和装修三个阶段进行施工组织设计实施情况的中间检查，并做记录。

4）施工组织设计一经批准，必须严格执行，实施过程中，任何部门和个人，都不得擅自更改。施工组织设计的内容应根据变化情况修改或补充，报原审批人员批准后方可执行，以确保文件的严肃性及施工指导作用的连续性。

5）施工组织设计必须要在相关的管理层中贯彻执行，必须落实到相关岗位。在实施过程中当文件有调整变更时，必须对原文进行修改或附有修改依据资料。确保贯彻执行的严肃性和文件资料真实、齐全。

### 4.1.5　施工组织设计文件管理

1）施工组织设计及其变更通知的发放，应按清单控制发放到相关领导、部门和主要责任人；报施工单位论证或备案的施工组织设计，由技术部门转发到相关部门。

2）经监理批准的施工组织设计将是整个工程活动的依据，也是日后工程付款、结算和索赔的主要依据之一，并作为工程竣工的档案材料，项目部应做好妥善保管工作。

3）施工组织设计的归档和管理可按行业或地方有关建筑工程资料管理的编制和要求执行。

# 任务2　施工进度计划的控制

**【工作任务】**

对单位工程进度计划进行检查并进行调整。

**【任务目标】**

**知识目标：**了解施工进度控制的内容；熟悉施工进度计划的比较方法；掌握施工进度计划的检查与调整方法。

**能力目标：**能正确选用施工进度控制方法及调整方法。

## 4.2.1　施工进度控制概述

### 1. 施工进度控制概念

施工进度控制是指以项目工期为目标，按照项目施工进度计划及其实施要求，监督、检查项目实施过程中的动态变化，查明其产生偏差的原因，及时采取有效措施或修改原计划的综合管理过程。项目施工进度控制与质量控制、成本控制一样，是项目施工中的重点控制目标之一，是衡量项目管理水平的重要标志。

施工进度控制是一项复杂的系统工程，是一个动态的实施过程。通过进度控制，不仅能有效地缩短项目建设周期，减少各个单位和部门之间的相互干扰；而且能更好地落实施工单位各项施工计划，合理使用资源，保证施工项目成本、进度和质量等目标的实现，也为防止或提出施工索赔提供依据。

### 2. 影响施工进度的因素

建筑工程项目的特点决定了在其实施过程中，将受到多种因素的影响，其中大多将对施工进度产生影响。为了有效地控制工程进度，必须充分认识和估计这些影响因素，以便事先采取措施，消除其影响，使施工尽可能按进度计划进行。影响施工进度的主要因素有：

（1）项目经理部内部因素

1）技术性失误。施工单位采用技术措施不当，施工方法选择或施工顺序安排有误，施工中发生技术事故，应用新技术、新工艺、新材料、新构造缺乏经验不能保证工程质量等都将影响施工进度。

2）施工组织管理不利。对工程项目的特点和实现的条件判断失误，编制的施工进度计划不科学，贯彻进度计划不得力，流水施工组织不合理，劳动力和施工机具调配不当，施工平面布置及现场管理不严密，以及解决问题不及时等都将影响施工进度计划的执行。

由此可见，提高项目经理部的管理水平、技术水平，提高施工作业层的素质是极为重要的。

（2）相关单位的影响因素　影响项目施工进度实施的单位主要是施工单位，但是建设单位（或业主）、监理单位、设计单位、总承包单位、资金贷款单位、材料设备供应部门、运输部门、供水供电部门及政府的有关主管部门等，都可能给施工的某些方面造成困难而影响施工进度，如设计单位图纸供应不及时或有误；业主要求设计方案变更；材料和设备不能按期供应或质量、规格不符合要求；不能按期拨付工程款或在施工中资金短缺等。

（3）不可预见的因素　施工中如果出现意外的事件，如战争、严重自然灾害、火灾、重大工程事故、工人罢工、企业倒闭以及社会动乱等都会影响施工进度计划。

**3. 施工进度控制原理**

施工进度控制是以现代科学管理原理作为理论基础的，主要有系统原理、动态控制原理、信息反馈原理、弹性原理、封闭循环原理和网络计划技术原理等。

（1）系统原理　系统原理是指用系统的概念来剖析和管理施工进度控制活动。进行施工进度控制应建立施工进度计划系统、施工进度组织系统。

1）施工进度计划系统。施工进度计划系统是施工进度组织系统进行进度实施和控制的依据。施工进度计划包括施工总进度计划、单位工程进度计划、分部（分项）工程进度计划、材料计划、劳动力计划、季度和月、旬作业计划等，形成一个完整的计划系统，以完成施工总进度目标。

2）施工进度组织系统。施工进度组织系统是实现施工进度计划的组织保证。施工项目的各级负责人，从项目经理、各子项目负责人、计划人员、调度人员、作业队长到班组长，以及有关人员组成了施工进度组织系统，既要承担计划实施赋予的生产管理和施工任务，又要承担进度控制任务。

（2）动态控制原理　应用动态控制原理控制进度的步骤如下：

1）项目进度目标分解。

2）进度计划值与实际值的比较。

3）对进度进行纠偏的措施。

① 组织措施，如调整项目组织机构、任务分工、管理职能分工、工作流程组织等。

② 管理措施，如分析由于管理的原因而造成影响进度的问题并采取相应的措施；调整进度管理的方法和手段，改变施工管理，强化合同管理等。

③ 经济措施，如及时解决工程款的支付和落实加快工程进度所需资金等。

④ 技术措施，如改进施工方法和施工机具等。

（3）信息反馈原理　信息反馈是施工进度控制的主要环节，施工的实际进度通过信息反馈给基层施工进度控制的工作人员，在分工的职责范围内对其加工，再将信息逐级向上反馈直到主控制室，主控制室整理统计各方面的信息，经比较分析作出决策，调整进度计划，使其仍符合预定的工期目标。若不应用信息反馈原理，不断地进行信息反馈，则无法进行计划控制。施工进度控制的过程就是信息反馈的过程。

（4）弹性原理　施工进度计划工期长、影响进度的原因多，其中有的已被人们掌握，根据统计经验估计出影响的程度和出现的可能性，并在确定进度目标时，进行实现目标的风险分析。在计划编制者具备了这些知识和实践经验之后，编制施工项目进度计划时就会留有余地，即使施工进度计划具有弹性。在进行施工进度控制时，便可以利用这些弹性，缩短有关工作的时间，或者改变它们之间的搭接关系，使检查之前拖延了工期，通过缩短剩余计划工期的方法，仍然达到预期的计划目标。这就是施工项目进度控制中对弹性原理的应用。

（5）封闭循环原理　进度计划控制的全过程包括计划、实施、检查、比较分析、确定调整措施、再计划。从编制项目施工进度计划开始，经过实施过程中的跟踪检查，收集有关实际进度的信息，比较和分析实际进度与施工计划进度之间的偏差，找出产生的原因和解决办法，确定调整措施，再修改原进度计划，形成一个封闭的循环系统。

（6）网络计划技术原理　网络计划技术原理是指在施工进度的控制中利用网络计划技

术原理编制进度计划，根据收集的实际进度信息，比较和分析进度计划，再利用网络计划的工期优化、工期与成本优化和资源优化的理论调整计划。网络计划技术原理是施工进度控制的完整的计划管理和分析计算理论基础。

**4. 建筑工程施工进度控制的措施和主要任务**

（1）项目施工进度控制的措施　对施工项目进行进度控制采取的主要措施有组织措施、技术措施、合同措施、经济措施和信息管理措施等。

1）组织措施。组织措施主要是指落实各层次的进度控制人员、具体任务和工作责任，建立进度控制的组织体系；根据施工项目的进展阶段、结构层次，专业工种或合同结构等进行项目分解，确定施工进度目标，建立控制目标体系；确定施工进度控制工作制度，如检查时间、方法、协调会议时间、参加人等；对影响进度的因素进行分析和预测等。

2）技术措施。技术措施主要是指采用有利于加快施工进度的技术与方法，以保证在施工进度调整后，仍能如期竣工。技术措施包含两方面的内容：一方面是能保证质量、安全，经济、快速的施工技术与方法（包括操作、机械设备、工艺等）；另一方面是管理技术与方法，包括流水作业方法、网络计划技术等。

3）合同措施。合同措施是指以合同的形式保证工期进度的实现，即保持施工总进度控制目标与合同总工期相一致；分包合同的工期与总包合同的工期相一致；供货、供电、运输及构配件加工等合同对施工项目提供服务配合的时间应与有关施工进度控制目标相一致、相协调；严格控制合同变更；对工期提前给予一定的奖励；加强风险管理，在合同中充分考虑风险因素及其对施工进度的影响，以及相应的处理方法。

4）经济措施。经济措施是指实现施工进度计划的资金保证措施和有关施工进度控制的经济核算方法。为确保施工进度目标的实现，应编制与进度计划相适应的资源需求计划，包括资金需求计划和其他资源（人力、物力等）需求计划；对应急赶工给予优厚的赶工费用；对工期提前给予一定的奖励。

5）信息管理措施。信息管理措施是指建立监测、分析、调整、反馈施工进度实施过程中的信息流动程序和信息管理工作制度，以实现连续、动态的施工全过程进度目标控制。

（2）施工进度控制的主要任务　施工进度控制的主要任务是依据施工任务委托合同对施工进度的要求控制施工工作进度。在施工进度计划编制方面，应根据项目的特点和施工进度控制的需要，编制深度不同的控制性和直接指导项目施工的进度计划，以及按不同计划周期编制的计划，如年度、季度、月度和旬计划等。

**5. 施工进度控制程序**

1）依据施工合同确定的开工日期、总工期、竣工日期确定施工进度目标，明确计划开工日期、计划总工期和计划竣工日期，并确定项目分期、分批的开（竣）工日期。

2）编制施工进度计划。

3）向监理工程师提出开工申请报告，并按照监理工程师所下达开工令的指定日期开工。

4）实施施工进度计划。

5）全部任务完成后应进行施工进度控制总结，并编写施工进度控制报告。

**6. 施工进度控制方法**

1）在施工进度计划实施过程中定时检查，记录实际施工进度情况。

2）将实际施工进度与计划施工进度对比，分析偏差。

3）根据工程实际情况实行动态调整，反复进行，直到工程竣工验收为止。

### 4.2.2 施工进度计划的审核及实施

**1. 施工进度计划的审核**

项目经理应对施工进度计划进行审核，主要审核内容有：

1）项目总目标和所分解的子目标的内在联系是否合理；施工进度安排能否满足施工合同中工期的要求，是否符合开竣工日期的规定；分期施工是否满足分批交工的需要和配套交工的要求。

2）施工进度中的内容是否全面，有无遗漏项目，能否保证施工质量、安全需求。

3）施工程序和作业顺序的安排是否正确合理。

4）各类资源供应计划是否能保证施工进度计划的实现，供应是否均衡。

5）总分包之间和各专业之间在施工时间和位置的安排上是否合理，有无干扰。

6）总分包之间的施工进度计划是否相互协调，专业分工与计划的衔接是否明确、合理。

7）对实施施工进度计划的风险是否分析清楚，是否有相应的防范对策和应变预案。

8）各项保证进度计划实现的措施是否周到、可行、有效。

**2. 施工进度计划的实施**

施工进度计划的实施是指按照施工进度计划开展施工活动，落实并完成计划。施工进度计划逐步实施的过程就是项目施工逐步完成的过程。为保证各项施工活动按施工进度计划所确定的顺序和时间进行，保证各阶段目标和总目标的实现，项目部应做好以下工作：

1）编制月（旬）作业计划。

2）签发施工任务书。

3）做好施工进度记录。

4）做好施工调度工作。

施工调度是指掌握施工计划实施情况，组织施工中各阶段、各环节、各专业和各工种的互相配合，协调各方面的关系，并采取措施，排除各种干扰、矛盾；同时加强薄弱环节，发挥生产指挥作用，实现连续、均衡、顺利地施工，完成各项作业计划，实现进度目标。施工调度的具体工作有：

1）执行施工合同中对进度、开工及延期开工、暂停施工、工期延误、工程竣工的承诺。

2）控制进度措施的落实，应具体到执行人，并明确目标、任务、检查方法和考核办法。

3）监督检查施工准备工作、作业计划的实施，协调各方面的进度关系。

4）督促资源供应单位按计划供应劳动力、施工机具、材料构配件及运输车辆等，并对临时出现的问题及时采取措施。

5）由于工程变更引起资源需求的数量变更和品种变化时，应及时调整供应计划。

6）按施工现场平面布置图管理施工现场，遇到问题作必要的调整，保证文明施工。

7）及时了解气候和水、电的供应情况，采取相应的防范和调整措施。

8）及时发现和处理施工中的各种事故和意外事件，协助分包人解决项目施工进度控制中的相关问题。

9）定期、及时召开现场调度会议，贯彻项目各方负责人的决策，发布调度令。

10）当发包人提供的资源供应进度发生变化、不能满足施工进度要求时，应敦促发包人执行原计划，并对造成的工期延误及经济损失进行索赔。

### 4.2.3 施工进度计划的比较方法

施工进度比较与计划调整是实施施工进度控制的主要环节。计划是否需要调整及如何调整，必须以实际施工进度与计划施工进度进行比较分析后的结果作为依据和前提，因此施工进度比较、分析是进行计划调整的基础。常用的比较方法有以下几种：

**1. 横道图比较法**

横道图比较法是指将项目实施过程中检查实际进度收集的数据，经加工整理后直接用横道线平行绘于原计划的横道线处，进行实际施工进度与计划施工进度的比较。采用横道图比较法，可以形象、直观地反映实际施工进度与计划施工进度的比较情况。

例如，某装饰工程的计划施工进度和截止到第16天末的实际施工进度的比较，如图4-1所示，进度表中细实线表示计划施工进度，粗实线表示实际施工进度。

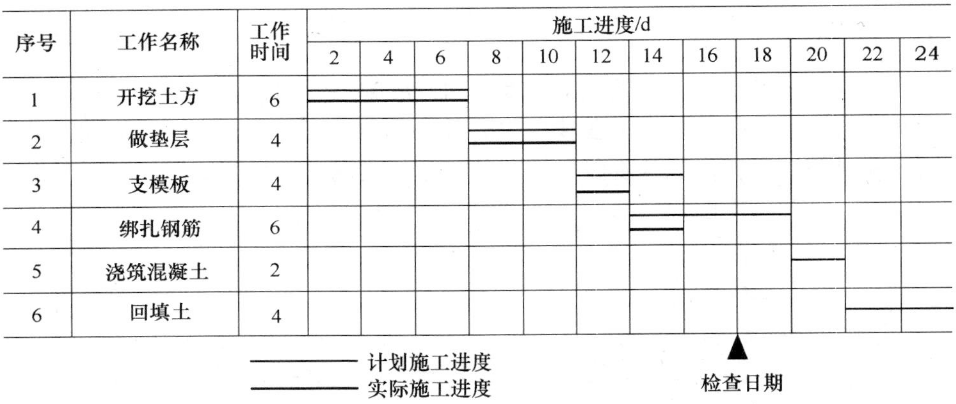

| 序号 | 工作名称 | 工作时间 | 施工进度/d | | | | | | | | | | | |
|---|---|---|---|---|---|---|---|---|---|---|---|---|---|---|
| | | | 2 | 4 | 6 | 8 | 10 | 12 | 14 | 16 | 18 | 20 | 22 | 24 |
| 1 | 开挖土方 | 6 | | | | | | | | | | | | |
| 2 | 做垫层 | 4 | | | | | | | | | | | | |
| 3 | 支模板 | 4 | | | | | | | | | | | | |
| 4 | 绑扎钢筋 | 6 | | | | | | | | | | | | |
| 5 | 浇筑混凝土 | 2 | | | | | | | | | | | | |
| 6 | 回填土 | 4 | | | | | | | | | | | | |

计划施工进度
实际施工进度
检查日期

图4-1 某工程实际施工进度与计划施工进度的比较

从图4-1中可以看出，在第16天末进行施工进度检查时，开挖土方和做垫层两项工作已经按期完成；支模板工作按计划也应该完成，但实际只完成了50%，任务量拖欠了50%；绑扎钢筋工作按计划应该完成66.67%，而实际只完成33.33%，任务量拖欠了33.33%。

根据各项工作的进度偏差，进度控制人员可以采取相应的纠偏措施对进度计划进行调整，以确保该工程按期完成。

图4-1所表达的比较方法仅适用于工程项目中的各项工作都是均匀进展的情况，即每项工作在单位时间内完成的任务量都相等的情况。事实上，工程项目中各项工作的进展不一定是匀速的，根据工程项目中各项工作的进展是否匀速，可分别采用以下两种方法进行实际施工进度与计划施工进度的比较。

（1）匀速进展横道图比较法 匀速进展是指在工程项目中，每项工作在单位时间内完成的任务量都是相等的，即工作的进展速度是均匀的。此时每项工作累计完成的任务量与时间呈线性关系，如图 4-2 所示。完成的任务量可以用实物工程量、劳动消耗量或费用支出表示。为了便于比较，通常用上述物理量的百分比表示。

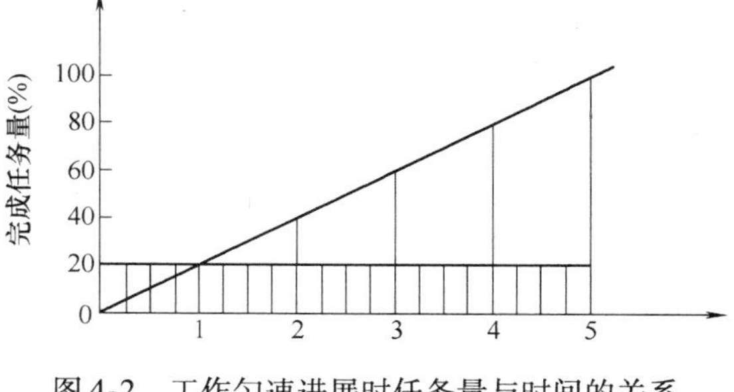


图 4-2　工作匀速进展时任务量与时间的关系

采用匀速进展横道图比较法时，其步骤如下：

1）编制横道图施工进度计划。

2）在施工进度计划上标出检查日期。

3）将检查收集到的实际进度，按比例用涂黑的粗线标于计划的下方，如图 4-1 所示。

4）对比分析实际施工进度与计划施工进度：

① 如果涂黑的粗线右端落在检查日期左侧，表明实际施工进度拖后。

② 如果涂黑的粗线右端落在检查日期右侧，表明实际施工进度超前。

③ 如果涂黑的粗线右端与检查日期重合，表明实际施工进度与计划进度一致。

**特别提示：** 应注意的是，该方法仅适用于工作从开始到结束的整个过程中，进展速度均为固定不变的情况。如果工作的进展速度是变化的，则不能采用这种方法进行实际施工进度与计划施工进度的比较；否则，会得出错误的结论。

（2）非匀速进展横道图比较法　当工作在不同单位时间里的进展速度不相等时，累计完成的任务量与时间的关系就不可能是线性关系，如图 4-3 所示。若仍采用匀速进展横道图比较法，则不能反映出实际施工进度与计划施工进度的对比情况，此时应采用非匀速进展横道图比较法进行实际施工进度与计划施工进度的比较。

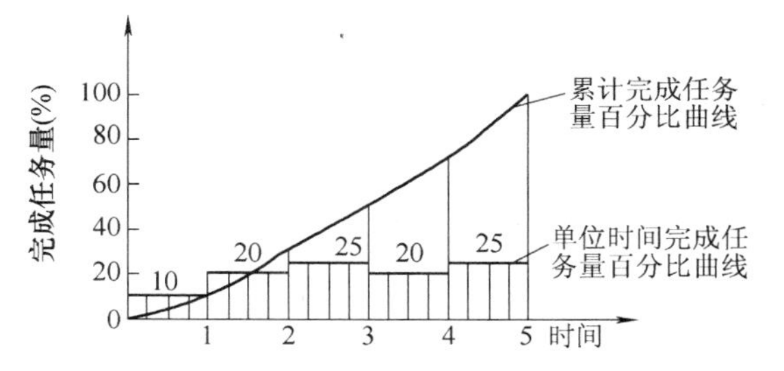


图 4-3　工作非匀速进展时任务量与时间关系曲线

非匀速进展横道图比较法在用涂黑的粗线表示实际施工进度的同时，还要标出其对应时刻完成任务量的累计百分比，并将该百分比与其同时刻计划完成任务量的累计百分比进行对比，判断实际施工进度与计划施工进度之间的关系。

采用非匀速进展横道图比较法时，其步骤如下：

1）编制横道图施工进度计划。

2）在横道线上方标出各主要时间工作的计划完成任务量累计百分比。

3）在横道线下方标出相应时间工作的实际完成任务量累计百分比。

4）用涂黑的粗线标出工作的实际进度，从开始之日标起，同时反映出该工作在实施过程中的连续与间断情况。

5）通过比较同一时刻实际完成任务量累计百分比和计划完成任务量累计百分比，判断实际施工进度与计划施工进度之间的关系：

① 如果同一时刻横道线上方累计百分比大于横道线下方累计百分比，表明实际施工进度拖后，拖欠的任务量为两者之差。

② 如果同一时刻横道线上方累计百分比小于横道线下方累计百分比，表明实际施工进度超前，超前的任务量为两者之差。

③ 如果同一时刻横道线上下方两个累计百分比相等，表明实际施工进度与计划施工进度一致。

可以看出，由于工作进展速度是变化的，因此在图中的横道线，无论是计划的还是实际的，只能表示工作的开始时间、完成时间和持续时间，并不能表示计划完成的任务量和实际完成的任务量。此外，采用非匀速进展横道图比较法，不仅可以进行某一时刻（如检查日期）实际施工进度与计划施工进度的比较，而且还能进行某一时间段实际进度与计划进度的比较（这需要实施部门按规定的时间记录当时的任务完成情况）。

**【例 4-1】** 某工程项目中的墙面抹灰工作按施工进度计划安排需要 7 周完成，每周计划完成的任务量百分比分别为 10%、15%、20%、25%、15%、10%、5%，试做出其计划图并在施工中进行跟踪比较。

① 编制横道图施工进度计划，如图 4-4 所示。

② 在横道线上方标出抹灰工程每周计划累计完成任务量的百分比，分别为 10%、25%、45%、70%、85%、95%、100%。

③ 在横道线下方标出第 1 周至检查日期（第 4 周）每周实际累计完成任务量的百分比，分别为 7%、20%、42%、68%。

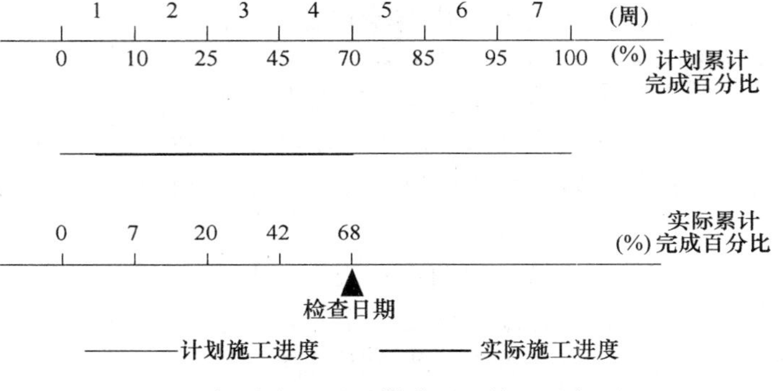


图 4-4 非匀速进展横道图比较法示意图

④ 用涂黑的粗线标出实际投入的时间。图 4-4 表明，该工作实际开始时间晚于计划开始时间，在开始后连续工作，没有中断。

⑤ 比较实际施工进度与计划施工进度。从图 4-4 可以看出，该工作在第一周实际施工进度比计划施工进度拖后 3%，以后各周末累计拖后分别为 5%、3% 和 2%。

横道图比较法具有记录和比较简单、形象直观、易于掌握、使用方便等优点，但由于其以横道计划为基础，因而带有不可克服的局限性。在横道计划中，各项工作之间的逻辑关系表达不明确，关键工作和关键线路无法确定；一旦某些工作的实际进度出现偏差时，难以预测其对后续工作和工程总工期的影响，也就难以确定相应的施工进度计划调整方法，因此横道图比较法主要用于工程项目中某些工作的实际进度与计划进度的局部比较。

**2. S 曲线比较法**

S 曲线比较法是指以横坐标表示时间，纵坐标表示累计完成任务量，绘制一条按计划时间累计完成任务量的 S 曲线；然后将工程项目实施过程中各检查时间实际累计完成任务量的 S 曲线也绘制在同一坐标系中，进行实际施工进度与计划施工进度比较的一种方法。

从整个工程项目实际进展全过程来看，单位时间投入的资源量一般是开始和结束时较少中间阶段较多。与其相对应，单位时间完成的任务量也呈同样的变化规律，如图 4-5a 所示；而随工程进展累计完成的任务量则应呈 S 形变化，如图 4-5b 所示。将这种以 S 形曲线判断实际施工进度与计划施工进度关系的方法，称为 S 曲线比较法。

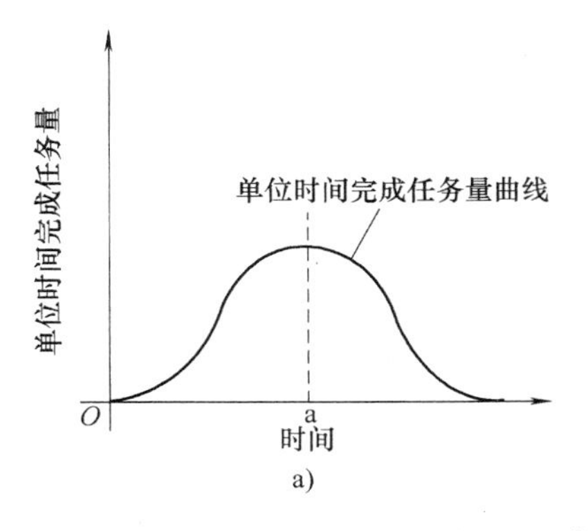


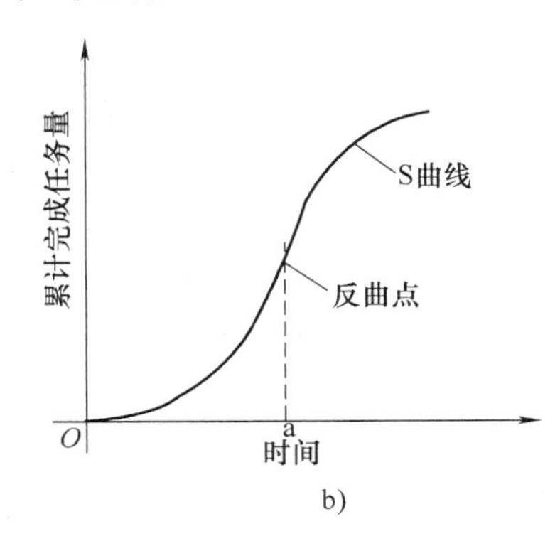


图 4-5　时间与完成任务量关系曲线

（1）S 曲线的绘制方法　下面以一个简单的例子来说明 S 曲线的绘制方法。

【例 4-2】 某楼地面铺设工程量为 10000$m^2$，按照施工方案，计划 9d 完成，每日计划完成的任务量曲线图如图 4-6 所示，试绘制该楼地面铺设工程的 S 曲线。

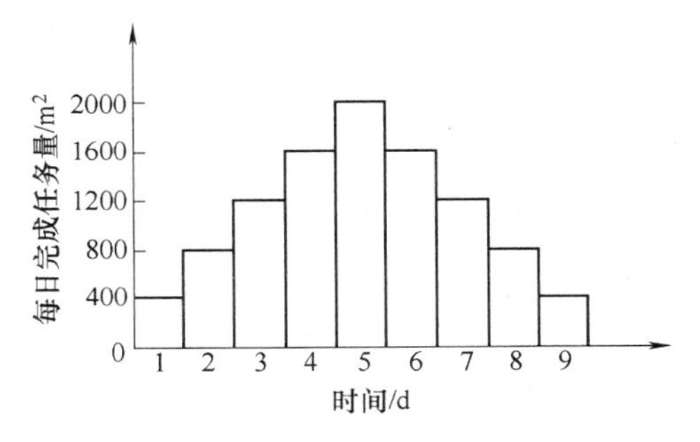


图 4-6　每日计划完成任务量曲线图

根据已知条件：

① 确定单位时间计划完成任务量。在本例中，将每月计划完成楼地面铺设量列于表 4-2 中。

② 计算不同时间累计完成任务量。在本例中，依次计算每月计划累计完成的楼地面铺设量，结果列于表 4-2 中。

**表 4-2　每月计划累计完成的楼地面铺设工程量汇总表**

| 时间/d | 1 | 2 | 3 | 4 | 5 | 6 | 7 | 8 | 9 |
|---|---|---|---|---|---|---|---|---|---|
| 每日完成量/ $m^2$ | 400 | 800 | 1200 | 1600 | 2000 | 1600 | 1200 | 800 | 400 |
| 累计完成量/$m^2$ | 400 | 1200 | 2400 | 4000 | 6000 | 7600 | 8800 | 9600 | 10000 |

③ 根据累计完成任务量绘制 S 曲线。在本例中，根据每月计划累计完成楼地面铺设量绘制的 S 曲线如图 4-7 所示。

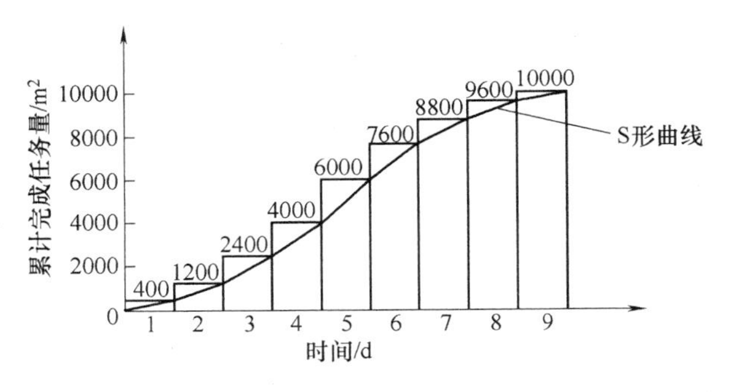


图 4-7　S 曲线图

（2）S 曲线比较法　S 曲线比较法同横道图比较法一样，是在图上进行工程项目实际进度与计划进度的直观比较。在工程项目实施过程中，按照规定时间将检查收集到的实际累计完成任务量绘制在原计划S曲线图上，即可得到实际进度S曲线，如图4-8所示。通过比较实际进度S曲线和计划进度S曲线，可以获得如下信息：

1）工程项目实际进展状况。若工程实际进展点落在计划S曲线左侧，表明此时实际施工进度比计划施工进度超前，如图4-8中的a点；若落在计划S曲线右侧，则表明此时实际施工进度拖后，如图4-8中的b点；若正好落在计划S曲线上，则表示此时实施工进度与计划施工进度一致。

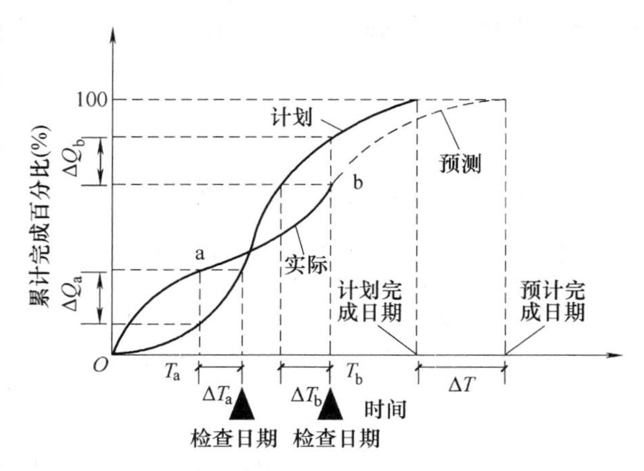

图4-8 S曲线比较图

2）工程项目实际进度超前或拖后的时间。在S曲线比较图中可以直接读出实际进度比计划进度超前或拖后的时间。如图4-8所示，$\Delta T_a$ 表示 $T_a$ 时刻实际进度超前的时间；$\Delta T_b$ 表示 $T_b$ 时刻实际进度拖后的时间。

3）工程项目实际超额或拖欠的任务量。在S曲线比较图中也可直接读出实际进度比计划进度超额或拖欠的任务量。如图4-8所示，$\Delta Q_a$ 表示 $T_a$ 时刻超额完成的任务量；$\Delta Q_b$ 表示 $T_b$ 时刻拖欠完成的任务量。

4）后期工程进度预测。如果后期工程按原计划速度进行，则可做出后期工程计划S曲线，如图4-8中虚线所示，从而可以确定工期拖延预测值 $\Delta T$。

**3. 香蕉型曲线比较法**

香蕉型曲线是由两条S型曲线组合起来的闭合曲线。一般来说，按任何一个计划，都可以绘出两条曲线：一条是以各项工作最早开始时间安排进度而绘制的S曲线，称为ES曲线；另一条是以各项工作最迟开始时间安排进度而绘制的曲线，称为LS曲线。两条S曲线都是从计划的开始时刻开始到完成时刻结束，因此两条曲线是闭合的。在一般情况下，ES曲线上的各点均落在LS曲线相应的左侧，形成一个形如香蕉的曲线，如图4-9所示。

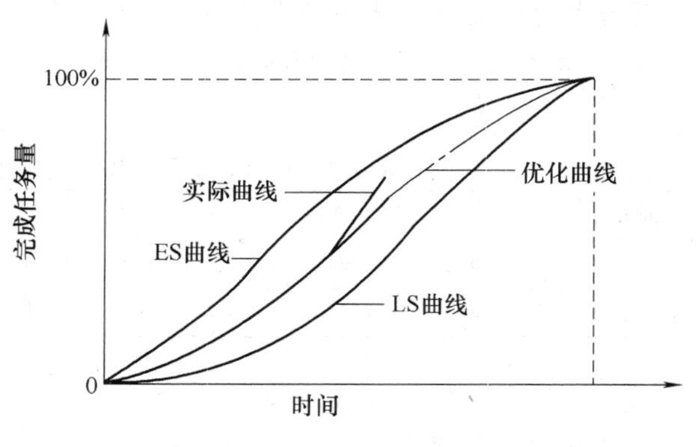

图4-9 香蕉曲线比较图

在项目实施过程中，进度控制的理想状态是任一时刻按实际进度描出的点，均落在该香蕉型曲线的区域内，如图4-9中的实际进度线。

（1）香蕉型曲线比较法的比较步骤 利用香蕉型曲线进行实际施工进度与计划施工进度比较的具体步骤如下：

1）计算网络计划中各项工作的最早可能开始时间和最迟必须开始时间。

2）确定各工作在单位时间内的计划完成任务量。

3）计算工程项目所需劳动消耗的总量。

4）分别根据各项工作的最早可能开始时间和最迟必须开始时间安排的进度计划，计算工程项目在各单位时间计划完成的任务量，即对各项工作在某一单位时间内完成任务量求和。

5）绘制香蕉型曲线，即在同一坐标中绘制 ES 曲线和 LS 曲线。

6）在工程项目实施过程中，根据检查得到的实际累计完成任务量，按同样的方法在原计划香蕉型曲线图上绘出实际施工进度曲线，便可以进行实际施工进度与计划施工进度的比较，如图 4-10 所示。

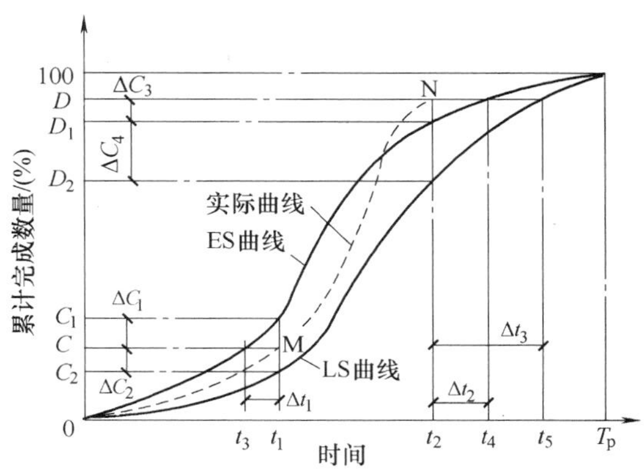


图 4-10　香蕉型曲线

检查的方法是：当计划进行到时间 $t_1$ 时，将累计完成的实际任务量记录在 M 点。这个进度比最早时间计划曲线（ES 曲线）的要求少完成 $\Delta C_1(\Delta C_1 = C_1 - C)$；比最迟时间计划曲线（LS 曲线）的要求多完成 $\Delta C_2(\Delta C_2 = C - C_2)$。由于它的施工进度比最迟时间要求提前，故不会影响总工期，只要控制得好，有可能提前 $\Delta t_1(\Delta t_1 = t_1 - t_3)$ 完成全部计划任务。同理，可分析 $t_2$ 时的进度状况。

**【例 4-3】** 某工程项目网络计划如图 4-11 所示，图中箭线上方括号内的数字表示各项工作计划完成的任务量，以劳动消耗量表示；箭线下方数字表示各项工作的持续时间（周），试绘制香蕉型曲线（各项工作均为匀速进展）。

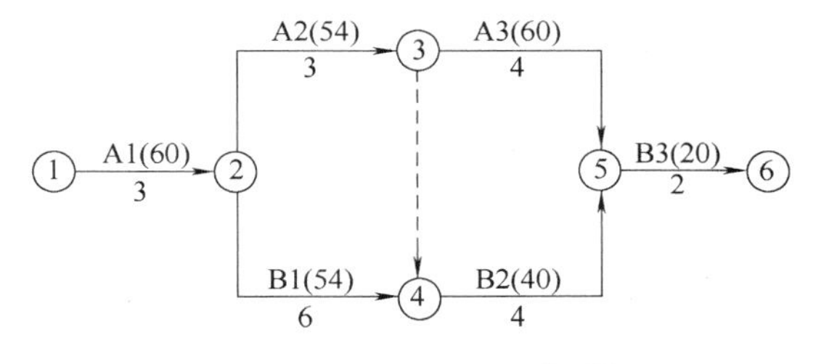


图 4-11　某工程项目网络计划

根据已知条件，各项工作均为匀速进展，因此各项工作每周劳动消耗量均相等。

① 计算网络计划各项工作的最早可能开始时间和最迟必须开始时间；绘制早时标网络计划及劳动消耗量图（图 4-12）及迟时标网络计划及劳动消耗量图（图 4-13）。

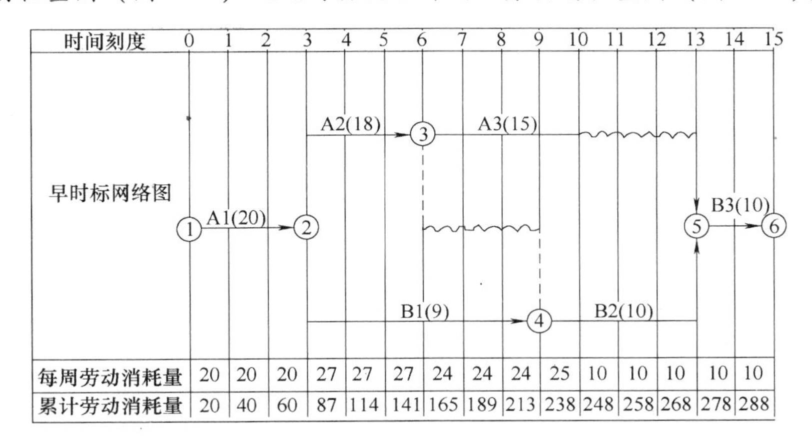


| 时间刻度 | 0 | 1 | 2 | 3 | 4 | 5 | 6 | 7 | 8 | 9 | 10 | 11 | 12 | 13 | 14 | 15 |
|---|---|---|---|---|---|---|---|---|---|---|---|---|---|---|---|---|
| 每周劳动消耗量 | 20 | 20 | 20 | 27 | 27 | 27 | 24 | 24 | 24 | 25 | 10 | 10 | 10 | 10 | 10 | |
| 累计劳动消耗量 | 20 | 40 | 60 | 87 | 114 | 141 | 165 | 189 | 213 | 238 | 248 | 258 | 268 | 278 | 288 | |

图 4-12　早时标网络计划及劳动消耗量图

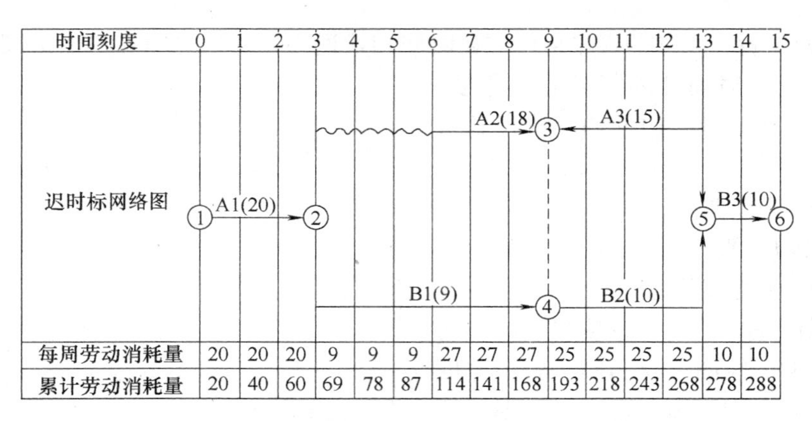


| 时间刻度 | 0–1 | 1–2 | 2–3 | 3–4 | 4–5 | 5–6 | 6–7 | 7–8 | 8–9 | 9–10 | 10–11 | 11–12 | 12–13 | 13–14 | 14–15 |
|---|---|---|---|---|---|---|---|---|---|---|---|---|---|---|---|
| 每周劳动消耗量 | 20 | 20 | 20 | 9 | 9 | 9 | 27 | 27 | 27 | 25 | 25 | 25 | 25 | 10 | 10 |
| 累计劳动消耗量 | 20 | 40 | 60 | 69 | 78 | 87 | 114 | 141 | 168 | 193 | 218 | 243 | 268 | 278 | 288 |

图 4-13　迟时标网络计划及劳动消耗量图

② 确定各项工作每周的劳动消耗量。

工作 A1：$60 \div 3 = 20$　　工作 A2：$54 \div 3 = 18$

工作 A3：$60 \div 4 = 15$　　工作 B1：$54 \div 6 = 9$

工作 B2：$40 \div 4 = 10$　　工作 B3：$20 \div 2 = 10$

③ 计算工程项目劳动消耗总量 $Q$

$$Q = 60 + 27 + 81 + 100 + 20 = 288$$

④ 分别根据各项工作的最早可能开始时间和最迟必须开始时间安排的施工进度计划，计算累计劳动消耗量，如图 4-12、图 4-13 所示。

⑤ 绘制香蕉型曲线，根据不同累计劳动消耗量，在同一坐标中绘制 ES 曲线和 LS 曲线，便得到香蕉型曲线（图略）。

（2）香蕉型曲线比较法的作用

1）合理安排工程项目施工进度计划。如果工程项目每项工作都按照最早可能开始时间来施工，可能导致项目投资加大；而如果工程项目每项工作都按照最迟必须开始时间来施工，则一旦受到外界影响因素的干扰，又将直接导致工程延期，使工程进度风险加大，因此一个合理的施工进度计划优化曲线应位于香蕉型曲线包络的范围之内，如图 4-9 中点画线所示。

2）定期比较工程项目的实际施工进度和计划施工进度。在工程项目实施过程中，根据实际检查进度的情况，绘制实际施工进度的 S 曲线，比较工程项目的实际施工进度和计划施工进度，有以下三种情况：

① 实际进度的 S 曲线在香蕉型曲线包络的范围之内，说明实际进度比最早时间计划晚一些，比最迟时间计划早一些，属于正常施工范围，不影响总工期。

② 实际施工进度点落在 ES 曲线左侧，表明此刻实际进度比各项工作按照最早时间安排的计划进度提前。

③ 实际施工进度点落在 LS 曲线右侧，表明此刻实际进度比各项工作按照最迟时间安排的计划进度拖延。

3）预测后期工程进展趋势。利用香蕉型曲线还可对后期工程进展情况进行预测。

**4. 前锋线比较法**

前锋线比较法是指通过绘制某检查时刻工程项目实际施工进度前锋线，进行工程实际施工进度与计划施工进度比较的方法，主要适用于时标网络计划。所谓前锋线，是指在原时标网络计划上，从检查时刻的时标点出发，用点画线依此将各项工作实际进展位置点连接而成的折线。前锋线比较法就是通过实际施工进度前锋线与原施工进度计划中各工作箭线交点的位置来判断实际施工进度与计划施工进度的偏差，进而判定该偏差对后续工作及总工期影响程度的一种方法。

利用前锋线比较法进行实际施工进度与计划施工进度的比较，其步骤如下：

（1）绘制时标网络计划图　工程实际施工进度前锋线是在时标网络计划图上标出的，为清楚起见，可在时标网络计划的上方和下方各设一个时间坐标。

（2）绘制实际施工进度前锋线　从时标网络计划图上方时间坐标的检查日期开始绘制，依次连接相邻工作的实际进展点，最后与时标网络计划图下方坐标的检查日期相连接。

（3）进行实际进度与计划进度的比较　前锋线可以直观地反映出检查日期有关工作实际施工进度与计划施工进度之间的关系。一般有以下三种情况：

1）工作实际进展位置点落在检查日期的左侧，表明该工作实际进度拖后，拖后的时间为两者之差。

2）工作实际进展位置点落在检查日期的右侧，表明该工作实际进度超前，超前的时间为两者之差。

3）工作实际进展位置点与检查日期重合，表明该工作实际进度与计划进度一致。

（4）预测进度偏差对后续工作及总工期的影响　通过实际施工进度与计划施工进度的比较确定进度偏差后，还可根据工作的自由时差和总时差预测该进度偏差对后续工作及项目总工期的影响。由此可见，前锋线比较法既适用于工作实际进度与计划进度之间的局部比较，又可用来分析和预测工程项目整体进度状况。

**【例4-4】** 某工程前锋线比较图如图4-14所示。该计划执行到第4天末检查实际进度时，发现工作A已经完成，B工作已进行了1d，C工作已进行2d，D工作还未开始。试用前锋线法进行实际施工进度与计划施工进度的比较。

① 根据第4天末实际施工进度的检查结果绘制前锋线，如图4-14中点画线所示。

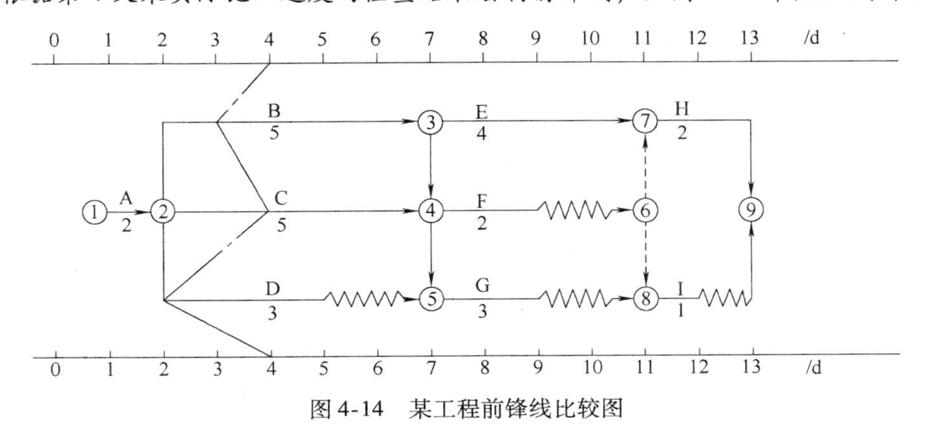


图4-14　某工程前锋线比较图

② 实际施工进度与计划施工进度的比较。由图4-14可得出以下结论：B工作的实际进度拖后1d，将使其紧后工作E、F、G的最早开始时间推迟1d，并使总工期延长1d。C工作与计划一致。D工作的实际进度拖后2d，既不影响后续工作，也不影响总工期。综上所述，

如果不采取措施加快施工进度，该工程项目的总工期将延长1d。

**5. 列表比较法**

当工程施工进度计划用非时标网络图表示时，可以采用列表比较法进行实际施工进度与计划施工进度的比较。这种方法是指通过记录检查日期应该进行的工作名称及已经作业的时间，然后列表计算有关时间参数，并根据工作总时差进行实际施工进度与计划施工进度比较的方法。

采用列表比较法进行实际施工进度与计划施工进度的比较，其步骤如下：

1）对于实际进度检查日期应该进行的工作，根据已经作业的时间，确定其尚需作业时间。

2）根据原施工进度计划计算检查日期应该进行的工作从检查日期到原计划最迟完成时尚余时间。

3）计算工作尚有总时差，其值等于工作从检查日期到原计划最迟完成时间尚余时间与该工作尚需作业时间之差。

4）比较实际施工进度与计划施工进度，可能有以下几种情况：

① 如果工作尚有总时差与原有总时差相等，说明该工作实际施工进度与计划施工进度一致。

② 如果工作尚有总时差大于原有总时差，说明该工作实际进度超前，超前的时间为两者之差。

③ 如果工作尚有总时差小于原有总时差，且仍为非负值，说明该工作实际进度拖后，拖后的时间为两者之差，但不影响总工期。

④ 如果工作尚有总时差小于原有总时差，且为负值，说明该工作实际进度拖后，拖后的时间为两者之差，此时工作实际进度偏差将影响总工期。

**【例4-5】** 将例4-4中网络计划及其检查结果，采用列表法进行实际施工进度与计划施工进度比较和情况判断。

根据工程项目进度计划及实际进度检查结果，可以计算出检查日期应进行工作的尚需作业时间、原有总时差及尚有总时差等，计算结果见表4-3。

**表4-3 工程进度检查比较表**

| 工作代号 | 工作名称 | 检查时工作尚需作业时间 | 检查时刻至最迟完成时间尚余时间 | 原有总时差 | 尚有总时差 | 情况判断 |
|---|---|---|---|---|---|---|
| 2-3 | B | 4 | 3 | 0 | -1 | 影响工期1d |
| 2-4 | C | 3 | 5 | 2 | 2 | 正常 |
| 2-5 | D | 3 | 6 | 5 | 3 | 正常 |

## 4.2.4 施工进度计划的检查

### 1. 施工进度的动态检查

在施工进度计划的实施过程中，由于各种因素的影响，常会打乱原始计划的安排而出现进度偏差。因此，进度控制人员必须对施工进度计划的执行情况进行动态检查，并分析进度偏差产生的原因，以便为施工进度计划的调整提供必要的信息，其主要工作包括：

（1）跟踪检查实际施工进度　为了对施工进度计划的完成情况进行统计、进行进度分析和调整计划，应对施工进度计划依据其实施记录进行跟踪检查。

跟踪检查实际施工进度是分析施工进度、调整进度计划的前提，其目的是收集实际施工进度的有关数据。跟踪检查的时间、方式、内容和收集数据的质量，将直接影响施工进度控制工作的质量和效果。

检查的时间与施工项目的类型、规模，施工条件和对进度执行的要求程度有关，通常分为两类：一类是日常检查；一类是定期检查。日常检查是常驻现场管理人员，每日进行检查，采用施工记录和施工日志的方法记载下来。定期检查一般与计划安排的周期和召开现场会议的周期相一致，可视工程的情况，每月、每半月、每旬或每周检查一次；当施工中遇到天气、资源供应等不利因素的严重影响时，检查的间隔时间可临时缩短。定期检查在制度中应规定出来。

检查和收集资料的方式，一般采用进度报表的方式或定期召开进度工作汇报会。为了保证汇报资料的准确性，进度控制的工作人员要经常地、定期地到现场察看，准确地掌握施工项目的实际进度。

检查的内容主要包括在检查时间段内任务的开始时间、结束时间，已进行的时间，完成的实物量或工作量，劳动量消耗情况及主要存在的问题等。

（2）整理统计检查数据　对于收集到的实际施工进度数据，要进行必要的整理，并按计划控制的工作项目内容进行统计；形成与计划施工进度具有可比性的数据、相同的量纲和形象进度。一般可以按实物工程量、工作量和劳动消耗量，以及累计百分比，整理和统计实际检查的数据，以便与相应的计划完成量对比、分析。

（3）对比分析实际施工进度与计划施工进度　将收集的资料整理和统计成与计划施工进度具有可比性的数据后，用实际施工进度与计划施工进度的比较方法进行比较分析。通常采用的比较方法有横道图比较法、S曲线比较法、前锋线比较法及列表比较法等。通过比较得出实际施工进度与计划施工进度是相一致的，还是超前的，或者是拖后的三种情况，以便为决策提供依据。

（4）施工进度检查结果的处理　施工进度检查要建立报告制度，即将施工进度检查比较的结果、有关施工进度的现状和发展趋势以最简练的书面报告形式提供给有关主管人员和部门。

进度控制报告的编写，原则上由计划负责人或进度管理人员与其他项目管理人员（业务人员）协作编写。进度控制报告的上报时间一般与进度检查的时间相协调，一般每月报告一次，重要的、复杂的项目每旬或每周一次。

进度控制报告根据报告的对象不同，一般分为以下三个级别：

1）项目概要级的进度报告。项目概要级的进度报告是指以整个施工项目为对象描述进度计划执行情况的报告，是报给项目经理、企业经理或业务部门，以及监理单位或建设单位（业主）的。

2）项目管理级的进度报告。项目管理级的进度报告是指以单位工程或项目分区为对象描述进度计划执行情况的报告，重点报给项目经理和企业业务部门及监理单位。

3）业务管理级的进度报告。业务管理级的进度报告是以某个重点部位或某个重点问题为对象编写的报告，供项目管理人员及各业务部门使用，以便采取应急措施。

进度控制报告的内容依报告的级别和编制范围的不同有所差异，主要包括：项目实施概况、管理概况、进度概要；项目施工进度、形象进度及简要说明；施工图纸提供进度；材料、物资、构配件供应进度；劳务记录及预测；日历计划；建设单位（业主）、监理单位和施工主管部门对施工人员的变更指令等。

### 4.2.5 施工进度计划的调整与总结

**1. 施工进度计划的调整**

（1）分析施工进度偏差的影响　在工程项目实施过程中，当通过实际施工进度与计划施工进度的比较，发现有进度偏差时，需要分析该偏差对后续工作及总工期的影响，从而采取相应的调整措施对原施工进度计划进行调整，以确保工期目标的顺利实现。进度偏差的大小及所处的位置不同，对后续工作和总工期的影响程度也是不同的，分析时需要利用网络计划中工作总时差和自由时差的概念进行判断。

1）分析出现施工进度偏差的工作是否为关键工作。如果出现进度偏差的工作位于关键线路上，即该工作为关键工作，则无论其偏差有多大，都将对后续工作和总工期产生影响，必须采取相应的调整措施；如果出现偏差的工作是非关键工作，则需要根据进度偏差值与总时差和自由时差的关系作进一步分析。

2）分析施工进度偏差是否超过总时差。如果工作的进度偏差大于该工作的总时差，则此进度偏差必将影响其后续工作和总工期，必须采取相应的调整措施；如果工作的进度偏差未超过该工作的总时差，则此进度偏差不影响总工期，至于对后续工作的影响程度，还需要根据偏差值与其自由时差的关系作进一步分析。

3）分析施工进度偏差是否超过自由时差。如果工作的进度偏差大于该工作的自由时差，则此进度偏差将对其后续工作产生影响，此时应根据后续工作的限制条件确定调整方法；如果工作的进度偏差未超过该工作的自由时差，则此进度偏差不影响后续工作，因此原进度计划可以不作调整。

（2）施工进度计划的调整方法　通过检查分析，如果发现原有施工进度计划已不能适应实际情况时，为了确保进度控制目标的实现或需要确定新的计划目标，就必须对原有施工进度计划进行调整，以形成新的施工进度计划，作为施工进度控制的新依据。施工进度计划的调整方法主要有两种：一是改变某些工作间的逻辑关系；二是压缩关键工作的持续时间。在实际工作中应根据具体情况选用上述方法进行施工进度计划的调整。

1）改变某些工作间的逻辑关系。若检查的实际施工进度产生的偏差影响了总工期，在工作之间的逻辑关系允许改变的条件下，改变关键线路和超过计划工期的非关键线路上的有关工作之间的逻辑关系，达到缩短工期的目的。用这种方法调整的效果是很显著的，例如可以把依次进行的有关工作改变为平行或互相搭接施工，以及分成几个施工段进行流水施工等，都可以达到缩短工期的目的。

2）压缩关键工作的持续时间　这种方法的特点是不改变工作之间的先后顺序关系，通过缩短网络计划中关键线路上工作的持续时间来缩短工期。这时通常需要采取一定的措施来达到目的。具体措施包括：

① 组织措施。增加工作面，组织更多的施工队伍；增加每天的施工时间（如采用三班制等）；增加劳动力和施工机械的数量等措施。

② 技术措施。改进施工工艺和施工技术，缩短工艺技术间歇时间；采用更先进的施工

方法，以减少施工过程的数量；采用更先进的施工机械等措施。

③ 经济措施。实行包干奖励；提高奖金数额；对所采取的技术措施给予相应的经济补偿等措施。

④ 其他配套措施。改善外部配合条件；改善劳动条件；实施强有力的调度等措施。

一般来说，不管采取哪种措施，都会增加费用，因此在调整施工进度计划时，应利用费用优化的原理选择费用增加量最小的关键工作作为压缩对象。

除了分别采用上述两种方法来缩短工期外，有时由于工期拖延得太多，当采用某种方法进行调整，其可调整的幅度又受到限制时，可以同时利用这两种方法对同一施工进度计划进行调整，以满足工期目标的要求。

（3）工程延期　在建设工程施工过程中，其工期的延长分为工程延误和工程延期两种。由于承包单位自身的原因，使工程进度拖延，称为工程延误；由于承包单位以外的原因，使工程进度拖延，称为工程延期。虽然其都是使工程延长，但由于性质不同，因而所承担的责任也就不同。如果属于工程延误，则由此造成的一切损失由承包单位承担，同时业主还有权对承包单位施行误期违约罚款；而如果属于工程延期，则承包单位不仅有权要求延长工期，而且还有权向业主提出赔偿费用的要求以弥补由此造成的额外损失，因此对承包单位来说，及时向监理工程师申报工程延期十分重要。

1）申报工程延期的条件。由于以下原因导致工程延期，承包单位有权提出延长工期的申请，监理工程师应按合同规定，批准工程延期时间。

① 监理工程师发出工程变更指令而导致工程量增加。

② 合同所涉及的任何可能造成工程延期的原因，如延期交图、工程暂停、对合格工程的剥离检查及不利的外界条件等。

③ 异常恶劣的气候条件。

④ 由业主造成的任何延误、干扰或障碍，如未及时提供施工场地、未及时付款等。

⑤ 除承包单位自身以外的其他任何原因。

2）工程延期的审批程序。工程延期的审批程序如图4-15所示。

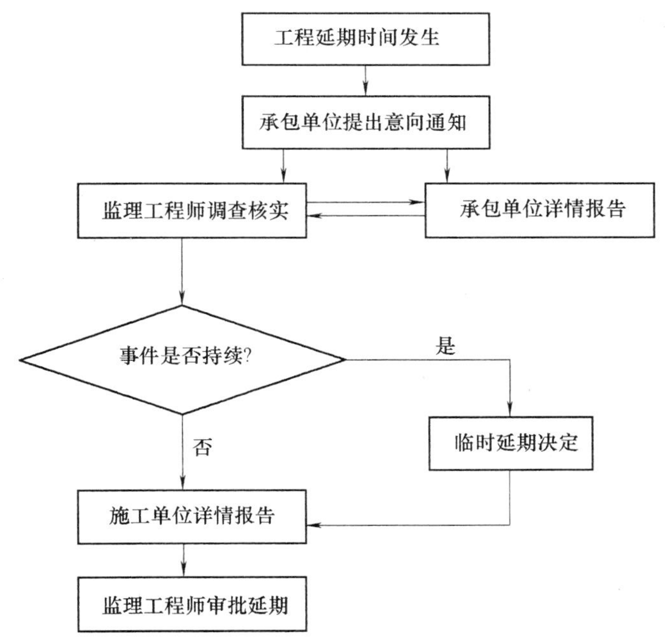


图4-15　工程延期的审批程序

**2. 施工进度控制总结**

施工进度的总结、分析对于今后更好地进行项目施工管理，实现管理循环和信息反馈起着重要的作用。

（1）施工进度控制总结的依据

1）施工进度计划。

2）施工进度计划执行的实际记录。

3）施工进度计划检查结果。

4）施工进度计划调整资料。

（2）施工进度控制总结的内容

1）合同工期目标及计划工期目标完成情况

$$合同工期的节约值=合同工期-实际工期$$

$$计划工期提前率=\frac{(计划工期-实际工期)}{计划工期}\times 100\%$$

$$缩短工期的经济效益=缩短一天产生的经济效益\times 缩短工期天数$$

分析缩短工期的原因，大致有以下几种情况：计划周密情况、执行情况、控制情况、协调情况、劳动效率。

2）资源利用情况及成本指标

① 衡量资源消耗的主要指标有：

$$单方用工=总工日数/总的建筑面积$$

$$劳动力不均衡系数=施工期的高峰日用工数/日平均用工数$$

$$节约工日数=计划用工工日-实际用工工日$$

$$主要材料节约量=计划材料用量-实际材料用量$$

$$主要机械台班节约量=计划主要机械台班数-实际主要机械台班数$$

$$主要大型机械节约率=\frac{各种大型机械计划费用之和-实际费用之和}{各种大型机械计划费用之和}\times 100\%$$

节约资源的大致原因有以下几种：计划积极可靠，资源优化效果好，按计划保证供应，认真制定并实施了节约措施，协调及时。

② 体现成本的主要指标

$$降低成本额=计划成本-实际成本$$

$$降低成本率=\frac{降低成本额}{计划成本}\times 100\%$$

节约成本的主要原因大致有以下几种：计划积极可靠，成本优化效果好，认真制定并实施了节约成本措施，工期缩短，成本核算及成本分析工作效果好。

（3）施工进度控制经验

1）编制怎样的施工进度计划才能取得较大的效益。

2）怎样优化施工进度计划才更有实际意义，包括优化方法、目标、电子计算机软件应用等。

3）怎样实施、调整、控制施工进度计划，包括记录检查、调整、修改、节约、统计等措施。

4）施工进度控制工作的创新。

（4）施工进度控制中存在的问题及分析　施工进度控制一般存在以下问题：工期拖后、资源浪费、成本浪费、计划变化较大等。施工进度控制中出现上述问题的原因一般是：计划本身制订的不严密，资源供应和使用中的原因，协调方面的原因，环境方面的原因等。

（5）科学的施工进度计划方法的应用情况　通过新的科学方法的应用，对提高施工进度计划的管理水平有哪些好处，工作是否方便。例如应用计算机软件对网络计划的调整优化很方便，逐渐被广泛采用。

（6）施工进度控制的改进意见　对施工进度控制中存在的问题进行总结，提出改进的方法或建议，在以后的工作中加以应用，之后继续总结应用效果，使进度控制的方法、措施等越来越完善。

# 任务3　建筑工程施工现场管理

**【工作任务】**

结合案例参观施工项目，检查现场布置是否按施工现场平面布置图进行。

**【任务目标】**

**知识目标：**了解施工现场管理内容、建设工程文件管理；熟悉施工现场管理的要求。

**能力目标：**具备施工现场管理的基本技能。

## 4.3.1　建筑工程施工现场管理概述

建设工程所指的现场是指用于进行该项目的施工活动，经有关部门批准占用的场地。施工现场管理是指对施工项目现场内的活动及空间所进行的管理。施工现场包括红线以内或红线以外的用地，但不包括施工单位自有的场地或生产基地。

施工现场管理要求项目经理部应规范场容、安全有序、整洁卫生、不扰民、不损害公共利益。

**1. 施工现场管理的意义**

施工现场管理是项目管理的一个重要部分。良好的施工现场管理使得场容美观整洁、道路畅通，材料放置有序，施工有条不紊，安全、消防、保安均能得到有效的保障，并且使得与项目有关的相关方都能达到满意；相反，低劣的现场管理会影响施工进度，并会产生事故隐患。过去，由于条件的限制，施工现场管理常得不到应有的重视；由于国家对于安全、环境保护的重视，法制的健全，以及在市场经济的形势下施工企业必须树立良好的信誉，防止事故的发生，增强企业在市场的竞争力，因此现场管理得到了普遍的重视，施工现场管理水平有了较快的提高。

近年来，随着我国建筑行业的不断发展和施工工艺的不断完善，以及竞争的日益激烈，施工现场管理也越来越受到重视。为了在竞争中胜出，施工方不得不提供更优质的产品，并且还要提供更合理的价格；而在原材料的采购上已经不存在优势的情况下，只有向施工现场管理要效率、要效益，加强现场施工管理才能真正地增加市场竞争力。施工现场管理的优劣一方面对施工企业的声誉和施工企业的竞争力有直接的影响，更重要的是其对工程质量起着决定性的作用；另一方面，施工现场管理的优劣还关系到施工企业资源是否浪费，成本是否节约，利润能否顺利地取得，因此施工现场管理应成为施工企业核心竞争力的重要源泉。

（1）施工现场管理是项目的“镜子”　施工现场管理是项目的“镜子”，能照出施工单位的面貌。通过对工程施工现场的观察，施工单位的精神面貌和管理水平赫然显现。特别是市区内的施工现场周围来往人流众多，对周围的影响较大，一个文明的施工现场能产生很好的社会效益，会赢得广泛的社会信誉；反之也会损害企业的声誉。

（2）现场是进行施工的“舞台”　所有的施工活动都要通过现场这个舞台实施。大量的物资、劳动力、机械设备都需要通过这个“舞台”有条不紊的逐步转变为建筑物，因此这个“舞台”的布置正确与否是“节目”能否顺利进行的关键。

（3）施工现场管理是处理各方关系的“焦点” 施工现场与周边各方的关系中，与城市法规和环境保护的关系最为密切。现场管理涉及城市规划、市容整洁、交通运输、消防安全、文物保护、居民生活及文明建设等范畴。施工现场管理是一个严肃的社会问题和政治问题，稍有不慎就可能出现危及社会安定的问题，因此在施工现场负责施工现场管理的人员必须具备强烈的法制观念，有全心全意为人民服务的精神，才能担当现场管理的重任。

（4）施工现场管理是连接项目其他工作的“纽带” 施工现场管理很难和其他管理工作分开，其他管理工作也必需和施工现场管理相结合，例如安全工作要求设置防护；施工现场管理要求对现场进行围护。两者如果结合良好，就可一举两得；否则各行其是，将造成不必要的浪费。

综上所述，施工现场管理应当通过对施工场地的安排、使用和管理，保证生产的顺利进行，还要减少污染、保护环境，达到业主和有关方面的要求。此外，施工现场管理水平也是考核项目是否达到 ISO 14000 环境管理体系标准的重要条件。目前，有的城市已要求在规定的区域中进行施工的企业必须达到 ISO 14000 标准，否则不得在该区域内承接施工任务。这些要求将会促进企业对施工现场管理的重视，推动施工现场管理水平的提高。

**2. 现场管理组织的主要任务**

1）贯彻当地政府的有关法令，向参建单位宣传现场管理的重要意义，提出现场管理的具体要求，进行现场管理区域的划分。

2）组织定期和不定期的检查，发现问题时要求采取改正措施限期改正，并进行改正后的复查。

3）进行项目内部和外部的沟通，包括与当地有关部门及其他相关方面的沟通，听取他们的意见和要求。

4）协调施工中有关现场管理的事项。

5）在业主或总包商的委托下，有表扬、批评、培训、教育和处罚的权力和职责。

6）有审批动用明火、停水、停电，占用现场内公共区域和道路的权力等。

**3. 施工现场管理的内容**

施工现场管理要做到有条不紊，有条有理，明确管理职责是规范项目现场管理的前提。项目部要根据工程规模的大小和类别，配备相应的现场管理力量，并按各自的职责明确相应的责任。

健全完善管理制度，认真落实岗位责任制是规范工程项目施工现场管理的关键。施工单位要想保证施工现场管理的良性运转，必须在建章立制上下工夫，靠制度约束人、靠制度管理人、靠制度激励人。项目部应建立以项目经理为第一责任人的文明施工领导小组，建立质量保证体系、安全生产保证体系和文明施工管理框架网络，与全体施工人员签订岗位责任制，确保员工思想观念到位、组织管理到位、管理措施到位、安全责任到位。

加大监控力度，严格考核兑现是规范施工现场管理的保证。项目部应建立经济收入与文明施工、现场管理相挂钩的考核评分制度。施工过程中加强检查监督力度，认真开展自查自纠工作，对发现的问题及时做到定人、定期限、定措施予以整改。对不重视现场管理，违反规定和要求的给予相应的经济、行政处罚。具体施工现场管理的内容如下：

（1）要保证场内占地合理使用 当场内空间不充分时，应会同建设单位、规划部门向公安交通部门申请，经批准后才能获得并使用场外临时施工用地。

（2）在施工组织设计中科学地进行施工总平面设计 在施工现场总平面布置图上，临时设施、大型机械、材料堆放场地、物资仓库、构件堆放场地、消防设施、道路及进出口、加工场地、水电管线、周转使用场地等都应各得其所，有利于安全和环境保护，有利于节约，便于工程施工。

（3）加强现场的动态管理 不同的施工阶段，根据施工的需要不同，现场的平面布置也应进行调整。当然，施工内容变化是主要原因，另外分包单位也随之变化，他们也对施工现场提出新的要求，因此不应当把施工现场当成一个固定不变的空间组合，而应当对它进行动态的管理和控制。

（4）加强施工现场的检查 现场管理人员，应经常检查现场布置是否按施工现场平面布置图进行，是否符合各项规定，是否满足施工需要，还有哪些薄弱环节，从而为调整施工现场布置提供有用的信息，使施工现场保持相对稳定，不被复杂的施工过程打乱或破坏。

（5）建立文明的施工现场 注重员工的培训，提高员工文明施工意识。使文明施工、现场管理由“要我做”变成“我要做”。

（6）及时清场转移 施工结束后，项目管理班子应及时组织清场，将临时设施拆除、剩余物资退场，组织向新工程转移，以便整治规划场地，恢复临时占用土地，不留后患。

### 4.3.2 建筑工程施工现场管理要求

**1. 施工现场防火要求**

（1）施工现场防火的一般规定

1）施工现场的消防安全管理由施工单位负责。实行施工总承包的工程项目，由总承包单位负责。分包单位应向总承包单位负责，并应服从总承包单位的管理，同时应承担国家法律、法规规定的消防责任和义务。

2）监理单位应对施工现场的消防安全管理实施监理。

3）现场的消防安全工作应以“预防为主、防消结合、综合治理”为方针，健全防火组织，认真落实防火安全责任制。

4）施工单位在编制施工组织设计时，必须包含防火安全措施的内容，所采用的施工工艺、技术和材料必须符合防火安全的要求。

5）现场要有明显的防火宣传标志，必须设置临时消防车道，保持消防车道畅通无阻。

6）现场应明确划分固定动火区和禁火区，施工现场动火必须严格履行动火审批程序，采取可靠的防火安全措施，指派专人进行安全监护。

7）施工材料的存放、使用应符合防火要求，易燃易爆物品应专库储存，并有严格的防火措施。

8）现场使用的电气设备必须符合防火要求，临时用电系统必须安装过载保护装置。

9）现场使用的安全网、防尘网及保温材料等必须符合防火要求，不得使用易燃、可燃材料。

10）现场严禁工程明火保温施工。

11）生活区的设置必须符合防火要求，宿舍内严禁明火取暖。

（2）动火等级的划分

1）凡属下列情况之一的动火，均为一级动火：

① 禁火区域内。

② 油罐、油箱、油槽车和储存过可燃气体、易燃液体的容器及与其连接在一起的辅助设备。

③ 各种受压设备。

④ 危险性较大的登高焊、割作业。

⑤ 比较密封的室内、容器内、地下室等场所。

⑥ 现场堆有大量可燃和易燃物质的场所。

2）凡属下列情况之一的动火，均为二级动火：

① 在具有一定危险因素的非禁火区域内进行临时焊、割等用火作业。

② 小型油箱等容器。

③ 登高焊、割等用火作业。

3）在非固定的、无明显危险因素的场所进行用火作业，均属三级动火作业。

（3）动火审批程序

1）一级动火作业由项目负责人组织编制防火安全技术方案，填写动火申请表，报企业安全管理部门审查批准后，方可动火。

2）二级动火作业由项目责任工程师组织拟定防火安全技术措施，填写动火申请表，报项目安全管理部门和项目负责人审查批准后，方可动火。

3）三级动火作业由所在班组填写动火申请表，经项目责任工程师和项目安全管理部审查批准后，方可动火。

4）动火证当日有效，如果动火地点发生变化，则需重新办理动火审批手续。

（4）消防器材的配备

1）一般临时设施区，每 $100m^2$ 配备两个 10L 的灭火器，大型临时设施总面积超过 $1200m^2$ 的，应备有消防专用的消防桶、消防锹、消防钩、盛水桶（池）、消防砂箱等器材设施。

2）临时木工加工车间、油漆作业间等，每 $25m^2$ 应配置一个种类合适的灭火器。

3）仓库、油库、危险化学品库或堆料厂内，应配备足够组数、种类的灭火器，每组灭火器不应少于四个，每组灭火器之间的距离不应大于 30m。

4）高度超过 24m 的建筑工程，应保证消防水源充足，设置具有足够扬程的高压水泵，安装临时消防竖管，管径不得小于 75mm，每层必须设置消火栓口，并配备足够的水龙带。

5）高度超过 100m 的在建工程，应在适当楼层增设临时中转水池及加压水泵。中转水池的有效容积不应少于 $10m^3$，上下两个中转水池的高差不宜超过 100m。

（5）灭火器的摆放

1）灭火器应摆放在明显和便于取用的地点，且不得影响到安全疏散。

2）灭火器应摆放稳固，其铭牌必须朝外。

3）手提式灭火器应使用挂钩悬挂，或者摆放在托架上、灭火箱内，其顶部距地面的高度应小于 1.5m，底部距地面高度宜大于 0.15m。

4）灭火器不宜设置在潮湿或强腐蚀性的地点；当必须设置时，应有相应的保护措施。

灭火器设置在室外时，应有相应的保护措施。

5）灭火器不得设置在超出其使用温度范围的地点。

**2. 现场文明施工要求**

文明施工是指保持施工现场整洁卫生、推行现代管理方法组织施工，达到文明施工管理要求的施工活动。

（1）文明施工的意义

1）文明施工能促进企业综合管理水平的提高。保持良好的作业环境和秩序，对促进安全生产、加快施工进度、保证工程质量、降低工程成本、提高经济和社会效益有较大作用。文明施工涉及人、财、物各个方面，贯穿于施工全过程之中，体现了企业在工程项目施工现场的综合管理水平。

2）文明施工是适应现代化施工的客观要求。现代化施工更需要采用先进的技术、工艺、材料、设备和科学的施工方案，需要严密组织、严格要求、标准化管理和较好的职工素质等。文明施工能适应现代化施工的要求，是实现优质、高效、低耗、安全、清洁和卫生的有效手段。

3）文明施工代表企业的形象。良好的施工环境与施工秩序，可以得到社会的支持和信赖，提高企业的知名度和市场竞争力。

（2）文明施工主要内容

1）规范场容、场貌，保持作业环境整洁卫生。

2）创造文明有序安全生产的条件和氛围。

3）减少施工对居民和环境的不利影响。

4）落实项目文化建设。

（3）文明施工管理基本要求

1）现场必须实施封闭管理，现场出入口应设大门和保安值班室，火门或门头设置企业名称和企业标识，建立完善的保安值班管理制度，严禁非施工人员任意进出；场地四周必须采用封闭围挡，围挡要坚固、整洁、美观，并沿场地四周连续设置（一般路段的围挡高度不得低于1.8m，市区主要路段的围挡高度不得低于2.5m）。

2）现场出入口明显处应设置“五牌一图”，即：工程概况牌、管理人员名单及监督电话牌、消防保卫牌、安全生产牌、文明施工和环境保护牌及施工现场总平面布置图。

3）现场的场容管理应建立在施工平面图设计的合理安排和物料器具定位管理标准化的基础上，项目经理部应根据施工条件，按照施工总平面图、施工方案和施工进度计划的要求，进行所负责区域的施工平面图的规划、设计、布置、使用和管理。

4）现场的主要机械设备、脚手架、密目式安全网与围挡、模具、施工临时道路、各种管线、施工材料制品堆放场地及仓库、土方及建筑垃圾堆放区、变配电间、消防栓、警卫室，以及现场的办公、生产和临时设施等的布置与搭设，均应符合施工平面图及相关规定的要求。

5）现场的临时用房应选址合理，并应符合安全、消防要求和国家的有关规定。

6）现场的施工区域应与办公、生活区划分清晰，并应采取相应的隔离防护措施。在建工程内严禁住人。

7）现场应设置办公室、宿舍、食堂、厕所、淋浴间、开水房、文体活动室、密闭式垃圾站或容器（垃圾分类存放）及盥洗设施等临时设施，所用建筑材料应符合环保、消防要求。

8）现场应设置畅通的排水沟渠系统，保持场地道路的干燥坚实，泥浆和污水未经处理不得直接排放。施工场地应硬化处理，有条件时可对施工现场进行绿化布置。

9）现场应建立防火制度和火灾应急响应机制，落实防火措施，配备防火器材。明火作业应严格执行动火审批手续和动火监护制度。高层建筑要设置专用的消防水源和消防立管，每层留设消防水源接口。

10）现场应按要求设置消防通道，并保持畅通。

11）现场应设宣传栏、报刊栏，悬挂安全标语和安全警示标志牌，加强安全文明施工宣传。

12）施工现场应加强治安综合治理、社区服务和保健急救工作，建立和落实好现场治安保卫、施工环保、卫生防疫等制度，避免失盗、扰民和传染病等事件发生。

**3. 现场成品保护要求**

做好成品保护是保证工程实体质量的重要环节。成品保护是施工管理的重要组成部分。一旦成品保护工作不到位，优质产品将受到破坏或污染，成为次品或不合格品，增加不必要的修复或返工工作，导致工、料浪费、工期延迟及不必要的经济损失。

（1）成品保护的范围　在施工过程中，对已完成或部分完成的检验批，分项、分部工程及安装的设备，五金件等成品、半成品都必须做好保护工作。成品保护的范围主要包括：

1）结构施工时的测量控制桩，制作和绑扎的钢筋、模板及浇筑的混凝土构件（尤其是楼梯踏步、结构墙、梁、板、柱及门窗洞口的边、角等部位），砌体等；地下室、卫生间、盥洗室、厨房、屋面等部位的防水。

2）装饰施工时的墙面、顶棚、楼地面、地毯、石材、木作业、油漆及涂料、门窗及玻璃、幕墙、五金、楼梯饰面及扶手等工程。

3）安装的消防箱、配电箱、配电柜、插座、开关、烟感、喷淋、散热器、空调风口、卫生洁具、厨房器具、灯具、阀门、管线、水箱，以及设备配件等。

4）安装的高低压配电柜、空调机组、电梯、发电机组、冷水机组、冷却塔、通风机、水泵、强弱电配套设施、风机盘管、智能照明设备、中水设备，以及厨房设备等。

（2）现场成品保护的要点

1）合理安排施工顺序。主要是根据工程实际，合理安排不同工序间施工的先后顺序，防止后道工序损坏或污染前道工序，如采取房间内先刷浆或喷涂后安装灯具的施工顺序可防止浆料污染损害灯具；先进行顶棚装修，后进行地面施工，也可避免顶棚装修施工对地面造成污染和损害。

2）根据产品的特点，可以分别对成品、半成品采取护、包、盖、封等具体保护措施。

① 护就是提前防护。针对被保护对象采取相应的防护措施，如对于楼梯踏步，可以采取钉上木板进行防护；对于进出口台阶，可以采取垫砖或搭设通道板的方法进行防护；对于门口、柱角等易碰部位，可以钉上防护条或包角等措施进行防护。

② 包就是进行包裹。将被保护物包裹起来，以防损伤或污染，如对镶面大理石柱可用立板包裹捆扎保护；铝合金门窗可用塑料布包扎保护等。

③ 盖就是表面覆盖。用表面覆盖的办法防止堵塞或损伤，如对地漏、排水管落水口等

安装就位后加以覆盖，以防异物落入而被堵塞；门厅、走道部位等大理石块材地面，可以采用木（竹）胶合板覆盖加以保护等。

④ 封就是局部封闭。采取局部封闭的办法进行保护。例如，房间水泥地面或地面砖铺贴完成后，可将该房间局部封闭，以防人员进入损坏地面。

3）建立成品保护责任制，加强对成品保护工作的巡视检查，发现问题及时处理。

**4. 现场环境保护要求**

环境保护是按照法律法规、各级主管部门和企业的要求，保护和改善作业现场的环境，控制现场的各种粉尘、废水、废气、固体废弃物、噪声以及振动等对环境的污染和危害。环境保护也是文明施工的重要内容之一。

（1）现场环境保护的意义

1）保护和改善施工环境是保证人们身体健康和社会文明的需要。

2）保护和改善施工现场环境是消除对外部的干扰，保证施工顺利进行的需要。

3）保护和改善施工环境是现代化大生产的客观要求。

4）节约能源，保护人类生存环境，保证社会和企业可持续发展的需要。

（2）建筑施工一些常见的重要环境影响因素

噪声排放，粉尘排放，运输等过程中产生的遗撒，油品、化学品泄漏，有毒有害废弃物排放，光污染，火灾、爆炸，生活、生产污水排放，主要建筑材料的消耗以及能源的消耗等。

（3）建筑施工环境保护实施要点

1）施工现场必须建立环境保护、环境卫生管理检查制度，并应做好检查记录；对施工现场作业人员的教育培训和考核应包括环境保护、环境卫生等有关法律、法规的内容。

2）在城市市区范围内规定从事建筑工程施工的项目必须在工程开工十五日以前向工程所在地县级以上地方人民政府环境保护管理部门申报登记。施工期间的噪声排放应当符合国家规定的建筑施工场界噪声排放标准。进行夜间施工时，需办理夜间施工许可证明，并公告附近社区居民。

3）施工现场污水排放要与所在地县级以上人民政府市政管理部门签署污水排放许可协议，申领《临时排水许可证》。雨水排入市政雨水管网，污水经沉淀处理后二次使用或排入市政污水管网。施工现场泥浆、污水未经处理不得直接排入城市排水设施和河流、湖泊、池塘。

4）施工现场产生的固体废弃物应在所在地县级以上地方人民政府环卫部门申报登记，分类存放。建筑垃圾和生活垃圾应与所在地垃圾消纳中心签署环保协议，及时清运处置。有毒、有害废弃物应运送到专门的有毒、有害废弃物中心消纳。

5）施工现场的主要道路必须进行硬化处理，土方应集中堆放。裸露的场地和集中堆放的土方应采取覆盖、固化或绿化等措施。施工现场土方作业应采取防止扬尘措施。

6）拆除建（构）筑物时，应采取隔离、洒水等措施，并应在规定期限内将废弃物清理完毕。建筑物内施工垃圾的清运，必须采用相应的容器或管道运输，严禁凌空抛掷。

7）施工现场使用的水泥和其他易飞的细颗粒建筑材料应密闭存放或采取覆盖等措施。混凝土搅拌场所应采取封闭、降尘措施。

8）除有符合规定的装置外，施工现场内严禁焚烧各类废弃物，禁止有毒、有害废弃物作土方回填。

9）在居民和单位密集区域进行爆破、打桩等施工作业前，项目经理部除按规定报告申请批准外，还应将作业计划、影响范围、程度及有关措施等情况向各有关的居民和单位通报说明，取得协作和配合；对施工机械的噪声与振动扰民，应有相应的措施予以控制。

10）经过施工现场的地下管线，应由发包人在施工前通知承包人，标出位置、加以保护。

11）施工时发现文物、古迹、爆炸物、电缆等，应当停止施工，保护好现场，及时向有关部门报告，按照有关规定处理后方可继续施工。

12）施工中需要停水、停电、封路而影响环境时，必须经有关部门批准，预先告示，并设有标志。

**5. 职业健康安全管理要求**

建筑施工主要职业危害来自粉尘的危害、生产性毒物的危害、噪声的危害、振动的危害、紫外线的危害和环境条件危害等。

建筑施工易引发的职业病有矽肺、水泥尘肺、电焊尘肺、锰及其化合物中毒、氮氧化物中毒、一氧化碳中毒、苯中毒、甲苯中毒、二甲苯中毒、五氯酚中毒、中暑、手臂振动病、电光性皮炎、电光性眼炎、噪声聋以及白血病等。

（1）职业病的防治

1）工作场所职业卫生防护与管理要求：

① 危害因素的强度或浓度应符合国家职业卫生标准。

② 有与职业病危害防护相适应的设施。

③ 现场施工布局合理，符合有害与无害作业分开的原则。

④ 有配套的卫生保健设施。

⑤ 设备、工具、用具等设施符合保护劳动者生理、心理健康的要求。

⑥ 法律、法规和国务院卫生行政主管部门关于保护劳动者健康的其他要求。

2）生产过程中的职业卫生防护与管理要求：

① 建立健全职业病防治管理制度。

② 采取有效的职业病防护设施，为劳动者提供个人使用的职业病防护用具、用品。防护用具、用品必须符合防治职业病的要求；不符合要求的，不得使用。

③ 应优先采用有利于防治职业病和保护劳动者健康的新技术、新工艺、新材料、新设备，不得使用国家明令禁止使用的可能产生职业病危害的设备或材料。

④ 应书面告知劳动者工作场所或工作岗位所产生或可能产生的职业病危害因素、危害后果和应采取的职业病防护措施。

⑤ 应对劳动者进行上岗前的职业卫生培训和在岗期间的定期职业卫生培训。

⑥ 对从事接触职业病危害作业的劳动者，应当组织在上岗前、在岗期间和离岗时的职业健康检查。

⑦ 不得安排未经上岗前职业健康检查的劳动者从事接触职业病危害的作业，不得安排有职业禁忌的劳动者从事其所禁忌的作业。

⑧ 不得安排未成年工从事接触职业病危害的作业，不得安排孕期、哺乳期的女职工从事对本人和胎儿、婴儿有危害的作业。

⑨ 用于预防和治理职业病危害、工作场所卫生检测、健康监护和职业卫生培训等费用，按照国家有关规定应在生产成本中据实列支，专款专用。

（2）施工现场卫生与防疫

1）制订施工现场的公共卫生突发事件应急预案。

2）施工现场应配备常用药品及急救器材。

3）做好作业人员的饮食卫生和防暑降温、防寒取暖、防煤气中毒，以及防疫等各项工作；做好现场日常的卫生清扫和保洁工作。

4）做好施工现场办公室、生活区的管理。

（3）项目职业健康安全管理

1）项目负责人应负责项目职业健康安全的全面管理工作。项目技术负责人、专职安全生产管理人员应持证上岗。

2）项目职业健康安全技术措施计划应在项目管理实施规划中编制，应包括工程概况、控制目标、控制程序、组织结构、职责权限、规章制度、资源配置、安全措施、检查评价和奖惩制度，以及对分包的安全管理等内容。项目职业健康安全技术措施计划应由项目负责人主持编制，经有关部门批准后，由专职安全管理人员进行现场监督实施。

3）项目经理部应建立职业健康安全生产责任制，并把责任目标分解落实到个人。

4）职业健康安全技术交底应符合下列规定：

① 工程开工前，项目经理部的技术负责人应向有关人员进行安全技术交底。

② 分部、分项工程实施前，项目经理部的技术负责人应进行安全技术交底。

③ 项目经理部应保存安全技术交底记录。

5）项目经理部进行职业健康安全事故处理应坚持“事故原因不清楚不放过，事故责任者和人员没有受到教育不放过，事故责任者没有处理不放过，没有制订纠正和预防措施不放过”的原则。

6）处理职业健康安全事故应遵循下列程序：

① 报告安全事故。

② 事故处理。

③ 事故调查。

④ 处理事故责任者。

⑤ 提交调查报告。

**6. 临时用电、用水管理规定**

（1）现场临时用电管理

1）现场临时用电的范围包括临时动力用电和临时照明用电。

2）现场临时用电必须按照《施工现场临时用电安全技术规范》（JGJ 46—2005）及其他相关规范标准的要求，根据现场实际情况，编制临时用电施工组织设计或方案，建立相关的管理文件和档案资料。

3）工程总包单位与分包单位应订立临时用电管理协议，明确各方管理及使用责任。总包单位应按照协议约定对分包单位的用电设施和日常用电管理进行监督、检查和指导。

4）现场临时用电设施和器材必须使用正规厂家并经过国家级专业检测机构认证的合格产品，严禁使用假冒伪劣、无安全认证等不合格产品。

5）电工作业应持有效证件，电工等级应与工程的难易程度和技术复杂性相适应。电工作业由两人以上配合进行，并按规定穿绝缘鞋、戴绝缘手套、使用绝缘工具，严禁带电作业和带负荷插拔插头等。

6）项目部应按规定对临时用电系统和用电情况进行定期和不定期的检查、维护，发现问题及时整改。

7）项目部应建立临时用电安全技术档案。临时用电安全技术档案包括：

① 用电组织设计的全部资料。

② 修改用电组织设计的资料。

③ 用电技术交底资料。

④ 用电工程检查验收表。

⑤ 电气设备的试、检验凭单和调试记录。

⑥ 接地电阻、绝缘电阻和漏电保护器漏电动作参数测定记录表。

⑦ 定期检（复）查表。

⑧ 电工安装、巡检、维修及拆除工作记录。

（2）现场临时用水管理

① 现场临时用水包括生产用水、机械用水、生活用水和消防用水。

② 现场临时用水必须根据现场工况编制临时用水方案，建立相关的管理文件和档案资料。

③ 消防用水一般利用城市或建设单位的永久消防设施。如果自行设计，消防干管直径应不应小于100mm，消火栓处昼夜要有明显标志，配备足够的水龙带，且周围3m内不准存放物品。

④ 高度超过24m的建筑工程应安装临时消防竖管，管径不得小于75mm，严禁将消防竖管作为施工用水管线。

⑤ 消防供水要保证足够的水源和水压。消防泵应使用专用配电线路，保证消防供水。

**7. 安全警示牌的布置原则**

（1）安全警示牌的类型　安全标志分为禁止标志、警告标志、指令标志和提示标志四大类型。

（2）不同安全警示牌的作用和基本形式

1）禁止标志是用来禁止人们不安全行为的图形标志。基本形式是红色带斜杠的圆边框，图形是黑色，背景为白色。

2）警告标志是用来提醒人们对周围环境引起注意，以避免发生危险的图形标志。基本形式是黑色正三角形边框，图形是黑色，背景为黄色。

3）指令标志是用来强制人们必须做出某种动作或必须采取一定防范措施的图形标志。基本形式是黑色圆形边框，图形是白色，背景为蓝色。

4）提示标志是用来向人们提供目标所在位置与方向性信息的图形标志。基本形式是矩形边框，图形文字是白色，背景是所提供的标志，为绿色。消防设备提示标志用红色。

（3）安全警示牌的设置原则

1）“标准”：图形、尺寸、色彩、材质应符合标准。

2）“安全”：设置后本身不能存在潜在危险，保证安全。

3）“醒目”：设置的位置应醒目。

4）“便利”：设置的位置和角度应便于人们观察或捕获信息。

5）“协调”：同一场所设置的各标志牌之间应尽量保持其高度、尺寸及与周围环境的协调统一。

6）“合理”：尽量用适量的安全标志反映出必要的安全信息，避免漏设和滥设。

（4）使用安全警示牌的基本要求

1）现场存在安全风险的重要部位和关键岗位必须设置能提供相应安全信息的安全警示牌。根据有关规定，现场出入口、施工起重机械、临时用电设施、脚手架、通道口、楼梯口、孔洞、基坑边沿、爆炸物，以及有毒、有害物质存放处等属于存在安全风险的重要部位，应当设置明显的安全警示标牌，如在爆炸物及有毒有害物质存放处设禁止烟火等禁止标志；在木工圆锯旁设置当心伤手等警告标志；在通道口处设置安全通道等提示标志等。

2）安全警示牌应设置在所涉及的相应危险地点或设备附近的最容易被观察到的地方。

3）安全警示牌应设置在明亮的、光线充分的环境中，如果应设置标志牌的位置附近光线较暗，则应考虑增加辅助光源。

4）安全警示牌应牢固地固定在依托物上，不能产生倾斜、卷翘、摆动等现象，高度尽量与人眼的视线高度相一致。

5）安全警示牌不得设置在门、窗、架等可移动的物体上，警示牌的正面或其邻近不得有妨碍人们视读的固定障碍物，并尽量避免经常被其他临时性物体所遮挡。

6）多个安全警示牌在一起布置时，应按警告、禁止、指令、提示类型的顺序，先左后右、先上后下进行排列。各标志牌之间的距离至少应为标志牌尺寸的0.2倍。

7）有触电危险的场所，应选用由绝缘材料制成的安全警示牌。

8）室内露天场所设置的消防安全标志宜选用由反光材料或自发光材料制成的警示牌。

9）对有防火要求的场所，应选用由不燃材料制成的安全警示牌。

10）现场布置的安全警示牌应进行登记造册，并绘制安全警示布置总平面图，按图进行布置，如果布置的点位发生变化，应及时保持更新。

11）现场布置的安全警示牌未经允许任何人不得私自进行挪动、移位、拆除或拆换。

12）施工现场应加强对安全警示牌布置情况的检查，发现有破损、变形、褪色等情况时，应及时进行修整或更换。

**8. 施工现场综合考评分析**

建设工程施工现场综合考评是指对工程建设参与各方（建设、监理、设计、施工、材料及设备供应单位等）在现场中各种行为责任履行情况的评价。

（1）施工现场综合考评的内容　建设工程施工现场综合考评的内容分为建筑业企业的施工组织管理、工程质量管理、施工安全管理、文明施工管理和建设、监理单位的现场管理等五个方面。

1）施工组织管理考评。施工组织管理考评的主要内容是企业及项目经理资质情况、合同签订及履约管理、总分包管理、关键岗位培训及持证上岗、施工组织设计及实施情况等。

2）工程质量管理考评。工程质量管理考评的主要内容是质量管理与质量保证体系、工程实体质量及工程质量保证资料等情况。工程质量检查按照现行的国家标准、行业标准、地方标准和有关规定执行。

3）施工安全管理考评。施工安全管理考评的主要内容是安全生产保证体系和施工安全技术、规范、标准的实施情况等。施工安全管理检查按照国家现行的有关法规、标准、规范和有关规定执行。

4）文明施工管理考评。文明施工管理考评的主要内容是场容场貌、料具管理、环境保护及社会治安情况等。

5）建设、监理单位的现场管理考评。建设、监理单位现场管理考评的主要内容是有无专人或委托监理单位对现场实施管理、有无隐蔽验收签认、有无现场检查认可记录及执行合同情况等。

（2）施工现场综合考评办法及奖罚

1）对于施工现场综合考评发现的问题，由主管考评工作的建设行政主管部门根据责任情况，向建筑业企业、建设单位或监理单位提出警告。

2）对于一个年度内同一个施工现场被两次警告的，根据责任情况，给予建筑业企业、建设单位或监理单位通报批评的处罚；给予项目经理或监理工程师通报批评的处罚。

3）对于一个年度内同一个施工现场被三次警告的，根据责任情况，给予建筑业企业或监理单位降低资质一级的处罚；给予项目经理、监理工程师取消资格的处罚；责令该施工现场停工整顿。

# 能力拓展训练

## 一、基础训练

**1. 简答题**

1）简述工程项目施工进度管理的措施、方法和任务。

2）施工进度计划调整的方法有哪些？如何进行调整？

3）简述施工现场文明施工的要求。

4）简述单位工程施工组织设计审批程序。

5）简述施工现场管理的重要性。

**2. 案例分析**

**【背景1】**某工程建筑公司承包的技术中心办公大楼，工程位于城市中心交通要道部位，工程总建筑面积为40000$m^2$，地上18层，地下2层，框架–剪力墙结构。工程因场地较小，施工现场的平面布置侧重点应在生产用临时建筑、主材料加工、制作和堆放场地方面。施工现场围挡按公司文明施工管理体系进行设置；临时道路、水电管网、消防设施、办公、生活、生产用临时设施按施工现场总平面布置图设计布置；在安全方面，现场出入口、楼梯口等设有明显安全警示标志。

**【问题】**

1）施工现场消防安全管理的主要工作有哪些？

2）灭火器的设置要求有哪些？

3）施工现场安全管理中，安全警示标志一般有哪几种？在哪几个“口”设置安全警示标志？

**【背景2】**某办公楼工程，建筑面积为5500$m^2$，框架结构，独立柱基础，上设承台梁，独立柱基础埋深为1.5m，地质勘察报告中地基基础持力层为中砂层，基础施工钢材由建设单位供应。基础工程施工分为两个施工流水段，组织流水施工，根据工期要求编制了工程基础项目的施工进度计划，并绘出施工双代号网络计划图，如图4-16所示。

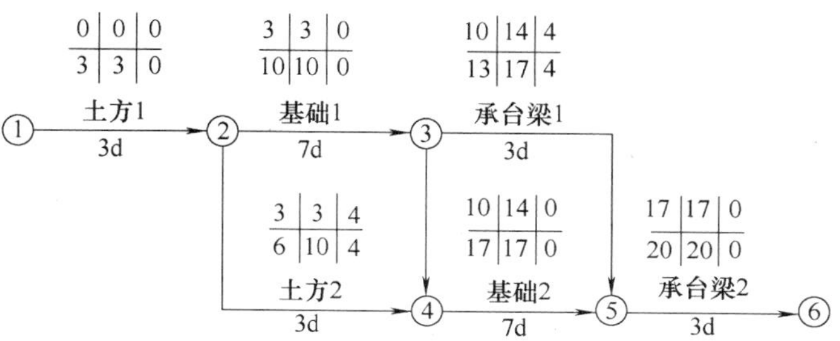

图4-16　工程基础项目网络图

在工程施工中发生如下事件：

事件一：土方2施工中，开挖后发现局部基础地基持力层为软弱层需处理，工期延误6d。

事件二：承台梁1施工中，因施工用钢材未按时进场，工期延期3d。

事件三：基础2施工时，因施工总承包单位原因造成工程质量事故，返工致使工期延期5d。

【问题】

1）指出工程基础项目网络计划的关键线路，写出该工程基础项目的计划工期。

2）针对本案例上述各事件，施工总承包单位是否可以提出工期索赔，并分别说明理由。

3）对索赔成立的事件，总工期可以顺延几天？实际工期是多少天？

4）上述事件发生后，本工程网络计划的关键线路是否发生改变，如果有改变，请指出新的关键线路，并绘制施工实际进度横道图。

## 二、工程技能训练

调查一个建筑工地，分析影响其施工进度的因素有哪些，并列举出其保证施工进度的手段和措施，以及施工进度调整方法。

# 附录　施工组织设计编制实例

## 某10号商品住宅楼施工组织设计

### 1　编制依据

#### 1.1　工程承包合同（附表1）

附表1　工程承包合同

| 序号 | 合同名称 | 编　　号 | 签订日期 |
|---|---|---|---|
| 1 | 建筑工程施工合同 | | 2011年7月18日 |

#### 1.2　施工图纸（附表2）

附表2　施工图纸

| 图纸类别 | 图纸编号 | 出图日期 |
|---|---|---|
| 建筑施工图 | 建施-01～建施-17 | 2011年5月 |
| 结构施工图 | 结施-01～结施-36 | 2011年5月 |
| 给排水施工图 | 水施-01～水施-23 | 2011年5月 |
| 采暖通风施工图 | 暖施-01～暖施-20 | 2011年5月 |
| 电气施工图 | 电施-01～电施-21 | 2011年5月 |

#### 1.3　主要法规（附表3）

附表3　主要法规

| 类别 | 名　　称 | 编号或文号 |
|---|---|---|
| 国家 | 中华人民共和国建筑法（修订版） | 中华人民共和国主席令［2011］年第46号 |
| | 中华人民共和国安全生产法 | 中华人民共和国主席令［2002］年第七十号 |
| | 中华人民共和国环境保护法 | 中华人民共和国主席令1989年第22号 |
| | 建设工程质量管理条例 | 中华人民共和国国务院令第279号 |
| | 建设工程安全生产管理条例 | 中华人民共和国国务院令第393号 |
| 行业 | 工程建设标准强制性条文（房屋建筑部分） | 2011年版 |
| | 房屋建筑和市政基础设施工程竣工验收备案管理办法 | 中华人民共和国住房和城乡建设部令第2号 |
| 地方 | 建设工程施工现场管理规定 | |

## 1.4　主要规范、规程（附表4）

附表4　主要规范、规程

| 类别 | 名　　称 | 编　　号 |
|---|---|---|
| 国家 | 工程测量规范 | GB 50026—2007 |
| | 建筑地基基础工程施工质量验收规范 | GB 50202—2002 |
| | 砌体结构工程施工质量验收规范 | GB 50203—2011 |
| | 混凝土结构工程施工质量验收规范 | GB 50204—2002（2011版） |
| | 屋面工程技术规范 | GB 50345—2012 |
| | 屋面工程质量验收规范 | GB 50207—2012 |
| | 地下防水工程技术规范 | GB 50108—2008 |
| | 地下防水工程质量验收规范 | GB 50208—2011 |
| | 建筑地面工程施工质量验收规范 | GB 50209—2010 |
| | 建筑装饰装修工程质量验收规范 | GB 50210—2001 |
| | 建筑防腐蚀工程施工及验收规范 | GB 50212—2002 |
| | 建筑节能工程施工质量验收规范 | GB 50411—2007 |
| | 建筑给水排水及采暖工程施工质量验收规范 | GB 50242—2002 |
| | 建筑电气工程质量验收规范 | GB 50303—2002 |
| | 民用建筑工程室内环境污染控制规范 | GB 50325—2010 |
| | 建设工程施工现场消防安全技术规范 | GB 50720—2011 |
| | 建筑施工组织设计规范 | GB/T 50502—2009 |
| 行业 | 建筑施工高处作业安全技术规范 | JGJ 80—1991 |
| | 建筑机械使用安全技术规程 | JGJ 33—2012 |
| | 建筑施工模板安全技术规范 | JGJ 162—2008 |
| | 建筑施工扣件式钢管脚手架安全技术规范 | JGJ 130—2011 |
| | 施工现场临时用电安全技术规范 | JGJ 46—2005 |
| | 钢筋机械连接技术规程 | JGJ 107—2010 |
| | 混凝土泵送施工技术规程 | JGJ/T 10—2011 |

## 1.5　主要图集（附表5）

附表5　主要图集

| 类别 | 名　　称 | 编　　号 |
|---|---|---|
| 国家 | 混凝土结构施工图平面整体表示方法制图规则和构造详图 | 11G101-1、11G101-2、11G101-3 |
| | 建筑物抗震构造详图 | 11G329-1 |
| 地方 | 新疆系列建筑标准设计图集 | 新06J、06G、02J、02S系列 |
| | 外墙外保温建筑构造 | 新10J121 |
| | 建筑电气安装工程图集 | 新02D系列 |
| | 给排水标准设计图集 | 新02系列 |
| | 暖通空调标准设计图集 | 新02系列 |

## 1.6 主要标准（附表6）

附表6 主要标准

| 类别 | 名 称 | 编 号 |
|---|---|---|
| 国家 | 建筑工程施工质量验收统一标准 | GB 50300—2001 |
| | 混凝土质量控制标准 | GB 50164—2011 |
| | 混凝土强度检验评定标准 | GB/T 50107—2010 |
| | 建筑工程绿色施工评价标准 | GB/T 50640—2010 |
| | 建筑施工场界环境噪声排放标准 | GB 12523—2011 |
| | 室内装饰装修材料—内墙涂料中有害物质限量 | GB 18582—2008 |
| 行业 | 建筑施工安全检查标准 | JGJ 59—2011 |
| | 建筑施工现场环境与卫生标准 | JGJ 146—2004 |

## 1.7 公司质量手册、程序文件、第三层次文件和有关文件（附表7）

附表7 公司质量手册、程序文件、第三层次文件和有关文件

| 名 称 | 编 号 | 编制日期或版号 |
|---|---|---|
| 建筑工程施工作业实施手册 | | 2009年6月6日 |

# 2 工程概况

## 2.1 工程主要情况（附表8）

附表8 工程主要情况

| 序号 | 项 目 | 内 容 |
|---|---|---|
| 1 | 工程名称 | 某住宅小区10号住宅楼 |
| 2 | 工程地址 | 新疆某市新城路南侧文景路西侧 |
| 3 | 建设单位 | ××开发公司 |
| 4 | 设计单位 | ××设计研究院 |
| 5 | 监理单位 | 新疆××监理有限公司 |
| 6 | 施工总包单位 | 新疆××建筑工程有限公司 |
| 7 | 施工主要分包单位 | ××电梯有限公司 |
| 8 | 建筑功能 | 住宅楼 |
| 9 | 投资来源 | 自筹资金 |
| 10 | 合同工期 | 2011年8月15日至2012年10月15日 |
| 11 | 合同质量目标 | 合格 |
| 12 | 合同承包范围 | 土建、采暖、给水排水、通风、电气 |

## 2.2 各专业设计简介

### 2.2.1 建筑设计简介（附表9）

**附表9 建筑设计简介**

| 序号 | 项目 | | 内容 | | | | |
|---|---|---|---|---|---|---|---|
| 1 | 建筑规模 | 面积/$m^2$ | 地下室占地面积 | 地下室总面积 | 标准层 | 地上总面积 | 附属层面积 |
| | | | 3464.3 | 2868.2 | 439.8 | 35251.7 | |
| | | 层数 | 地上 | 11层 | | 地下 | 1层 |
| | | 高度/m | 首层 | 2.9 | | 非标准层 | |
| | | | 标准层 | 2.9 | | 绝对标高 | |
| | | | 建筑物总高 | 37.65 | | 基底标高 | -4.4 |
| | | | 檐高 | | | 室内外高差 | -0.45 |
| 2 | 建筑防火等级 | | 地上二级、地下一级 | | | | |
| 3 | 屋面 | | 加气块找坡、3mm+3mmSBS防水卷材 | | | | |
| 4 | 外装修做法（简单介绍） | | 外墙贴STO岩棉保温，涂料 | | | | |
| 5 | 内墙面 | | 内墙抹灰，楼梯间公共部分刷白色涂料，厨、卫间墙面抹灰拉毛 | | | | |
| | 楼地面 | | 公共部位及厨、卫间为水泥砂浆楼地面；其他房间为C15细石混凝土楼面 | | | | |
| | 顶棚 | | 石膏、腻子 | | | | |
| 6 | 门窗 | | 塑钢窗 | | | | |
| | | | 四防门、丙级防火门 | | | | |
| 7 | 防水 | | 地下 | 二级 | 阳台、雨篷 | | 3mm+3mmSBS防水卷材 |
| | | | 屋面 | 3mm+3mmSBS防水卷材 | 厕浴间、楼地面及墙面 | 4mmSBS防水卷材 | |
| 8 | 保温节能 | | 屋面 | 外墙 | 内墙 | | |
| | | | 150mm厚岩棉 | 100mm厚岩棉 | | | |
| 9 | 特殊做法 | | | | | | |
| 10 | 其他（人防） | | | | | | |

## 2.2.2 结构设计简介

**附表10 结构设计简介**

| 序号 | 项目 | 内容 | | |
|---|---|---|---|---|
| 1 | 土质情况 | 弱碱性圆砾土 | 地下水性质 | |
| | | | 地下水位 | 勘探深度范围内未见地下水，水位较低 |
| | | | 地下水质 | |
| 2 | 地基承载力标准值 | 360kPa | 渗透系数 | |
| 3 | 地基类别 | 三类 | 地下防水做法 | |
| 4 | 基础类型 | 条形基础，独立柱基础 | 底板厚度 | 300mm |
| 5 | 地下混凝土类别 | C40、C30 | 抗震设防烈度等级 | 8度 |
| 6 | 标准冻结深度 | 1.5m | 人防等级 | |
| 7 | 地上结构形式 | 剪力墙 | 结构转换层位置 | |

（续）

| 序号 | 项　目 | 内　容 | | | | | |
|---|---|---|---|---|---|---|---|
| 8 | 地上/地下混凝土等级 | 外墙 | C30 | 梁 | C30 | 筒体 | — |
| | | 内墙 | C30 | 板 | C30 | 楼梯 | C30 |
| | | 基础 | C40、C30 | 柱 | C30 | 其他 | C30 |
| 9 | 钢筋类别 | HPB300、HRB400 | | | | | |
| 10 | 钢筋接头类别 | 直螺纹钢筋，直径不小于20mm时，采用机械连接接头；钢筋直径大于等于18mm、小于20mm时，采用气压焊接头，其余则采用绑扎搭接形式。 | | | | | |
| 11 | 墙体材料及厚度 | 外墙 | 200mm厚加气块 | | | | |
| | | 内墙 | 200mm厚加气块，地下室240mm多孔砖 | | | | |
| | | 隔墙 | 120mm厚多孔砖 | | | | |
| 12 | 主要结构参数 | 梁断面尺寸/mm×mm | 400×1000、600×1300、250×500、200×350、200×400 | | | | |
| | | 柱断面尺寸/mm×mm | 550×650、550×500 | | | | |
| | | 最大跨度/mm | 4500 | | | | |
| 13 | 特殊结构 | | | | | | |
| 14 | 其他说明事项 | | | | | | |

2.2.3　机电及设备安装专业设计简介（略）

## 2.3　施工条件

本工程位于城市繁华地段，施工交通便利。工程施工现场“三通一平”已完成，地下、地上无障碍物，场地较为平坦，地下水位在基础底面标高以下，对施工无影响。

## 2.4　工程特点、难点分析

2.4.1　现场特点

本工程位于新疆某市新城路南侧文景路西侧，施工交通便利，施工区位于市区，周围条件对施工的环境保护要求很高。

进入施工现场的主道为如意路，道路两侧行人、车辆密集，须合理安排材料设备进场时间，尽量避开交通高峰期，由业主统一协调场地使用和公用道路通行问题；施工期间确实做好附近的防噪声、防粉尘污染措施。工程场地较大，对于垂直运输机械、泵车、场内道路、临时设施等的布置要求横平竖直，围绕建筑物合理布局，减少二次搬运，压缩临时建筑用房。

2.4.2　结构特点

本工程均采用框架-剪力墙结构，框架-剪力墙结构的梁柱接头、基础筏板、剪力墙、顶板等钢筋混凝土结构对钢筋、模板、混凝土施工的要求较高，要求达到主体结构清水混凝土水平，因此必须在结构施工中做好模板支撑系统的计算和搭设。

在钢筋的绑扎、模板的制作，以及混凝土的浇筑等方面将通过专项技术指导书给出的作业标准与分项工程检验标准进行检验，确保不出现偏差。

2.4.3　组织特点

本工程的设备安装工程专业较多，因此工程施工间的相互配合、相互穿插、相互衔接尤为重要；特别是在主体施工期间的预留、预埋工作必须准确到位。施工中需要总包单位协调好各方，合理安排好工序，土建施工优先安排设备、设备管道的施工，便于设备提前插入安装。

根据以上工程特点，公司在施工过程中，将努力克服各种不利条件，根据现场实际情况，以饱满的精神，拼搏求实的工作作风，创一流的管理水平、一流的工程质量、一流的施工技术、一流的工程进度。以创优为目标，以严格的管理手段、有序的施工组织、精干的施工人员来保证按工期完成工程建设任务，向业主交出满意工程。

## 3　施工部署

### 3.1　施工管理目标

3.1.1　工期目标

严格执行合同文件的要求，2011 年 8 月 15 日开工，2012 年 10 月 15 日竣工，总工期为 426 日历天。

3.1.2　质量目标

严格按照施工验收规范及设计要求组织施工，建设项目一次性验收合格率达到 100%。

3.1.3　安全目标

完善安全措施，提高安全意识，杜绝死亡和重伤事故的发生，年事故频率低于 0.15%。

3.1.4　文明施工目标

施工现场安全按标准化全面普及达标，力争取得市安全文明施工样板工程称号。

3.1.5　环境管理目标

在施工过程中严格遵守《建筑施工场界环境噪声排放标准》（GB 12523—2011），减少粉尘污染。

3.1.6　成本管理目标

采取现代化成本管理进行成本预算、成本决策、成本计划、成本控制、成本核算、成本分析，以及成本考核，使施工项目在保证产品质量的前提下，确保项目管理各个环节的成本得到有效控制。

### 3.2　施工部署原则

3.2.1　施工部署总原则

1）项目组织施工以土建工程为主，配合水、电设备安装工程的施工，协调管理各分包单位的施工。

2）整体工期按施工顺序分为结构施工期、设备安装和装饰施工期、设备调试及竣工收尾期。通过平衡协调和合理调度，紧密地组成一体。

3）施工期间以主体施工为主要进度控制目标，保证施工人员的数量，材料、物品的供应，确保总进度按计划的完成。

4）对各单位工程在结构施工阶段合理穿插室内外砌筑、设备管道安装等工序，形成立体交叉施工，使工程各工序间形成大流水施工。

根据工程的特点，为了不影响施工总进度，在施工中组织穿插作业，尤其是地下室，要密切配合，严禁地下室混凝土施工后私自剔凿埋设管线，在主体工程施工中要给水、暖、电的安装创造良好条件，便于安装与土建平行施工。

本工程施工工期较短，质量要求较高，在安排工程进度时，以我公司的雄厚经济实力和技术力量为前提，通过提高工程的机械化程度，积极推广各种施工新技术、新工艺，加快施

工的进度，缩短工期，争取早日交付建设单位使用。

3.2.2　施工程序

在本工程的施工中，为保证工程质量，根据建筑施工的工艺标准制定以下施工程序：先地下，后地上；先结构，后围护；先主体，后装修（内外同时施工）；先土建，后设备；先干线，后支线。电气、暖卫预留、预埋工作与土建结构施工同步配合进行。

3.2.3　施工顺序

（1）基础施工阶段的施工顺序　基础施工阶段的施工顺序为：放线、开挖土方→条形基础、筏形基础垫层混凝土→筏形基础、条形基础及地梁、墙、暗柱插筋绑扎→筏形基础、条形基础、地梁边模支设验收→混凝土浇筑→地下外架搭设，放线修正钢筋→绑扎墙、柱钢筋→墙、柱支模→验收→墙、柱混凝土浇筑（到梁板底部）→梁板支模→梁、板扎筋→验收→混凝土浇筑→养护→砌筑→地下结构防腐→回填土。

（2）主体结构施工阶段的施工顺序　主体结构施工阶段的施工顺序为：外架搭设，测量放线→轴线复核→墙、柱绑扎钢筋，验收→内架搭设，墙、柱支模→混凝土浇筑→梁、板支模、扎筋、验收→混凝土浇筑→养护→上一层施工→拆模→投点放线→围护墙砌筑。

（3）屋面工程阶段的施工　屋面工程阶段的施工顺序为：基层处理→找平层→隔气层→保温层、找坡层→找平层→防水层→蓄水试验→保护层。

（4）装修工程阶段的施工　装修工程阶段的施工顺序为：内外同时进行施工，上下交叉施工；粗装饰在前，精装饰在后；样板先行，按总进度计划组织施工；外装修自上而下，内装饰按先房间后走道；先卫生间后大房间；先顶棚墙面、后地面。关键做好各工种间的协调配和及相互间的成品保护。

1）外装饰工程施工顺序（随主体施工交叉进行）为：基层清理、刷专用界面剂→外墙保温→外墙饰面刷涂料→脚手架拆除→室外散水、台阶。

2）内装饰工程施工顺序为：门窗框安装→顶棚、墙面抹灰→楼地面→门扇安装→涂料→清理。

### 3.3　项目经理部组织机构

本工程单体工程工程量较大，为保证基础、主体、装修阶段均尽可能有充裕的时间施工，保质保量完成施工任务，充分考虑各方面的影响因素，保证人力、资源、时间、空间的合理计划。

1）项目经理部组织机构根据本工程的特点和重要性，工程实行公司全面监控，公司直接领导下的直属项目经理部，组织强有力的高素质项目管理班子，项目管理班子成员职责明确、分工合作，共同对项目经理负责。

2）工程项目经理及主要成员均是施工过同类工程的人员和获得过优质工程施工的成员，长期共同工作，团结努力，是一个战斗力强的组织。设置项目经理一名，项目副经理一名，项目技术负责人一名，土建工长2名，水暖施工员、电气施工员、资料员、质量员、安全员、试验员、材料员、预算员及成本员各1名，我们将确保顺利实现各项工程目标和承诺。施工现场组织机构见附图1。

工程开工前一周，组织全体施工管理人员和施工人员，由项目工程师和安全负责人进行技术、质量交底和安全文明教育，使每一名施工人员对工程的各项要求清楚理会，并按要求规范地实施到现场施工中；同时召开施工现场动员大会。项目管理成员设置及分工如下：

① 项目经理：负责全盘工作，调配全项目内部人、财、物的平衡。

② 项目副经理：协助项目经理进行工程质量保证措施的制定和执行，负责施工管理生产系统，包括计划、统计、调度、劳动力、材料，以及设备的管理协调，主要控制工期和现场施工。

③ 项目技术负责人：负责施工组织设计及施工方案的编制，对工程的质量负全面技术责任。

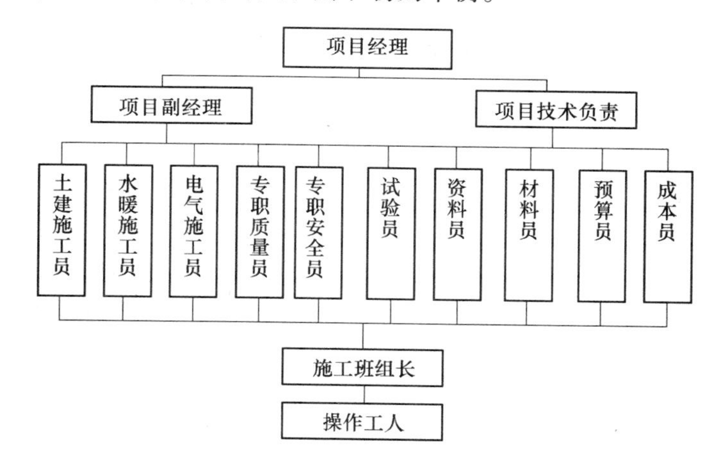


附图 1　施工现场组织机构图

④ 土建工长：负责执行施工图及施工方案的实施，负责现场工程计划管理，对工程质量和施工进度全面负责。

⑤ 安全员：负责工程全盘安全文明施工管理，对项目经理负责，并编写收集安全管理资料，以及组织对人员的安全培训。

⑥ 安全协管员：协助项目专职安全员分管各自施工队施工范围的安全综合管理工作。

⑦ 质量员：负责工程质量的检验、评定及质量信息的反馈。

⑧ 预算员：主要负责预算工作，做好预算及对外结算工作。

⑨ 资料员：负责工程资料的编写、收集整理，保证竣工资料的真实、完整。

⑩ 试验员：负责现场材料的检验，试件制作、送检及试验检验资料的收集、整理、上交存档。

⑪ 材料员：负责材料采购及现场管理。

⑫ 库工：协助材料员进行现场材料的发放工作。

⑬ 警卫人员：负责现场保卫工作。

### 3.4　施工任务划分

3.4.1　各单位负责范围

本工程工期紧，工作量较大，施工项目划分为：土建施工由施工单位总承包，水电及设备安装由专业施工队伍施工。

3.4.2　土建总包施工单位承担项目

基础工程、主体工程、屋面工程及全部装修工程。给水、排水、雨水、采暖、照明及弱电部分的预埋管。

### 3.5　施工组织组织协调与配合（略）

## 4　施工方案

### 4.1　大型施工机械的选用

选体积较小、效率较高的 PC-400 反铲挖掘机一辆，配备 4 辆 T-20 红岩自卸汽车运土。垂直运输采用 QTZ40 塔式起重机一台，混凝土浇筑采用汽车泵。

## 4.2 分部（分项）工程的主要施工方法

### 4.2.1 测量放线

（1）竖向轴线垂直控制

1）项目部设2名测量员组成测量小组，由项目工程师负责，负责本工程自开工到竣工各阶段的定位、放线、复测、引测、抄平等具体操作。

2）控制点的布置：在定位放线时，先根据红线图和施工现场总平面布置图，将本工程测量控制线布置成“十”字形，设置纵横外框柱轴线的控制线，并在其延长线上分别做桩，以此作为控制桩。用石灰线撒出建筑物外轮廓（放坡见施工规范）。在±0.000m层结构完成后，对轴线进行精确复测，用外控法将轴线直接投射到各层板边，在建筑物内设置封闭式控制点，并将轴线、标高投设到结构外边沿，并用红漆标注。内控点具体位置为：在距1轴、25轴、G轴两端延长线4m处设置两个固定轴线控制点。用高强度等级混凝土将控制点进行保护，并在周围作明显标志，设专人管理该点。

3）在各轴线点位置的结构板面上留设250mm×250mm的方孔洞，用激光铅直仪将首层轴线内控点引至楼面，然后用经纬仪定出全部柱、剪力墙的轴线位置，经过中心点校核调整验收后，以轴线为准弹出柱、墙模板位置线。每层墙体混凝土浇筑结束后，用光学经纬仪测定外墙角的垂直度，并将该层出现的误差在上一层模板的组装中进行纠正。通过逐层控制和纠正措施，避免建筑物出现累积误差。

4）轴线控制点投设，采用激光铅直仪在每测量日11:00以前的无风或微风情况下进行标点投射，避免温度引起视线差及风吹动影响测量准确度。

5）为控制建筑物在施工阶段的垂直度，必须使模板有可靠的强度、刚度和稳定性，作为承重和横向支撑的劲性钢管的垂直度要严格控制。

6）混凝土泵管在泵送混凝土时，会产生水平推力，使板模发生水平位移和高差，这也会影响模板的可调性，因此每施工一层，还需对各层标高进行测定，确保总高度在允许范围之内。

（2）标高控制

1）根据红线图提供的水准点，依据建筑设计院给出的±0.000m位置在现场建筑物两侧测设出水准测量控制基准点，读尺复测两点并且平差。依据引入的基准点，对地表标高、基底标高进行测量。

2）当完成±0.000m梁、板的施工后，在一层柱外侧面测出±0.000m标高控制点，并选择四个位置作控制点引测到可垂直通视的地点，用钢直尺向上引测标高。把±0.000m标高线引测到塔式起重机的井架上，用钢直尺向上引测标高进行复合。从标高引测出各层梁底标高，楼板完成后用水准仪将该标高线引至剪力墙、暗柱钢筋上，并按此标高控制各层标高。

（3）装修阶段测量控制　本工程房间四大角、顶棚、地面均需规方，其各处标高误差应在5mm之内，因此必须有精确的测量尺寸保证，为此本工程装修阶段，在放线上更应加强力度，增加测设内容。

1）各楼层要放出房间中心线，以此控制抹灰、地面、顶棚、门窗安装的位置和规方。房间抹灰后应再次放出+50cm标高控制线，房间中心线装修覆盖后应及时补测到墙面。

2）门窗洞口要放出位置中心线、底边线。

3）地面、顶棚、块材饰面面层标高和边线。

4）灯具等设备安装中心线。

5）室外台阶、护坡施工线等。

### 4.2.2　土方工程

（1）基础放样

1）动土前首先根据设计图纸，把建筑物主轴线、基坑的尺寸大小、高程在现场确定下来。

2）根据设计和甲方提供的红线图设置控制点，必须满足实测准确度，参照图纸，先放出建筑物各控制轴线，并在其延长线上设置控制桩。

3）为了防止施工期间桩位受扰动和损坏，选择基坑外便于现场观测的地方设置控制桩。

4）根据基础图纸计算各开挖点的深度，按照基础设计断面并参考基坑土质，确定开挖边坡的坡度，实地放出地面上基坑开挖的周边线，用石灰沿周边洒出轮廓线，按此开挖基坑。本工程周围有建筑物及树木，如果我方中标，拟采用土钉墙护坡的方法。

（2）土方开挖　工艺流程：确定开挖顺序和坡度→放线（沿灰线开挖土方）→开挖土方→修整边坡→清理基底→验槽。

在测量定位及复测完成并报监理工程师批准下达开工令后即可进行土方开挖。土方开挖前，根据定位放线桩撒出挖方灰线，结合业主提供的水文地质资料，做好水位监测工作，检查挖土机的挖土情况，对特殊处理的（如护壁放坡、防水降水等）根据现场情况另做详细施工方案。对现场障碍物（如地下管道、树木等）进行了解，经建设单位同意后，再进行改线、拆除，以免影响正常使用和土方的大面积开挖。

本工程土方工程量较大，基坑最深处为 -4.4m，共计 4000$m^3$ 多土方，采用机械化大面积开挖方法，分两次开挖。选用 MH6-A2 型挖掘机一台，配备 4 辆 10t 自卸翻斗车，第一次开挖到 -2.5m 标高，从 1 轴开始分别由西向东开挖；第二次挖至 -4.4m 标高时由测量人员和土方清理施工人员紧跟其后，随挖随清，保证开挖至 -4.4m 时，原状戈壁土层不被扰动，机械开挖不到位的地方由人工清挖至标高。进出基坑在 34 轴边开设一条斜坡道，最后随挖随将坡道清除。本工程电梯井坑与集水井坑深度大于防水底板，按图纸会审中附图进行局部加深。

在开挖过程中，若遇防空洞或与地质报告不符的土质影响工程质量时，及时向监理工程师反映，并要求设计人员提出必要的处理方案。

基坑开挖完成后及时通知监理工程师、地质勘察人员、结构设计人员和政府质量监督站对成型基坑进行验收，评价是否与原勘察报告相符；并办理地基验槽记录，各方人员签字、单位盖章认可后，方可进行下道施工。

（3）土方回填　工艺流程：基坑底部地坪的清理→检验土质→分层铺土→分层碾压密实→检验密实度→修整、找平、验收。

地下部分完成后及时组织防水防腐施工、土方回填，回填使用砾石土分层回填，每层回填厚度为 30cm，用蛙式打夯机在最佳含水率状态下夯实，并按规定抽样检验，干密度不小于 1850kg/$m^3$ 方为合格；并做灌砂检验，报监理工程师复核批准，资料存档。

### 4.2.3　基础工程

基础工程施工包括：施工准备、初次找平、垫层浇筑、基板砖模砌筑、基底防水施工、防水保护层设置，以及放线定位、绑扎钢筋、混凝土浇筑、预留孔洞、预埋件等施工及有关作业。

本工程混凝土均采用商品泵送混凝土，连续浇筑不留竖向施工缝。垫层采用C15、100mm厚的混凝土连续浇筑，垫层宜比基础每侧宽出100mm。

（1）基础工程常规施工方法

1）本工程基坑底部标高为-4.4m，在基础垫层验收合格后，即可绑扎条形基础梁钢筋。

2）本工程条形基础、挡土墙地梁侧模采用组合定型模板支设，支撑体系采用钢管脚手架体系。挡土墙基梁及地梁侧模一次支模到顶。

3）垫层混凝土施工完成、硬化后，开始放出轴线，绑扎底筋，绑扎间距和接头位置按结构施工图基础平面设计进行。柱纵向钢筋生根用定型支架固定，保证位置准确，钢筋各部位保护层厚度必须满足结构设计说明的要求。用厚30mm的细石混凝土块作垫块。

4）本工程基础梁断面尺寸较大，模板支设经计算采用直径为10mm的对拉螺栓和内外支撑双控支撑，组合钢模拼装，严格控制垂直度和中心线、标高和各部分尺寸；模板缝隙应严密，过大处加设海绵条和胶带；浇筑混凝土时要设专人看护模板，观察模板变形情况，如果有异常及时补强加固。

5）基础所用混凝土的配合比、搅拌时间、膨胀剂加量均由搅拌站微机自动控制，确保混凝土强度持续稳定。

6）地下结构完成后，按设计做防腐层。

（2）基础重点部位施工方法

1）挡土墙预埋套管质量控制方法。挡土墙预埋套管的工作内容有：电源引入预埋套管，电话通信引入预埋套管，水源引入预埋套管，排水、排污预埋套管等。施工特点是：数量多、分布面广、工作繁琐，加上以土建施工为主，稍有疏忽，极易发生渗漏和位置不准确等缺陷，影响工程质量，因此安装时应与土建施工相互配合，并重点做好下述两项工作：

① 采用带止水圈板的钢套管作为预埋套管。预先进行预制，符合要求后交付土建预埋。止水圈板与套管应保持垂直，沿圆周连续焊接，焊缝应饱满。止水圈板的直径为套管直径的2倍。

② 在土建预埋过程中，安装负责部门应指定专职人员进行复测和检查，包括数量、标高和位置尺寸，直至符合要求。

2）基础钢筋绑扎及模板、混凝土浇筑

① 柱竖筋均采用直螺纹联接。

② 为加快施工速度，商品混凝土运输要求组织到位，要保证混凝土连续施工，保证分段混凝土的接槎时间不超过混凝土的初凝时间。采用措施是浇筑前先查看行车路线，发现道路不通畅及时改道，经现场条件查看可保证最少每小时5辆10立方混凝土运输车顺序到场。

③ 要求混凝土初凝时间控制在3.5h以上，混凝土终凝时间控制在10h以上，考虑到现在气温不高，为防止混凝土内外水化热产生温度裂缝，入泵坍落度控制在(12±2)cm，并掺加减水剂。混凝土泵送时要求同时后退。泵送管架设在基础垫层专用架上，保证不推动底板及独立柱纵向钢筋。

3）混凝土温度升高与裂缝的控制。为了控制裂缝的出现，应着重从控制温度升高、延缓温度降低速率、减小混凝土收缩值等方面采取一系列技术措施。

① 施工工艺要求。基础全部完成后，设专人养护，维持7～14d。

② 混凝土材料的要求。本工程基础混凝土结构产生温度裂缝的最主要原因是水泥水化热的大量积聚，采取以下措施，防止混凝土裂缝的产生。

优先选用矿渣硅酸盐水泥，该水泥为水泥中低热水泥，可降低水化热。

利用混凝土后期强度，减少水泥用量，控制水化热，减少温度应力。

③ 原材料的要求。砂：选用中粗砂，细度模数为2.4以上，含泥量控制在2%以下。石：一般采用符合筛分曲线级配良好的卵石或碎石，粒径为5～40mm，含泥量控制在1%以下。

为保证混凝土的耐久性，对砂、石进行冲洗，并根据砂、石含水量调整配合比。

④ 外掺添加材料。掺入一定数量的粉煤灰，改善混凝土的和易性，降低混凝土的水化热及减小混凝土的收缩。按设计掺入U型高效抗裂防水剂、膨胀剂，减少混凝土的收缩，改善混凝土的和易性，同时延缓混凝土的凝结时间。

⑤ 混凝土试块。除正常混凝土试块外，另应增加R3、R7两组试块，为及时了解混凝土强度的增长情况提供数据。每台班测两组坍落度。

⑥ 混凝土测温。根据搅拌入泵的温度及泵送入模的温度，人工定位测出混凝土表面温度，施工中按设计要求留设测温孔。

⑦ 混凝土养护。基础底板采用蓄水混凝土养护，即在混凝土表面泛白硬化后就立即洒水养护，在终凝2～3h后浇水养护，2d后在各板块内蓄水养护，采用一层塑料薄膜覆盖，保持混凝土适宜的温度及湿度，控制混凝土内外温差是保证混凝土浇筑成功的关键。地下外墙混凝土养护采用的模板暂时不拆除，防止水分散失。

（3）施工安全措施　基础施工中，要严格注意施工安全，在四周靠土方边坡操作面上，各工序施工时均搭设钢管、木板保护棚，以防边坡坠物，并随工序需要进行搭、拆。基坑四周设钢管防护栏，并用红油漆标出警戒色。

4.2.4　主体施工方法

（1）模板工程　本工程柱采用组合钢模板，梁、墙支模，挡土墙和现浇板采用竹胶合大模板，并配合一些异形钢模板作为辅助模板，由现场木工及模板厂定型制作，以满足工程的需要。

本工程支、拆模工艺流程为：

设计模板图→模板拼装→弹模板位置控制线→模板内杂物清理→柱、墙复核轴线→找平或铺胶条→钢筋、管线、盒、洞预埋隐蔽检查完毕→支外侧模板→支钢管斜撑→调整加固模板→预检模板并签字→混凝土浇筑养护→检验混凝土强度→预应力张拉→拆模申请→审批申请→拆模→修整模板→刷脱模剂→码放模板→进入下一循环。

1）支模准备工作。支模准备工作内容如下：

① 支模前应熟悉图纸，核对尺寸，标高及建筑、结构图是否吻合，根据图纸及规范进行模板体系的计算。设计模板方案，画出拼装图，使支模科学化、规范化。

② 支模时的准备：首先测放出建筑的柱、梁轴线，根据施工图用黑线弹出模板的内边线，柱模板要弹出模板的边线和外控制线。

③ 找平：模板承垫底部应预先找平，以保证模板位置正确，防止模板底部漏浆。沿模

板边线用1:3的水泥砂浆找平。

④ 材料准备：按施工需用的模板及配件对其规格、数量逐项清点检查。模板应涂刷脱模剂，做好施工辅助材料的准备工作。

⑤ 模板支设安装要求：按配板设计循序拼装，以保证模板系统的整体稳定和经济合理。配件必须穿插牢固，立柱和斜撑下的支撑面应平整，立柱垫木要有足够的受压面积，支撑件应着力于外楞。柱模板的下端底面应找平，与预先做好的定位标准靠紧、垫平。

2）支模方法。支模方法介绍如下：

**柱支模方法：**

① 现场拼装柱模板时，应适时的安设临时支撑进行固定，斜撑与地面的倾角宜为60°，严禁将大片模板系在柱子钢筋上。

② 待四片柱模就位组拼、经对角线校正无误后，立即自上而下安装柱箍2根$\phi$48.3×3.6钢管，柱箍每500mm一道。

③ 在柱两侧采用对拉螺杆$\phi$12@500加固。

④ 柱模校正后，应采用斜撑或水平撑进行四周支撑，以确保整体稳定。

⑤ 角柱模板的支撑，除应满足上述条款外，还应在里侧设置能承受拉力和压力的斜撑。

**剪力墙、挡土墙支模方法：**

① 本工程钢筋混凝土剪力墙、地下挡土墙模板采用竹胶板模板拼装，地下挡土墙采用$\phi$12穿墙止水螺栓固定，间距为500mm×500mm，与山型卡配套使用。以防混凝土振捣时产生的侧压力使模板变形，螺栓长度为墙厚两侧各加200mm。剪力墙采用$\phi$12穿墙螺栓固定（中间套PVC套管），间距为500mm×500mm，与山型卡配套使用。具体施工时需进行对拉螺栓验算。

② 竹胶板施工工艺：刷脱模剂→模预拼装→组装就位→模板加固→自检→专职检查→混凝土浇筑→养护→拆除→清理。

③ 模板安装前，先将表面浮尘擦干净，刷脱模剂，待脱模剂干燥后进行柱模预拼装。

④ 模板分节安装，安装前，先将模板内杂物清理干净。将预先拼好的一面模板按位置线就位，然后安装拉杆或斜撑，再安装穿墙螺栓螺栓按梅花状进行布置，间距为500mm×500mm、混凝土撑条；清扫完墙内杂物再安装另一侧模板。背楞间距为500mm，水平支撑间距为500mm。模板安装完毕后，检查一遍扣件、螺栓是否紧固，模板拼缝是否严密，并办理预检手续。

⑤ 模板安装完，吊线找垂直，并在墙顶部拉通线复核模板位置。

**梁支模方法：**

① 梁采用竹胶板，主龙骨采用$\phi$48.3×3.6钢管，次龙骨选用方木。梁侧模、梁底模按图纸尺寸进行现场加工，然后进行组合拼装；然后加横楞，并利用支撑体系将梁两侧夹紧。

② 梁支模工艺：搭设和调平模板支架→按标高铺梁底模板→拉线找直→支梁一侧模板→绑扎梁钢筋→支梁另一侧模板→调整模板。

③ 梁模板定位要拉线通长控制。

④ 当梁跨度不小于4m时，梁跨中起拱高度为梁净跨的1/3000。

**板支模方法：**

① 板支模工艺：钢管满堂架→铺方木→模板拼装→模板调整、验收

② 模板采用竹胶板，支撑采用 $\phi48.3\times3.6$ 钢管扣件式满堂红脚手架，地下室间距为800mm，次龙骨采用C型钢，间距为250mm；一层至顶层支撑间距为1000mm，次龙骨采用C型钢，间距为300mm。为保证顶板整体混凝土的成型效果，将整个顶板的覆膜竹胶板按同一顺序、同一方向对缝平铺，接缝处在模板上表面粘贴塑料胶带。必须保证接缝处下方有龙骨，且拼缝严密，表面无错台现象。为加快施工速度，每个房间的模板应进行编号。

③ 当板跨度不小于4m时，板跨中起拱高度为板净跨的1/3000。

**楼梯支模方法：**

① 楼梯模板、底模采用12mm厚覆膜竹胶板，侧模、踢面模板采用木模。

② 楼梯支模顺序为：先支休息平台板和梁模板，再支楼梯底板模，然后安装楼梯侧模板，待所绑钢筋验收合格后，再安装踢面模板，钉好固定踢面横撑、立撑。

③ 制作时在楼梯段侧板内画出踏步形状和尺寸，并在踏步高度线一侧留出踏步侧板厚度固定木挡。

3）支模注意事项

① 模板施工应做到型号全、数量足、配件齐，有牢固可靠的支撑体系，对于梁、柱接头处等支模难点处，要严加认真处理。

② 模板施工必须按模板支撑图施工，并在施工前进行配模设计，保证构件的形状尺寸及相对位置的正确。混凝土强度不同的柱、梁、板支模时，按设计和施工员技术交底的位置用两层细目钢板网模板分隔，确保柱、梁、楼板混凝土强度符合设计要求。

③ 所有现浇板采用的竹胶板接缝处用胶带粘贴，以防漏浆。在普通钢管支撑满堂架上加设木楞，再铺木模板，大板的拼缝处增设木楞（100mm×100mm）。配备一个施工流水段的模板周转使用，可周转10次以上。采用此模板提高了支模速度，而且浇筑出的混凝土表面平整，顶棚可以减少抹灰的工作量。拼缝处的余浆可用砂轮打磨，可减少或避免顶棚空裂的质量通病。

④ 少量钢模使用前应涂制成品隔离剂，便于脱模和保护模板。

⑤ 对于有起拱要求的构件，支模时按设计起拱，未要求时按《混凝土结构工程施工质量验收规范》的要求起拱，即跨度不小于4m的梁，按跨度的0.1%~0.3%起拱。

⑥ 严禁野蛮施工，注意保护施工器材和施工人员的安全。

⑦ 模板及配件拆除后，及时清除灰浆，对变形和损坏的模板和配件进行修复，未达到修复标准时，不能使用。

⑧ 墙模板安装前必须在其根部加设不小于 $\phi6$ 的限位钢筋（严禁使用混凝土导墙）以确保模板位置的正确。模板下脚采用1∶3水泥砂浆进行找平，确保模板标高的统一。

⑨ 为保证工期，对剪力墙模板与平板、梁同时支模以减少标准层支模时间。

4）支模质量要求

① 模板及支架必须具有足够的强度、刚度和稳定性。

② 模板的接缝不大于2mm。

③ 模板实测允许偏差按《混凝土结构工程施工质量验收规范》的要求，其合格率严格控制在90%以上。

5）模板的拆除

① 制定拆模顺序。模板拆除的顺序应按照配板设计的规定进行，遵循“先支的后拆，

先拆非承重部位、后拆承重部位，自上而下”的顺序，拆模时杜绝大锤和撬棍硬砸、硬撬。

② 满足强度要求。工人拆模时应经工长批准，工长必须根据天气等情况掌握混凝土的强度，拆除模板时混凝土必须达到以下强度（见附表11）。

**附表11　拆模时混凝土应达到的强度**

| 结构类型 | 结构跨度/m | 达到设计的混凝土立方体抗压强度标准值的百分率（%） |
|---|---|---|
| 板 | ≤2 | ≥50 |
| | >2、≤8 | ≥75 |
| | >8 | ≥100 |
| 梁、拱、壳 | ≤8 | ≥75 |
| | >8 | ≥100 |
| 悬臂构件 | — | ≥100 |

③ 侧模板的拆除，应保证混凝土表面及棱角不受损坏时，方可拆除，拆模应按《混凝土结构工程施工质量验收规范》的有关规定执行。

④ 拆模时在拆模区域设置警戒线，设专人警戒，直到模板拆除完毕，并将模板、配件、支架运走，经检查无安全隐患时方可撤警。

⑤ 拆模时一次性拆除干净，禁止将难拆模板保留，尤其是悬空模板一定要拆除干净。

⑥ 拆下的模板、配件严禁抛扔，要有人传递，定点码放整齐，及时清理模板上的混凝土残渣，刷隔离剂。损坏的模板要及时修理。

（2）钢筋工程　本工程在施工现场设钢筋加工场，所有钢筋均在现场钢筋场加工制作。

1）钢筋制作要求如下：

① 用于本工程的钢筋，使用有质量保证的厂家产品。施工用钢筋进场前，均需持有效质量合格证，本工程钢筋运至加工厂后按规格、品种和出厂批次分类码放，并挂牌加以区分，然后取样、预制加工。

② 为了加快施工进度，现场柱、梁纵筋直径≥20mm的采用套筒冷挤压连接，直径为18mm的钢筋的接头采用氧气压力焊，直径为18mm以下的采用搭接。为保证钢筋接头的质量，应建立专业性的钢筋加工队伍，并由技术优良、质量可靠、持有相应操作证者的专业人员负责。

③ 专职检查员现场跟班逐根进行外观检查和实测，在外观检查的基础上，由质量员会同工长、化验员及监理工程师随机抽取并送实验室复验，检验合格后由钢筋车间统一按配料进行成型加工。钢筋的品种、质量、焊剂的牌号性能及接头中使用的套筒、钢板、型钢必须符合相关设计的要求。

④ 工地上安排闪光对焊机两台、钢筋切断机一台、钢筋弯曲机一台、钢筋冷挤压两台，其他辅助小型设备若干。

⑤ 钢筋制作根据施工进度计划，做到分期、分批、分别制作、堆放，并做好钢筋的维护工作，避免锈蚀或油污，确保钢筋保持洁净。粘接的油污、浮土须清理干净，可结合冷拉工艺除锈调直，采用冷拉方法调直Ⅰ级钢筋并除锈，冷拉率不大于4%，Ⅱ级钢筋不大于1%。

⑥ 梁接头位置：下部钢筋在支座附近接头，上部钢筋在跨中附近接头。在任意接头中心至长度为钢筋直径的35倍且不小于500mm区段内同一根钢筋不得有两个接头，同一截面内接头在受拉区不超过50%。

2）钢筋连接及绑扎钢筋的要求如下：

① 底板、柱和梁上直径不小于20mm的钢筋采用直螺纹连接，要求操作人员有操作合格证。所连接的钢筋端头不得有弯折、变形，截面不平等现象，因此要求钢筋在加工过程中用切割机切断，而严禁使用钢筋切断机轧切钢筋。

② 绑扎钢筋的施工要求。本工程所有的钢筋均根据当地设计院的施工图纸及国家规范和标准采购及加工。

钢筋加工必须按施工进度计划进行，做好加工和绑扎计划的协调平衡，做到准时加工、准时提升和准时绑扎，并做好钢筋的维护，防止钢筋在运输和吊运过程中的损坏变形及出现油污。

钢筋绑扎时，应按图纸的要求保证弯钩方向的准确。柱、梁的箍筋必须呈封闭型，开口处设135°弯钩，弯钩长度不小于10$d$（$d$为钢筋直径）。特别是在板钢筋绑扎前在垫层和模板上弹出控制线，依线布设钢筋。所有的楼板外围的两行纵横向钢筋的交叉点，用钢丝全部扎牢，其余部分可用梅花形绑牢。楼板内上下层钢筋采用Φ10或Φ12钢筋马凳控制位置，采用间距为500mm×500mm梅花状布置。

板中主筋遇边长不大于300mm的洞口不截断绕行，当300mm < 洞口边长 < 1000mm时，洞边要按设计要求进行加固。

主筋位置及保护层控制。主筋位置应严格定位防止位移，主要采取绑扎及点焊钢箍固定方法，梁底主筋和现浇板主筋采用砂浆保护层垫块方法进行控制。

本工程楼板施工时先绑扎地筋，然后敷设高强薄壁复合管，最后绑扎面筋，钢筋位置调匀，将面筋与模板支撑钢管固定，具体见高强薄壁复合管施工方法。

钢筋的锚固长度要满足设计要求。

绑扎过程中随时观察预埋件的情况，及时纠偏、纠错。及时进行钢筋隐蔽工程检查记录。

3）钢筋连接的质量要求如下：

① 钢筋的品种和质量必须符合设计和有关标准规定。钢筋的规格、形状、尺寸、数量、间距、锚固和搭接长度、接头位置和数量必须符合标准的规定。

② 其尺寸偏差，尤其是主筋保护层，锚固长度、接头数量和构造是质量控制的重点，必须严格按标准施工。

③ 钢筋绑扎质量须符合《混凝土结构工程施工质量验收规范》中的有关要求。

（3）混凝土工程

1）材料要求。混凝土的配合比由实验室进行试配，并按结构说明或方案加入膨胀剂、减水剂。

对搅拌原材料（砂、石骨料）严把质量关，水泥必须采用正规、大型水泥厂生产的普通硅酸盐水泥。掺合料由专人计量，搅拌时间不得少于3min，出罐要作坍落度检查，均合格后方可运至现场，整个运输时间应在20min内完成。

2）混凝土浇筑。浇筑混凝土时，必须严格控制上口标高（在钢筋上口涂红漆作标高标志）以免楼层超高。

在本工程中，当柱、墙、梁混凝土强度不一时，为保证混凝土浇筑质量，在柱、墙合模前在柱、墙相接处用双层细目钢板网分隔，浇筑混凝土时工长随班检查，先浇筑柱混凝土后浇墙混凝土，以保证柱混凝土强度。合理组织，防止用错混凝土。梁、墙暗柱节点处钢筋密集，浇筑混凝土时，应加强振捣，适当延长振捣时间。

墙的模板采用组合式小钢模，必须严格分层浇筑，每层浇筑厚度不大于50cm。当墙、柱较高时，为保证混凝土浇筑质量，在混凝土浇筑前先铺洒平均5cm厚与混凝土成分相同的水泥砂浆，以补充混凝土离析后的水泥砂浆。

混凝土浇筑前应填写申请单，写明现浇部位、浇筑方法、浇筑时间及混凝土强度等级，并报现场监理工程师。浇筑前全部模板与钢筋应清理干净，不得有积水、锯末、碎屑、泥土或其他附着物，各验收检查应提前通知监理工程师。

混凝土的振捣由施工队中经验丰富、专业技术较强的专业人员操作，浇筑完成的混凝土应满足均匀、密实、无蜂窝、麻面、无孔洞，拆模后能显示光滑表面的要求，振捣时间以混凝土表面出现浮浆并不再沉落为准。插入式振捣棒的移动距离不应大于作用半径的1.5倍，应与模板保持5～10cm的距离，并尽量避免碰撞钢筋、模板和预埋件，振捣器应伸入下层混凝土5cm。

3）混凝土养护。在混凝土浇筑成型后，如何确保其达到设计强度和结构安全度，养护是非常关键的环节，具体措施如下：

① 两个施工段设置4个专职养护人员，负责养护程序。

② 浇筑成型的混凝土要求及时用塑料薄膜或麻袋进行覆盖浇水，补充混凝土内水分的蒸发，并为水泥的水化作用提供足够的水分。

③ 混凝土浇筑完成后在适当时间内要进行浇水养护，保证有适宜的硬化条件，防止发生不正常的收缩（特别是对加入膨胀剂的混凝土应采取消除商品混凝土裂缝的养护法）；加强混凝土养护，消除或降低混凝土裂缝，保证混凝土质量。

④ 浇水的时间不得少于7昼夜，其次数根据气温等外部环境确定，以保持混凝土具有足够的润湿状态。

⑤ 针对楼层养护，设置30m扬程水泵1台，由底层泵送，确保水源到位。此项工作设2名专职水暖技工负责。

⑥ 对梁、柱节点，剪力墙上部必要时采用养护剂封闭保水自养护。

4）混凝土试块留置组数。混凝土试块应在监理工程师直接参加和监督下进行留置，由监理工程师随时抽样，而且应在浇筑地点随机抽样。工程检查留置试块组数为每个工作班取样不少于2组；每拌制$100m^3$（含少于$100m^3$）混凝土取样不少于2组；现浇楼层，每层取样不少于2组。试块与浇筑混凝土同条件进行养护，作为承重模板拆除时的强度依据，具体见试验取样计划。

5）施工缝留置与处理。若在浇筑过程中，由于设备故障而无法连续浇筑时，必须按规范要求留置施工缝，施工缝位置设在次梁（板、墙）跨中1/3范围内。

（4）框架围护施工（加气块砌筑）

1）工艺流程：选定合格砌块→运输和堆存→放线→洒水湿润→砌筑。

2）砌筑要求

① 砌体工程所用陶粒砌块及镶砌用粘土砖须有质量证明文件、出厂合格证，并应符合设计要求，复试报告合格后报监理工程师批准后方可使用。

② 砌筑前进行实地排列，不足整块的可以锯砖，但不得小于砌块长度的1/3。最下面采用普通机制砖砌3层，以防勒脚难以抹灰。砌筑时采用不低于设计强度的混合砂浆，“满铺满挤”砌筑，上下层十字错缝，搭接长度不小于砖块长度的1/3，转角处应接搓。水平灰缝要求不大于15mm，垂直灰缝要求不大于20mm。

③ 砌块与墙柱的相接处，预留拉结筋，以防因收缩而拉裂墙体。砌块端与墙、柱应用砂浆挤严塞实。砌筑高度约1.25m时，停歇24h后再继续砌筑，使砌块阴干成型，以防收缩裂缝。

④ 砌块墙顶与楼板或梁底间用1层普通红砖斜砌。红砖与楼板之间抹粘结砂浆（普通砂浆加108胶）。再用小木楔将红砖与楼板底（或梁底）楔牢，并用粘接砂浆将缝隙塞实抹平。

⑤ 砌块与门口的连接，采用后塞口做法，洞口高度在2.1m以内时，每边砌3块预埋木砖或预埋件的混凝土块；洞口高于2.1m时，每边砌4块预埋木砖或预埋件的混凝土块。安装门框时先在门框上钻出钉孔，再用钉子穿过门框与混凝土块内的木砖钉牢。砌块和门框外侧须用粘接砂浆挤压密实。门窗过梁采用钢筋混凝土梁。

⑥ 在砌块墙身与混凝土梁、柱、剪力墙交接处，门窗洞边框处和阴角处钉挂10mm×10mm孔眼的钢丝网，每边宽度不小于150mm，在（烧结）普通砖与砌块交接处每边100mm宽。将挂网展平，用射钉与梁柱或墙体连接。网材搭接做到平整、连续、牢固，搭接长度不小于100mm。

⑦ 在砌块墙上所留置的临时过墙洞上部安装同墙宽、240mm高，C30钢筋混凝土过梁，长度大于洞口540mm。

3）质量及安全措施要求如下：

① 楼面堆放砌块时不准超量，禁止抛掷和撞击楼板，堆放高度不得超过五皮。

② 砌体内不得预留脚手架眼，施工人员必须在牢固的脚手架上操作，不得站在墙体上操作。

③ 如遇大风、降雨，对强度未达到要求、稳定性较差的砌体必须加设临时支撑保护。

④ 施工临时洞口及门窗洞过梁的支撑应坚固牢靠，待砌筑砂浆达到70%设计强度标准值以上，方可拆除支撑和模板。

4.2.5　脚手架工程

（1）结构施工脚手架

1）主体结构施工采用落地式外双排钢管脚手架（由钢管扣件组成），用于焊接钢筋，支、拆模板，浇筑混凝土。脚手架及混凝土结构工程中的支架模板，严格按《建筑施工扣件钢管脚手架安全技术规范》（JGJ 130—2011）设计和施工，做到技术先进，安全适用，确保质量。脚手架搭设前必须进行结构计算，必须保证有足够的安全系数；施工时要严格按照操作规范的要求进行施工，外脚手架严禁超载使用。

2）外脚手架高出施工层一层，随楼层上升而升高。主体结构施工时，沿主楼施工操作面外围搭设，从地面至高出操作层一层，用密目安全网全封闭施工，以保证脚手架的使用安全性及文明施工。

3）里脚手架。在主体混凝土浇筑阶段，里脚手架采用满堂脚手架，砌筑和抹灰采用双排脚手架或简便马凳。立杆纵、横间距为1.2m，步距为1.2m。根据实际空间尺寸搭设脚手架，并设一定数量的剪刀撑，以确保施工荷载偏向一边时，整个脚手架不会变形。

4）基础部分脚手架。在基坑周围搭设防护栏杆。柱钢筋绑扎采用专用里满堂脚手架，外墙钢筋绑扎采用落地式双排脚手架，外墙支模板及做外墙防水层采用专用的外落地式双排脚手架。本工程地下室搭设上人马道，马道搭设成之字形。

5）脚手架的搭设施工方法。地下室回填土施工完毕后，方可搭设外脚手架。脚手架地基应平整夯实，上面加通长垫板，垫板采用长度为2～4m，宽度大于0.2m，厚度为50～60mm的木板。地基设排水沟，防止积水浸泡地基。

脚手架搭设顺序：立杆→大横杆→小横杆→连墙杆→剪刀撑→脚手板→栏杆，脚手架搭设应横平竖直。

脚手架搭设要求为：脚手架立杆间距为1.5m，步距为1.8m，小横杆间距为0.75m，横杆挑向墙面的悬臂为0.45m，端头距墙0.05m。

脚手架必须按楼层与结构拉结牢固，按二步三跨设一连墙杆固定。

脚手架的操作面必须满铺脚手板，距墙面的距离应为120mm～150mm。脚手板对接铺设时，接头处设两根横向水平杆；搭接铺设的脚手板接头必须在横向水平杆上，搭接长度不应小于200mm，不得有空隙、探头板和跳板，操作面外侧设一道1.2m护身栏杆和一道180mm挡脚板，挡脚板每隔3m作固定一次，立挂安全网，下口封严，防护高度为1m。

脚手架必须保证整体结构不变形，剪刀撑在脚手架外侧沿高度由下而上连续设置，在两侧和转角每7个立杆间距设一道剪刀撑，剪刀撑钢管搭接长度大于100cm，剪刀撑宽度为5个立杆纵距；斜杆与地面夹角为45°～60°，连接点与大横杆节点距离不大于150cm。脚手架两侧纵向也应设置剪刀撑。

脚手架搭设完毕后，外侧满挂立网，网目每10cm×10cm不小于2000目，安全绳为安全立网专用绳。

采取防电避雷措施：在脚手架四角立杆上设避雷针（选用直径大于12mm的镀锌钢筋，高度不小于1m），并将所有最上层的大横杆作电气连接形成避雷网。

脚手架搭设结束后，进行验收。验收合格挂牌后方可使用。

地上主体施工垂直运输机械未安装时采用搭设“一”字形斜道和操作平台。

6）防护棚、外脚手架立面、四口防护。外脚手架立面防护：在外脚手架的外侧用密目安全网进行立面全封闭防护。在预留洞口、通道口、梯口、楼梯口、门洞口、楼面周边、屋面周边，以及卸料台侧边等处施工时按设计要求搭设防护栏杆。在建设物四面搭设架式安全检查通道防护棚（带60cm高缓冲层），防护棚顶面用钢脚手板、竹脚手板或钢板网进行封闭。

（2）外装修用脚手架　外装修脚手架采用吊篮脚手架施工，脚手架必须有足够的稳定性、安全性。内装修脚手架可根据工作需要搭设工作架，工作架采用直径18mm以上的钢筋焊制马凳，马凳高度为层高减去一人高再减去30cm。具体施工时做详细施工方案。

#### 4.2.6　防水工程

（1）地下室外墙防腐施工　地下室结构自防腐采用混凝土掺微膨胀剂防水做法，外防腐材料为：乳化沥青两道，沥青胶泥两道。地下室外墙防水施工选用材料及要求如下：

1）施工准备。依据设计要求进行。选用材料在进场前，要求厂家出具材料检验合格报告单和产品合格证，合格后方可进场，材料进场要取样复验，合格方可使用。施工前由专业工长向操作工人进行技术交底。为施工清理好施工操作工作面。检查基层表面是否平整、洁净，有无缺边、掉角、凹坑，以及裂缝等现象。

2）施工部位及选用材料。本工程地下室外墙防腐材料为：乳化沥青两道，沥青胶泥两道。

3）施工技术要求。切除挡土墙上的对拉片，切除时要稍低于或和混凝土表面平齐。基层表面不得有突出的掉角、凹坑、掉皮、起砂、浮灰、油污，以及铁锈等缺陷。严格控制基层干湿度，其含水率应在10%以下。

基层表面涂刷：在清理过的基层面上，喷刷冷底子油一遍，大面喷刷前应将边角、突出部位先喷刷一遍再大面积喷刷一遍，并均匀涂刷无漏底。

4）质量要求。施工操作时工长要严格把关，按设计要求检查验收，以确保质量。卷材接缝应平直、平整，无气泡。检查隐蔽工程验收记录。防水层施工完毕后，不允许在防水层上打洞、凿眼、增装设备。作好成品保护，防止重物撞击和物体擦碰。

（2）卫生间、厨房防水施工　卫生间、厨房防水材料为：4mm厚SBS防水卷材，四周卷起300mm，上做水泥砂浆保护层。

1）施工流程：墙面抹灰→竖向管道安装→地面堵洞→找坡、找平→地面防水层施工→闭水试验→防水保护层。

2）工作安排。由于本工程厕所间房间面积较小，工序较多，不仅直接影响施工进度，而且渗漏问题也时常发生，解决这一问题的关键是合理安排好工序，且每道工序要认真细致，并做好成品保护工作，工序应按以上施工流程安排，并应提前安排墙面抹灰和竖向管道的安装。

3）施工要点。首先应根据地面坡度、地面做法厚度、基准线位置确定好地漏、出水口顶面标高；安装地漏、出水口时，标高应低5～10mm，门口处地面比室外低10～20mm。作防水前，当所有竖向管道施工完毕，洞口应用细石混凝土堵严。禁止防水层做完后再凿洞，这是防水的第一道防线，管道根部滴水就是因为在防水层失效的情况下，管道根部未堵严造成的；否则仅会出现潮湿现象。

做找平层时，墙角泛水圆角半径应控制在20mm左右，不得将圆弧做得太大，否则将会影响墙面装修。在管道根部套管，地漏和出水口周围应预留1cm宽的小槽，待找平层干燥后用油膏填平。

做完找平层，即涂刷冷底油，刷附加层和聚氨酯防水涂料，该防水采用冷涂法施工。

试水：防水层做完后，必须进行试水。蓄水高度不小于20mm，堵塞点应设在地漏和出水口杯顶4cm以下，蓄水时间为24h以上。待表面装修层完成后，进行第二次试水。

（3）屋面防水工程　本工程屋面防水为：3+3SBS防水卷材两道。采用热熔法施工。

1）施工流程：基层清理→管道堵洞→隔气层→弹线→保温层铺设→找坡层铺设→找平层抹灰→防水层施工→非上人屋面保护层施工。

2）施工要点。陶粒混凝土找坡：找坡坡度为2%，操作前应在女儿墙上弹出标明找坡层铺设的厚度及坡度；另外，在屋顶做出找坡灰饼，以示铺设的厚度及坡度。铺设由高向低进行，最低处为40mm。

屋面保温层为150厚STO岩棉保温板。

屋面找平层：找平层按地面做法来做，浇水、冲筋、压光，浇水应适量，以达到找平层与保温层能牢固结合，找平层每隔6m设一条分隔缝，作为隔潮通气之用。找平层与女儿墙、管道和通风管道等的连接处均应做成直径为100mm的圆弧（做圆弧时应弹线，使半径大致保持一致），在落水管半径50cm之内应做成漏斗状，坡度为5%，管道根部做出一个双曲面的台状。

屋面防水层施工方法：防水材料为3+3SBS防水卷材两道。在屋面找坡及保温层施工完毕，待找平层含水率不大于9%时进行屋面防水施工。注意施工前必须所有的屋顶通气管、通风道、上人孔、水箱间施工验收完毕，以免交叉破坏。首先涂刷冷底子油一遍与热沥青一道作为隔气层，待干燥8h左右，在出屋面管道根部、雨水口，通风道底部等部位做附加层。卷材铺贴时，刮胶要均匀，缓慢滚铺粘贴。及时用工具将接缝边封好。第二层卷材做法与上述相同，接缝应错开卷材幅宽1/2。最后不上人屋面做着色剂保护层。

淋水：屋面防水做完后，做淋水试验；雨天过后对顶层板进行检查，看有无渗漏之处。

#### 4.2.7 装饰工程

装饰工程是复杂的综合性施工过程，本着解决好因分项工程繁多而引起的各项矛盾，在进行每项施工过程时，以土建为主，水、电、暖、通风为辅展开全面的穿插作业方式。

（1）外墙保温板及涂料墙面施工方案

1）施工安排。外檐保温、涂料均采用吊篮脚手架施工，整个外檐施工顺序为自上而下进行，按分格缝为界，逐块进行，最后完成散水、台阶和护坡。

2）施工流程。基层清理、刷专用界面剂→挂线→粘贴STO岩棉保温板、钻孔安装固定件→找平、清洁→中间验收→抹抗裂砂浆一道→热镀锌金属网用锚栓与基层墙体锚固→抹抗裂砂浆8~10mm→验收→干燥清理→刮柔性腻子→刷中层涂料→罩面涂料。

3）施工要求

① STO岩棉保温板外墙保温施工。清理墙面上残留的浮灰、砂浆等杂物，窗台挑檐按照2%用水泥砂浆找坡，外墙各种洞口填塞密实。使用的砂浆为抗裂砂浆。施工时用手持式电动搅拌机搅拌，按材料说明配合比拌制，搅拌必须充分均匀，稠度适中，并有一定黏度。砂浆调制完毕须静置5min，使用前再次进行搅拌，拌制好的砂浆应在1h内用完。

② 文明施工及成品保护。裁切下来的碎板条必须随手用袋子装好，禁止到处乱丢，随处飘洒。在涂抹粘接砂浆时，注意不要污染钢副框，被污染的钢副框必须及时用湿布擦洗干净。粘贴上部板时，掉落下来的粘结砂浆可能会污染下部岩棉板，必须及时清理干净。拆除吊篮时应做好对成品墙面的保护工作，禁止钢管等重物撞击保温板墙面。严禁在保温板上面进行电、气焊作业。施工用砂浆必须用小桶拌制，用完水后关好水管阀门。进场的保温板必须堆积成方，做好防雨保护。每一施工楼层内必须设置小便桶，从措施上保证工人能按章操作，杜绝不文明现象发生。

③ 墙面喷漆。待保温层外砂浆层完全干燥，外窗玻璃安装完成，符合饰面涂料漆施工要求后，即开始饰面施工。

对门窗框、外窗玻璃等进行粘贴胶带等覆盖保护，防止成品污染。

对抹灰基层质量进行检查，对孔隙、起皮等缺陷用柔性过水腻子刮平后，即进行大面积基底腻子施工。待腻子干后用砂纸反复打磨，直至墙面光滑平整。

饰面施工采用滚涂法由上而下施工，每工序层应一次完成以保证每面颜色一致。

饰面接槎全部设置在分格线内或阴阳角处。

（2）内部装修（内墙抹灰、内墙涂料施工、金属物件油漆）

1）内墙抹灰施工工艺及施工部署内容如下：

① 施工流程：浇水湿润→界面处理→设置标筋→抹底层、中层灰→抹面层灰。

② 施工部署。内墙抹灰工程从结构验收结束后，可开始进行施工。施工该分项工程时，一定要按施工规范、质量标准及操作规程施工。抹灰前提前做好样板间，通过质量监督部门验收符合优良标准后，方可大面积组织施工。

本工程为加气块墙，为保证抹灰质量，采用抹灰砂浆掺外加剂防止抹灰空裂。抹灰前检查门框位置是否准确，与墙连接是否牢固、是否方正；抹灰后用混合砂浆分层嵌塞密实。

清理基层表面，并洒水湿润，混凝土柱、梁有凸出部分必须剔平，太光滑的表面应凿毛。冲筋后约2h左右开始抹底灰，底灰7～8成干后抹中层灰，中层灰应比两边的标筋稍厚；然后用刮杠靠住两边的标筋，由下向上刮平，并用木抹子补灰搓平。混凝土部位施工前应先抹界面处理剂一道，然后分层找平、压光，检查墙面垂直、平整度，阴阳角是否方正。

内墙抹灰在遇到安装管线剔洞、凹槽时应采用细石混凝土填补，无空鼓后方可抹灰。

在抹灰过程中派专人负责抹灰质量控制，达不到标准的必须作返工处理。

抹灰完后及时进行养护（采用喷雾气喷水养护），养护时间在14d左右，以减少墙面空鼓现象。养护完后，对墙面进行空鼓质量检查，对空鼓的部位作返修处理。

抹灰质量要求：满足无空鼓，表面平整、垂直，阴阳角方正，墙面无裂缝等要求。

2）内墙涂料施工。内墙粉刷的施工环境应当清洁干净，待抹灰工程、地面工程、木装修工程，门窗框安装完毕，以及水、暖、电气工程等全部完工后再进行。施工时环境温度不应低于10℃，相对湿度不宜大于60%。

① 涂刷前，应对基层表面进行处理。用扫帚、毛刷等清扫灰尘及其他附着物；砂浆溅物、流痕等用铲刀、钢丝刷等清除。用5%～10%的氢氧化钠水溶液清洗油污及脱模剂等污垢，然后用清水清洗干净。

基层表面泛碱的，要用3%草酸溶液中和，然后用清水清洗干净。空鼓、酥松、起皮、起砂等应先清除，然后用清水冲洗后再进行修补。

② 施工要求。涂刷前基层表面必须干燥，混凝土抹灰基层表面含水率不大于8%。

施工时应当注意天气，大风、雨、雾天气，不可施工。

大面积施工前应先做样板间，经建设、监理部门验收合格后，方可按样板间进行大面积施工。

使用的腻子应结实牢固，不能粉化、起皮、裂纹，腻子干燥后，打磨平整、光滑，并清理干净。厨房、卫生间、阳台等部位应使用具有耐水性能的腻子。

涂料应根据材质的环境温度等控制黏度，不可过稀、过稠。涂刷过程中不透底，不露混凝土，不显刷纹。

施工质量应符合设计要求，涂膜牢固，颜色花纹均匀一致，无脱皮、漏刷、反锈、剥落、开裂，装饰线、分色线平直。五金、玻璃等非粉刷部位洁净无污染。

3）金属物件油漆施工工艺及施工要求如下：

① 施工流程：基层处理→刷防锈漆→刷调合漆三遍。

② 施工要求。首先对基层表面进行处理，将基层面油漆、粘结物等清理干净，用腻子将凹凸不平缺角掉楞的部位找补整齐，干燥后用砂纸磨平、磨光，金属物件表面涂刷一层防锈漆。表面满刮腻子，干燥后打磨光滑、平整，然后开始涂刷油漆，要求涂刷均匀，不得有遗漏。

调合漆至少涂刷三遍，第二遍应在第一遍油漆干燥后进行。

检查表面是否光滑、光亮，颜色是否一致，无漏涂、起皮、透底、流坠、皱皮等现象，分色清晰。

（3）室内楼地面施工（水泥砂浆）

1）楼地面施工基本要求：

① 楼地面工程面层施工应在顶棚和墙面抹灰完工后进行。

② 基层清理后，用压力水冲洗干净。

③ 不同的楼地面材料做的面层，分界线应放在门口中线处。施工前均先做施工样板，经核验后再进行大面积施工。

④ 楼地面施工前，先在楼地面柱、墙 ±0.5m 处测水平线，控制楼地面的水平度。穿越楼地面的立管加上套管，应以露出地面 30mm，用水泥砂浆或细石混凝土稳牢堵严，如果地面有管线，应用细石混凝土预先稳牢，管线重叠部位需铺设钢板网，每边宽出管子 150mm。

2）水泥地面施工方法。工艺流程：垫层表面清理→洒水湿润→涂刷水泥砂浆结合层→找标高贴灰饼→铺水泥砂浆，刮杠刮平→木抹子槎平→养护。

先将基层表面灰土、杂物清除，根据在墙上弹出的标高控制线和设计规定的厚度，抹出灰饼和冲筋。并且灰饼和冲筋用砂浆强度等级要与水泥砂浆地面的强度等级相同。

当水泥砂浆结合层涂刷完毕后可立即铺水泥砂浆面层，同时用刮杠按灰饼和冲筋的厚度将其刮平、刮匀，随后用木抹子搓平。

水泥砂浆抹面要三次压光，根据环境气温条件和砂浆凝固时间注意砂浆收水时间，最后一遍压光后表面必须平整和光滑，不能出现砂眼，抹子纹路等现象。

楼面压光 12h 后铺草袋子覆盖并洒水养护保持湿润，养护时间不小于 7d，当强度达到 5MPa 时才允许上人。

（4）门窗工程施工方案

1）门框安装。门框安装应在内、外抹灰之前。

安装时应考虑抹灰层厚度，并根据门窗尺寸、标高、安装位置及开启方向（里平、外平、中间、里开、外开），在墙上画出门框位置线。有贴脸的门，立框时应与抹灰补平。

门框的安装标高。以墙上弹 50cm 的平线为依据，用木楔将门框临时固定在门洞内，为保证相邻门框的顺平和墙面交圈，应在墙上拉线找直、找平，并用水平尺将平线引入门洞内作为立框时的标高；再用线坠校正吊直。

每块木砖钉 2 个 10cm 长的钉子，并将钉帽砸扁钉入不能外露。

砌体施工时，应按规范要求的位置及间距砌入带木砖的预制混凝土块。

2）木门扇的安装。先确定门的开启方向及小五金型号和安装位置，对开的裁口方向一般应以开启方向的右扇为盖口扇。

检查门口是否有窜角及各部尺寸是否与图示尺寸吻合，检查门口高度应量门的两侧。检查门口宽度应量门口的上、中、下三点，并在门扇的相应部位画线。

将门扇靠在门框上画出相应的尺寸线，如果门扇较大，则应根据门框的尺寸将大出部分刨去；若门扇较小应绑木条，用胶和钉子钉牢，钉帽要砸扁，并钉入木材内 1～2mm。

第一次修刨后的扇门应以能塞入口内为宜，塞好后用木楔顶住临时固定，按门扇与口留缝的宽度尺寸合适，画第二次修刨线，标出合页槽的位置，同时应注意口与扇安装的平整。一般门碰、碰珠、拉手等距地高度为 95～100cm，插销应装在拉手下面，对开门用暗插销时，安装工艺同自由门。

安装带玻璃门时，一般玻璃裁口在走廊内，卫生间玻璃裁口在室内。

3）成品保护。一般木门框安装后应用薄钢板保护。其高度以手推车轴承中心为准。对于高级硬木门框宜用 1cm 厚木板条钉设保护，防止砸碰门框，破坏裁口，影响安装和装修质量。

修刨门时应用木卡将门边垫起卡牢，以免损坏门边。门框、扇进场后应妥善管理，下面均应垫起，距地面 20～40cm，码放整齐，上面用苫布盖好，防止受潮。

应及时刷清油一道，木框靠墙一边应刷木材防腐剂进行处理，钢框应及时刷好防潮漆，防止生锈。

调整修理门窗扇时不得硬撬，以免损坏扇料和五金。

安装工具应轻拿轻放，不得乱扔，以防损坏成品。

安装门扇时，严禁碰撞抹灰口角，防止损坏墙面灰层。

已安装好的门扇应设专人管理，门扇下用木楔背紧，防止刮风时损坏。

五金的安装应符合图纸要求，严禁丢漏。

门扇安好后不得在室内再使用手推车。

4）塑钢窗安装。塑钢窗安装施工工艺及成品保护要求如下：

① 施工工艺

弹线找规矩：在最高层找出窗口位置后，以其窗边线为标准，用经纬仪将窗边线下引，并在各层窗口处画线标记，对个别不直的口边进行剔凿处理。窗口的水平位置应以楼层+50cm的水平线为标准，往上反量出窗口下皮标高，弹线找直。每一层应保持下皮标高一致。

墙厚方向的安装位置：根据外墙大样图和窗台板的宽度确定窗在墙厚方向的安装位置；如果外墙厚度有偏差时，原则上要以同一房间的窗台板外露宽度一致为准，窗台板伸入窗下 5mm 为宜。

防腐处理：窗框两侧的防腐处理采用涂刷橡胶型的防腐涂料保护装饰膜，避免水泥砂浆直接与铝合金窗表面接触，产生电化学反应腐蚀窗；窗安装时若采用连接件进行固定时，应进行防腐处理；边接固定件最好采用不锈钢件。

就位和临时固定：根据找好的规矩安装窗，并及时将其吊直找平，同时检查其安装位置是否正确，无问题后，用木楔临时固定。

与墙体的固定：窗与墙体的固定方法用射钉将铁脚与墙体固定。铁脚至窗角的距离不应大于 180mm，铁脚间距应小于 500mm。

窗安装固定后，应及时按设计要求处理窗框与墙体缝隙。若设计未规定填塞材料时，应采取矿棉或玻璃棉毡条分层填塞缝隙，外表面 5～8mm 深槽口填嵌嵌缝油膏。在窗台板安装后将窗四周缝同时嵌填，嵌填时防止窗框碰撞变形。

安装五金配件：工程竣工前，内墙粉刷施工完成后再安装五金配件，并保证其使用灵活。

② 成品保护。窗应入库存放，下边应垫起，垫平，码放整齐，防止变形。对已装好坡水的窗，注意存放时的支垫，防止损坏坡水。

门窗保护膜要封闭好，再进行安装，安装后及时将门框两侧用木板条捆绑好，防止碰撞损坏。

若采用中性水泥砂浆或细石混凝土堵缝时，堵后应及时将水泥砂浆刷净，防止砂浆固化后不易清理，并损坏表面。窗在堵缝以前应对与水泥砂浆接触面涂刷防腐剂进行防腐处理。

抹灰前应将窗框用塑料薄膜包扎或粘贴保护起来，在门窗安装前及室内外湿作业未完成以前，不能破坏塑料薄膜，防止砂浆对其面层的侵蚀。

窗的保护膜应在交工前再撕去，要轻撕且不可用铲刀铲，防止将其表面划伤，影响美观。

如果窗表面有胶状物时，应使用棉丝沾专用溶剂进行擦拭干净；如果发现局部划痕，用小毛刷沾染色液进行染补。

架子搭拆、室外抹灰安装及管线施工运输过程中，严禁擦、砸窗边框。

5）玻璃安装。安装前，应清除槽口内的灰浆、杂物等，畅通排水孔。

使用密封膏前，接缝外的玻璃、金属和塑料的表面必须清洁、干燥。

玻璃安装就位后，其边缘不得和框、扇及其连接件相接触，所留间隙应符合国家有关标准的规定。

迎风面玻璃镶入框内后，应立即用通长镶嵌条或垫片固定。

玻璃镶入框、扇内，填塞填充材料，镶嵌条时，应使玻璃周边受力均匀，镶嵌条应和玻璃、玻璃槽口紧贴。

### 4.2.8 安装工程

本工程安装项目由电气、给排水及采暖等组成。

本工程施工工期较短，工程配合面较广，施工质量要求较高，因此必须做好充分的施工准备，全面规划、合理部署，采取正确的施工方法与技术措施，妥善安排力量，精心组织施工，才能按期、按质完成所承担的安装任务。计划按如下施工工艺顺序组织施工：

先地下、后地上，安装工程力求做到与土建施工配合、合理交叉，认真做好各项预留、预埋工作。

考虑与主体工程的交叉配合问题。以不破坏建筑物强度和建筑物美观为原则，对于各工种互相间的配合，要尽量考虑好电气线路、给水排水及供回水管的关系，不要在施工时发生位置冲突，要按有关设计要求距离设置。

先预制，后安装管道和电气、消防等专业。凡有条件的均提前预制，这是缩短工期、提高工效、保证质量的前提。

先重点、后一般，如混凝土楼板、墙身、梁内的各种暗敷管线必须及时配合。

安装的设备是建筑物内的一种设施，必须积极维护以保证良好的使用功能，故施工中要考虑到交付运行后的维修便利。所有管路应注意建筑物的美化问题。

在实际施工中，除了必须认真遵守有关国家规范之外，同时还应遵守当地供电、消防和质监等部门制定的有关规定和管理条例，确保优质工程。

安装工程中的动力、照明、给水排水、消防等在安装工程完毕后进行试运行，通过试运行检验设备的质量，检验设计的合理性和安装工程的质量，从试运行中发现问题并加以排除，使工程和设备达到设计要求的各项指标和性能。我们高度重视调试工作，准备投入较大的精力、较多的劳动力和齐全的调试器具，尽量做到一次运行成功。

由于安装工程中有大量的设备，所以我们将根据工程的现状和相关规范的各项要求及产品的说明书，在试运行前编制试运行的方案，作为试运行的依据。本着对业主负责的精神，我们在试运行过程中将为业主培养设备运行的操作人员和设备检修的技术人员，使整套设备能顺利地交接投入运行。

4.2.9　季节性施工措施

高温施工：由于当地夏季白天气温较高，夜间气温较低，昼夜温差较大，尤其在基础底板施工时为当地昼夜温差最大的时期。对此，采用凉棚遮阳，用彩条布搭棚，防止阳光直晒混凝土产生裂缝，对其他楼层混凝土也采取可靠措施，保证质量。

风季施工：现场人员配备足够的安全带、风镜。保证其他垂直运输机械正常使用。注意检查龙门架的缆风绳、限位器、接地避雷装置及脚手架的安全情况，风速超过规定要求时严禁作业。

雨期施工：现场做好防、排水工作，基坑四周做挡水土埂，防止雨季洪水等灌入，并备好排污泵，保证其完好。塔式起重机、脚手架做好避雷接地。电气设备应经常检查接零、接地保护，电焊机、电闸箱做好防雨防潮。雨后应立即对用电设备进行检查。混凝土浇筑时遇大雨或暴雨及时停止，并用塑料布加以遮盖，注意避免在雨天进行混凝土施工。

## 5　施工进度计划

### 5.1　施工进度计划编制原则

1）满足业主招投标文件工期要求的原则。

2）合理资源配置原则。考虑人力资源、机械设备、材料供应及资金投入的合理配置。

3）在时间、空间上部署的原则。重点考虑季节性施工和立体交叉施工。

4）符合总施工顺序逻辑关系部署的原则：先地下后地上，先结构后维护，先主体后装修，先土建后专业的总施工顺序。

5）采用流水作业，保证施工管理程序化、标准化，提高工作效率。

### 5.2　施工进度工期目标

5.2.1　工期总目标

严格执行合同文件要求，2011 年 8 月 15 日开工，2012 年 10 月 15 日竣工，总工期为 426 日历天。

5.2.2　施工阶段工期目标控制

（1）综合说明

1）本工程的施工进度计划是根据本工程的结构特点及合同工期的要求进行安排的。在合理安排流水段各分部（分项）工程目标的同时，在施工过程中必须抓住关键线路及关键工作的施工，并以此合理配置各种资源，以保证该工程的总计划目标得以实现。

2）本工程以单位工程划分流水段进行流水施工，穿插作业，以保证总工期目标的实现。其他专业（如给水排水、采暖、消防、设备、电气等）的安装施工穿插于装修施工中。

(2) 各分部（分项）工程工期目标控制

1）2011 年 8 月 15 日开工进行放线、土方开挖工作，并于 2011 年 9 月 20 日完成地基与基础工程。

2）主体结构工程施工于 2012 年 5 月 30 日完成。

3）装饰工程施工于 2012 年 8 月 23 日完成。

4）屋面工程施工于 2012 年 6 月 12 日完成。

5）水电暗配管盒等预埋工作与主体结构施工同步进行，采暖、给排水、电气等安装工程与内装修同步进行施工，于 2012 年 10 月 10 日完成。

6）为实现工程总目标工期，其他专业（如强、弱电的配合安装施工）穿插于装修施工中。

### 5.3 施工总进度计划

施工进度计划如附图 2 所示。

## 6 施工准备与资源配置计划

### 6.1 施工准备

#### 6.1.1 技术准备

(1) 图纸及资料的准备　图纸及相关资料已经准备齐全。

熟悉图纸，审图，参加图纸会审，落实设计存在的问题及解决方法、解决时间：2011 年 7 月 20 日。

准备工程需要的图集、规范、标准、法规及资料等，确保有效版本满足施工使用要求。

熟悉施工现场的地质、水文等勘察资料，审查地基处理和基础设计是否符合现场实际，明确业主对工程期限和使用的要求，并将以上记录汇总报业主和监理工程师。

项目主任工程师组织各专业技术人员认真学习设计图纸，领会设计意图，做好图纸会审。

针对本工程特点进行质量策划，编制工程质量计划，制订特殊工序、关键工序及重点工序质量控制措施。

依据施工组织设计，编制分部（分项）工程施工技术措施，做好技术交底，指导工程施工。

进行工程配料，图纸放样，发送钢筋场生产成型筋。

做模板设计图，进行模板加工。

根据监理批准使用的水泥、砂、石骨料，外加剂品种，由项目部委托试验室完成各强度等级的混凝土试验室配合比单，并报监理工程师审批。

现场设置试验、试件标准养护室，并设给水排水设施。选择符合有关规定要求的独立实验室做见证试验，将其资质报送监理工程师审核。

(2) 器具的配置　器具的配置见附表 12。

(3) 技术工作安排

1）单项（或专业）施工方案的编制计划见附表 13。

2）新技术应用及科研计划安排（见附表 14）。

附表 12　器具的配置

| 序号 | 器具设备名称及型号 | 数量 | 来源 | 所属部门 | 备注 | 序号 | 器具设备名称及型号 | 数量 | 来源 | 所属部门 | 备注 |
|---|---|---|---|---|---|---|---|---|---|---|---|
| 1 | 经纬仪 | 1 台 | 购买 | | | 9 | 乙炔表 | 1 块 | 购买 | | |
| 2 | 水准仪 | 3 台 | 购买 | | | 10 | 温湿度表 | 2 块 | 购买 | | |
| 3 | 磅秤 | 5 台 | 购买 | | | 11 | 回弹仪 | 1 个 | 购买 | | |
| 4 | 砂石筛分器 | 1 个 | 购买 | | | 12 | 砂浆稠度仪 | 1 个 | 购买 | | |
| 5 | 工程质量检验包 | 1 个 | 购买 | | | 13 | 架盘药物天平 | 1 台 | 购买 | | |
| 6 | 铝合金塔尺 | 3 个 | 购买 | | | 14 | 试模 | 12 个 | 购买 | | |
| 7 | 钢卷尺 | 2 把 | 购买 | | | 15 | 砂浆试模 | 6 个 | 购买 | | |
| 8 | 氧气表 | 1 块 | 购买 | | | | | | | | |

附表 13　单项（或专业）施工方案的编制计划

| 序号 | 方案名称 | 编制完成时间 | 负责人 |
|---|---|---|---|
| 1 | 施工现场临设施工方案 | 2011-6-15 | |
| 2 | 土方开挖方案 | 2011-7-20 | |
| 3 | 临时用电施工方案 | 2011-7-18 | |
| 4 | 模板施工方案 | 2011-7-28 | |

附表 14　新技术应用及科研计划安排

| 项　　目 | 负责人 | 总结（论文）撰写人 |
|---|---|---|
| STO 岩棉保温板材料 | | |
| 钢筋直螺纹连接技术 | | |

3）试验安排。试验安排如下：

① 现场试验工作。建立现场标准养护室（搅拌站），经项目（主任）工程师、质检员验收合格后投入使用。现场试验工作由项目经理部技术部领导。

②试验内容和送检。原材料的试验及见证试验：如各种原材料、水泥、砂、石、外加剂、钢筋、防水材料、砖、砌块、其他专用材料，以及半成品等进场后，根据有关规定进行取样和见证取样送至所确定的试验室进行试验。

4）样板及样板间计划。根据工程特点及难点，以及工程做法，确定各分项（分部）工程或特殊工序的样板及样板间计划，实行样板制，确保工程质量。

5）高程引测与定位。做好坐标点、水准点的引入工作。说明轴线控制及标高引测的依据。进场后复核建筑物控制桩，做好栋号的控制桩和水准点的测设和保护工作。

### 6.1.2　生产准备

（1）临时供水、供电、供热

1）施工临时供水系统准备计划

① 施工用水量计算。按日用水量最大的浇筑混凝土工程计算，根据以往经验，预计每小时可到混凝土 20m³，即每台班产量 160m³。

施工用水量

$$q_1 = K_1 \sum \frac{Q_1 N_1}{T_1 b} \times \frac{K_2}{8 \times 3600}$$

式中，$K_1 = 1.05$；$\Sigma Q_1 = 160\text{m}^3$；用水定额 $N_1 = 1800\text{L/m}^3$（包括其他如养护、冲洗模板等）；$K_2 = 1.5$；$T_1$ 为季度有效工作日（d），按每天计算；$b$ 为每天工作班次，按一班计算。

$$q_1 = (1.05 \times 160 \times 1800 \times 1.5)/(8 \times 3600)\text{L/s} = 3.49\text{L/s}$$

② 施工机械用水量 $q_2$（不计）。

③ 施工现场生活用水量。施工现场生活用水量计算如下：

生活用水量

$$q_3 = (P_1 \times N_3 \times K_4)/(b \times 8 \times 3600)$$

式中 $P_1$——施工现场最高峰昼夜人数，按 150 人考虑；

$N_3$——施工现场生活用水定额，取 40L/（人、日）；

$K_4$——施工现场生活用水不均衡系数，取 1.5；

$b$——每天工作班次，取 2 班。

$$q_3 = (150 \times 40 \times 1.5)/(2 \times 8 \times 3600)\text{L/s} = 0.16\text{L/s}$$

④ 生活区生活用水量：$q_4$ 没有，因此不计。

⑤ 消防用水：本工程占地面积远远小于现场面积的规定。消防用水 $q_5$ 取 10L/s。

⑥ 总用水量计算：

$$Q = q_1 + q_2 + q_3 + q_4 = (3.49 + 0 + 0.16 + 0)\text{L/s} = 3.65\text{L/s}$$

$$Q < q_5 = 10L/s \qquad \text{总用水量取} \quad 10.0\text{L/s}$$

⑦ 管径计算：施工用水经济流速 $v$ 取 1.3m/s

$$d = \sqrt{\frac{4Q}{\pi v \times 1000}} = \sqrt{\frac{4 \times 10.0}{3.14 \times 1.3 \times 1000}}\text{m} = \sqrt{0.0098}\text{m} = 0.098\text{m}$$

供水管径由计算公式得出

$$D = 0.1\text{m} = 100\text{mm}$$

故知临时供水管道需用内径为 $DN100$ 的供水管。

将建设单位提供的水源用 $D = 100$mmPE 给水管引入现场，并接入施工用水地点，按施工现场平面布置图布设分管，水管埋土 0.5m，能满足施工要求。为防止间歇性停水，在现场修建 60m³ 水池。

2）施工临时供电系统准备计划。施工用电：由业主提供的电源采用钢管穿电缆埋地引入现场配电室，主干线采用埋地线接入各分配电箱。楼层内用电以埋地钢管穿线引入地下一层，再沿管道井垂直敷设，并接入各层分线控制箱。

利用甲方提供的电源，设置配电房和配电柜，布设现场供电电缆。电线、电缆必须预埋或架空架设，动力和照明分开。

① 用电量计算（附表 15、附表 16、附表 17）。

附表 15　动力设备用电一览表

| 序号 | 名　称 | 功率/kW | 数量 | 小 计 |
|---|---|---|---|---|
| 1 | QTZ315 塔式起重机 | 48 | 1 | 48 |
| 2 | 混凝土搅拌机 | 7.5 | 2 | 15 |
| 3 | 龙门架 | 11 | 1 | 11 |
| 4 | 插入式振动棒 | 1.5 | 4 | 6 |
| 5 | 电锯 | 1.5 | 1 | 1.5 |
| 6 | 平板式振动器 | 1.5 | 2 | 3 |
| 7 | 蛙式夯土机 | 6 | 2 | 12 |
| 8 | 钢筋切断机 | 2 | 1 | 2 |
| 9 | 钢筋弯曲机 | 5 | 1 | 5 |
| 10 | 套丝机 | 3 | 2 | 6 |
| 11 | 对焊机 | 30 | 1 | 30 |
| 12 | 卷扬机 | 7.5 | 1 | 7.5 |
| 13 | 水泵 | 2 | 2 | 4 |
| 14 | 切割机 | 1.5 | 3 | 4.5 |
| | 总计 | $P_1=155.5\text{kW}$ | | |

附表 16　电焊机设备用电一览表

| 序号 | 名　称 | 容量/kV·A | 数量 | 小 计 |
|---|---|---|---|---|
| 1 | BX3-300 交流电焊机 | 11 | 2 | 22 |
| | 总计 | $P_2=22\text{kV}\cdot\text{A}$ | | |

附表 17　室内外照明用电一览表

| 序号 | 名　称 | 功率/kW | 数量 | 小 计 |
|---|---|---|---|---|
| 1 | 现场照明 | 1 | 10 | 10 |
| 2 | 办公室照明 | 1 | 3 | 3 |
| | 总计 | $P_3=10.0\text{kW}\quad P_4=3.0\text{kW}$ | | |

② 负荷计算及设备选择。负荷计算及设备选择如下：

总用电量计算

$$\begin{aligned}P_{总}&=1.05(K_1\Sigma P_1/\cos\phi+K_2\Sigma P_2+K_3\Sigma P_3+K_4\Sigma P_4)\\&=1.05\times(0.6\times155.5/0.75+0.6\times22+0.8\times10.0+1\times3.0)\text{kV}\cdot\text{A}\\&=156.03\text{kV}\cdot\text{A}\end{aligned}$$

变压器额定用量 $P_{变}$ 计算

$$P_{变}=1.4P_{总}=1.4\times156.03\text{kV}\cdot\text{A}=218.442\text{kV}\cdot\text{A}$$

由业主提供的室外施工用电电源，用缆线引入现场配电室，从总配电箱架设埋地电缆或沿围墙明设接入各分配电箱，应符合《施工现场临时用电安全技术规范》（JGJ 46—2005）的规定。根据提供的容量，基本满足要求。在外部供电未完成现场送电或施工中有时出现外部检修停电时，由项目部自备一套50kW发电机组做供配电系统，其供电能力除满足施工外，也可满足业主代表、监理工程师驻地的设施用电，是保证工程连续施工的储备手段。

③ 电源线及电器的选择。总电流的计算（按三相四线制线路计算电流）

$$I_{总}=\frac{1000P_{总}}{\sqrt{3}U\cos\phi}=\frac{1000\times218.442}{1.732\times380\times0.65\times0.86}\mathrm{A}=593.74\mathrm{A}$$

考虑到现场用电设备不能同时使用，不平衡系数按60%计算实际电流为

$$\mathrm{I}=593.74\times60\%\,\mathrm{A}=356.24\mathrm{A}$$

导线的选择：

根据施工现场平面布置图，总线按“三相五线制”设埋地电缆，进现场分配电箱用埋地钢管穿线敷设电缆，导线选用$VV_{22}-4\times185+1\times95$，总开关选用刀型转换开关，电流互感器选LMZJ1－0.5－400/5，电度表选用DT8型－5A－380/220V。

施工现场电力供应，现场总配电柜系统及分配电箱，开关箱布置见附图3施工现场平面布置图。

（2）临时道路、排水及围墙

1）给水：由业主指定的水源接入，按施工现场平面布置图铺设$\phi$100镀锌钢管做主干管。经立管接至各层用水点，楼层用水点设置水箱。

2）排水：施工现场污水及生活用水，雨天下雨积水等，在地下埋设$\phi$150下水管道集中排水，就近排入排污系统管道内。

3）临时设施搭建：根据生产需要，按施工现场平面布置图修建临设房屋，设置砂浆搅拌站、水泥库、砂石料场、钢筋加工厂及木工棚等施工设施。由于现场空间狭小，根据文明施工的要求，生活区与施工区分离，因此把职工生活区布置在施工现场以外，具体位置见附图3施工现场平面布置图。

（3）生产、生活临时工程或设施的安排、分布　根据生产、生活的需要，施工现场围墙采用蓝色彩钢板栏板搭设，按施工现场平面布置图修建临设房屋，现场采用彩板搭设办公用房，生活用房采用活动板房，厕所、淋浴间采用多孔粘土砖砌，现场设置砂浆搅拌、水泥库、砂石料场、钢筋加工厂及木工棚等施工设施。做好“三通”工作，确保施工前现场路通、水通、电通。

#### 6.1.3　对业主的要求

为保证本工程的顺利进行，从我方的角度需由业主提供的全套施工图纸，根据合同要求由业主确认的分包和设备材料，需要解决现场平整、给水排水及管沟回填等问题。

#### 6.1.4　其他准备

其他准备包括施工手续、各种证件、许可证、环保、卫生、消防、扰民等，已按规定办理。

### 6.2　资源配置计划

#### 6.2.1 主要劳动力配置计划（附表18）

附表 18　主要劳动力配置计划

| 序号 | 工　种 | 人　数 | 施工阶段 | 进出场时间 | 备注 |
|---|---|---|---|---|---|
| 1 | 瓦工 | 35 | 填充墙砌筑 | 按施工进度入场 | |
| 2 | 混凝土、普通工 | 30 | 主体施工 | 按施工进度入场 | |
| 3 | 模板工 | 30 | 主体施工 | 按施工进度入场 | |
| 4 | 钢筋工 | 30 | 主体施工 | 按施工进度入场 | |
| 5 | 抹灰工 | 20 | 装修工程 | 按施工进度入场 | |
| 6 | 粉刷工 | 20 | 装修工程 | 按施工进度入场 | |
| 7 | 架子工 | 20 | 主体施工 | 按施工进度入场 | |
| 8 | 电工 | 15 | 设备安装 | 按施工进度入场 | |
| 9 | 水暖工 | 16 | 设备安装 | 按施工进度入场 | |
| 10 | 机械工 | 2 | 主体施工 | 按施工进度入场 | |
| 11 | 防水工 | 10 | 防水工程 | 按施工进度入场 | |
| 12 | 电焊工 | 10 | 主体、装修 | 按施工进度入场 | |
| 13 | 安装工 | 20 | 装修工程 | 按施工进度入场 | |

6.2.2　主要材料配置计划（略）

6.2.3　主要周转材料配置计划（附表 19）

附表 19　主要周转材料配置计划

| 序号 | 材料名称 | 材料来源（租赁或购置） | 单位 | 数量 | 使用时间 | 使用部位 |
|---|---|---|---|---|---|---|
| 1 | 组合钢模 | 租赁 | $m^2$ | 1100 | 60d | 地下室基础 |
| 2 | 木方 | 购买 | $m^3$ | 100 | | 一层至跃层主体 |
| 3 | 木模 | 购买 | $m^2$ | 1200 | | 一层至跃层主体 |
| 4 | 钢管 | 租赁 | t | 200 | | 模板支撑、脚手架 |
| 5 | 扣件 | 租赁 | 个 | 34000 | | 模板支撑、脚手架 |
| 6 | U 型卡 | 租赁 | 个 | 20000 | | 地下室基础 |
| 7 | 脚手板 | 租赁 | $m^2$ | | | 主体维护架 |
| 8 | 密目安全网 | 购买 | $m^2$ | 3500 | | 外围护架 |

周转材料包括：选用的各种形式的模板、脚手工具（钢管、支撑、扣件、碗扣支撑、早拆头等）、板方木材、安全材料（各种安全网）以及其他周转材料。要求项目在组织施工前认真核算上述材料的用量，填写上表。

6.2.4　构配件、设备加工订货计划（略）

6.2.5　主要施工机械配置计划（附表 20）

附表 20　主要施工机械配置计划

| 序号 | 机械名称及型号 | 单位 | 数量 | 机械来源 | 进出场时间 | 备注 |
| --- | --- | --- | --- | --- | --- | --- |
| 1 | 塔式起重机 | 台 | 1 | 租赁 | 按施工进度入场 | |
| 2 | 搅拌机 | 台 | 2 | 租赁 | 按施工进度入场 | |
| 3 | 混凝土输送泵 | 台 | 1 | 租赁 | 按施工进度入场 | |
| 4 | 插入式振捣棒 | 台 | 4 | 租赁 | 按施工进度入场 | |
| 5 | 平板振动器 | 台 | 2 | 租赁 | 按施工进度入场 | |
| 6 | 蛙式打夯机 | 台 | 2 | 租赁 | 按施工进度入场 | |
| 7 | 交流电焊机 | 台 | 2 | 租赁 | 按施工进度入场 | |
| 8 | 套丝机 | 台 | 1 | 租赁 | 按施工进度入场 | |
| 9 | 木电圆锯 | 台 | 1 | 购置 | 按施工进度入场 | |
| 10 | 水泵 | 台 | 1 | 租赁 | 按施工进度入场 | |
| 11 | 挖掘机 | 辆 | 1 | 租赁 | 按施工进度入场 | |
| 12 | 自卸汽车 | 台 | 4 | 租赁 | 按施工进度入场 | |
| 13 | 钢筋对焊机 | 台 | 1 | 租赁 | 按施工进度入场 | |
| 14 | 钢筋弯曲机 | 台 | 2 | 租赁 | 按施工进度入场 | |
| 15 | 钢筋切断机 | 台 | 1 | 租赁 | 按施工进度入场 | |
| 16 | 钢筋调直机 | 台 | 1 | 租赁 | 按施工进度入场 | |
| 17 | 型材切割机 | 台 | 1 | 租赁 | 按施工进度入场 | |

# 7　施工现场平面布置

## 7.1　施工现场平面布置图说明

本工程必须满足《建筑施工安全检查标准》（JGJ 59—2011）的要求。施工现场平面布置根据现场情况按阶段规划，保证现场安全、整齐、合理。

7.1.1　现场平面布置

（1）现场周围布置　本工程位于小区建筑群内，为保证施工、充分利用现场，进行施工现场文明管理。场地入口处设 10m 宽的大门（大门采用组合式，为双平开大门），在门边设警卫室，建立出入登记制度。在靠大门的道路两侧围墙上悬挂本工程“五牌一图”等。现场内分别布置施工区、生活区和办工区，布设环场道路，进行门前绿化。

（2）上水布置　将建设单位提供的水源按用水设计采用 $D=100$mm 的 PE 给水管按施工现场平面布置图布设，水管埋深为 0.5m，然后引入各用水点。主体及装修施工阶段设置集水箱，再用水泵经临设立管，接入各层水平管。

（3）下水布置　现场设污水沉淀池，确保不渗不漏，以防污染地下水源。将现场污水汇总埋管排入化粪池，经沉淀排入市政管网。

（4）用电布置 施工用电从业主提供的变压器引入现场配电室后出线，主干线架空敷设电线接入各分配电箱。楼层内用电缆以埋地穿管引入地下一层，再沿管道井垂直敷设，并接入各层分线控制箱。

（5）材料堆场布置 现场设砂浆搅拌站及水泥库、砂、大型工具材料堆放场地。零星材料存入现场仓库，随用随领。

（6）临时设施布置 本工程现场较小，钢筋在场外加工制作，材料现场堆放，现场搭设警卫室、仓库、化验室，项目办公室、监理办公室、食堂。具体布置如附图3所示。

7.1.2 地下结构施工阶段平面布置

（1）施工临时供电

1）配备足够施工配电箱保证各用电点用电。

2）在基坑两端各搭设一座灯塔，保证基坑照明，并配备足够的碘钨灯帮助局部照明。

（2）施工临时供水 利用业主提供的水源作为施工用水。给水管分支布设至基坑周围，供施工用水。

（3）施工机械布置（附图3）

（4）施工安全设施布置 沿基坑边设置钢管防护栏杆和钢管扣件组合爬梯，供施工人员上下，栏杆用油漆作出醒目标志。

（5）施工临时排水 为防止地表水及雨水倒灌入基坑，在基坑边设挡水坝，在基坑周边设集水井，用排污泵排水；同时做好地下水位突然上升的应急措施。

7.1.3 地上结构阶段施工平面布置

（1）施工机械布置 依据现场平面情况，垂直运输拟投入塔式起重机一台、搅拌机两台，其他机具布置如附图3所示。

（2）各层楼面电箱布置 每层配备1台配电箱，电缆线从结构预留洞随着进度上升。每层用电通过配电箱连接到各流动小闸刀箱进行施工，电缆通过洞口时，用抱箍及膨胀螺栓把电缆固定在结构上。

（3）各层给水布置 为满足各层施工用水，各施工层设置$\phi$20mm供水立管，在立管就近装置施工用水龙头，楼层施工点用水主要采用橡皮胶管。

（4）主体施工安全 按整栋建筑全封闭围护设置。

7.1.4 装修阶段施工平面布置

本工程现场较小，为保证进度，根据进度安排材料进场。主体阶段模板、钢筋的堆放场地，在装修阶段可作为装饰材料的存放场地。

7.1.5 现场防火布置

在现场四周设环状道路、仓库、食堂、宿舍，变配电室外挂干粉灭火器，设置消防桶、砂、消防斧、锹等工具若干。

## 7.2 施工现场平面布置图

地下结构施工阶段平面图（略）。

主体阶段施工现场平面布置图如附图3所示。

装修阶段施工平面图（略）。

# 8 主要施工管理计划

## 8.1 进度管理计划

8.1.1 组织措施

1）项目部同建设单位、监理单位及设计单位紧密配合，集中统一施工队伍，统一协调指挥，对工程进度、质量、安全全面负责，从组织上保证总进度目标的实现。

2）以施工方案中的总进度为基础，计划为龙头，实行长计划短安排，通过季、月、旬计划的布置和实施，加强调度职能，维护计划的严肃性。各专业工长负责各自区段的施工进度，实现按期完成竣工目标。

3）建立每周现场协调会，举行建设单位、监理单位、设计单位及施工单位联系会，由项目负责人汇报进度情况，提出须预先解决的问题，及时解决施工中出现的问题。

4）认真领会设计意图，在每个分部（分项）工程施工中及时与监理方及质量监督站积极配合，保证每个分部（分项）工程施工中不出现因主观或客观原因造成工期延误。

5）所需的劳动力均以工种为基础组成专业施工队。每个施工队需配备专业技师多名，并能熟练掌握本工种的各项高难技术，灵活运用最先进的便携式电动工具。各施工队的进场、退场，在工作面的时间均按总体进度网络计划由项目部统筹调动。

6）实行两班工作制，原则上节假日不休息。从平整场地到竣工收尾，各主要施工阶段均定出大部位控制目标，把施工准备、料具配备、人员投入的时间及机械进场等均列入控制之中。

8.1.2 技术措施

根据施工进度计划认真组织各工序环节的衔接，使各工种工序合理穿插。在保证质量的情况下，赶工期。

1）采用先进、有效的支模方法及成熟的施工技术，提高施工工效、加快施工进度，保证按期交工。

2）认真选择技术管理素质较高的劳务工队伍，加强操作工人技术水平训练，防止返工，有效加快施工进度。

3）混凝土掺用高效减水剂、早强剂，缩短混凝土浇筑及技术间歇时间，加快进度。

4）合理使用垂直运输机械，保证运输材料。

5）主体施工中顶板底模采用竹胶合板，以达到清水混凝土的效果；减少顶棚抹灰，以达到缩短工期的目的。

## 8.2 质量管理计划

8.2.1 质量管理目标

该工程质量标准要求一次验收合格。

8.2.2 质量管理措施

（1）建立质量保证体系（项目质量保证体系图略） 建立健全施工、技术管理、质量监督、物质保证、经营保证和安全教育六大质量保证体系，明确项目经理是质量第一责任人，项目工程师是项目质量经理。公司加强三级管理制，公司质量管理部对该工程每月抽检一次，分公司技术科每月专检两次，每个分部（分项）工程由专职质检员随时检查，每个施工队设兼职质量员一名，归项目经理部统一管理，主要负责自检、互检和交接检。质检人

员有“停工权”、“返工权”和“奖罚权”，使他们权责一致。

（2）建立健全严谨的各项规章制度　项目部针对现场的具体情况，对行之有效的各项规章制度进行深化，建立《项目部管理人员质量责任制》、《质检计划》、《见证取样计划》；同时公司质量管理部与项目各管理人员签订质量责任书，项目部与项目作业班组签订质量责任书，以明确各级管理人员及班组的责任和权力；同时制定出确保工程质量、安全生产、文明施工及工程进度的管理措施，使整个施工过程处于严格的受控状态。

（3）强化验收，抓好工程控制

1）强化验收就是要加强工序过程的验收，上道工序没有验收，不得进入下一道工序施工。

2）每一检验批必须经项目经理、工长、施工班组长、质检员和监理工程师验收签字，填写检验批质量验收记录后，方可进行下道工序施工。

3）强化施工过程中的质量跟踪控制，对作业班组开展以“自检”、“互检”、“交接检”为内容的“三检”活动，即“检查上道工序质量，保证本道工序质量，创造或提供下道工序质量条件”。交接要坚持“三不交接”，即“无自检记录不交接，未经质检员验收不交接，无施工记录不交接”，从而杜绝存在的质量问题，把不合格品消灭在萌芽状态中。

（4）完善成品保护制度　完善成品保护制度，一要合理优化工序安排，防止工序倒置；二要采取落手清；三要采取封堵等有效的成品保护措施；四要加强管理人员及工人的成品保护意识教育，减少人为破坏。

（5）积极与监理、监督部门配合　积极主动与业主、监理及质量监督部门配合，建立定期例会制度，及时解决施工中存在的质量问题，并对施工的薄弱环节制定预控措施，把质量隐患消灭在萌芽状态，有效地确保工程质量始终处于受控状态。

## 8.3　安全管理计划

### 8.3.1　安全管理目标

完善安全措施，提高安全意识，杜绝工伤死亡事故，降低轻、重伤频率，使年事故频率低于0.15%。施工现场安全按标准化要求全面达到《建筑施工安全检查标准》（JGJ 59—2011）的要求。

### 8.3.2　安全组织措施

（1）安全生产管理保证体系　（安全生产管理保证体系图略）

（2）安全生产管理制度及安全检查

1）安全生产制度。建立各项健全的安全制度，本工程安全责任由项目建造师全权负责，并配备一名专职安全员负责具体实施。

① 建立安全生产责任制，明确各职能人员及有关人员的责任。各项经济承包有明确的安全指标和包括奖惩办法在内的保证措施，项目部与职工之间必须签订安全生产施工合同。

② 坚持教育制度，加大对职工的安全培训教育，特别是特殊工种的安全培训教育，并登记在案。

③ 建立安全生产、文明施工及现场定期检查考核制度，查出的问题及时整改，做到定人、定时间、定措施，对考核不达标的班组和个人进行5%～10%的经济处罚。

④ 建立分部（分项）工程安全技术交底制度。交底要有针对性、可操作性，符合《建筑施工安全检查标准》（JGJ59—2011）、《施工现场临时用电安全技术规范》（JGJ 46—

2005）等要求。

⑤ 建立安全生产一票否决制。

⑥ 各级领导在计划、布置、检查、总结、评比生产的同时，计划、布置、检查、总结、评比安全。

2）各级安全生产责任制度。各级安全生产责任制度如下：

① 安全实行两级管理，每月由主管领导负责，组织各相关人员对现场安全进行检查。

② 项目部建立安全领导小组，建立健全各级安全生产制度，安全意识落实到每个人心中，提高安全防范措施。各项经济承包有明确的安全指挥和包括奖罚办法在内的保证措施，项目部与职工之间签订安全生产施工合同。

③ 为加强项目安全施工管理，项目部制定各职能人员岗位责任制，即项目建造师岗位责任制、项目工程师岗位责任制、工长岗位责任制、质量检查员岗位责任制、安全员生产岗位责任制、材料岗位责任制、定额员岗位责任制、资料员岗位责任制、库房保管员岗位责任制，以及试验工岗位责任制，并将这些制度一律上墙，加大监督安全力度。

④ 各级安全生产责任制。

### 8.3.3 安全生产技术措施（略）

## 8.4 环境管理计划

建筑施工工地是一个主要的环境污染源，尤其为噪声、粉尘及废水，而这些将直接影响周边社区的生活环境，因此切实做好环境保护工作是保持正常施工、创建文明工地的重要条件之一。

### 8.4.1 环境管理目标

施工中环境管理的目标应为确保违规文件为零，污水、废气、噪声、扬尘、废弃物等污染物排放符合国家和地方有关规定。有效控制污染排放，节能降耗除尘降噪，实现施工现场绿色施工。

### 8.4.2 环境管理措施

（1）环境管理组织机构　建立以项目经理为首的环境管理组织机构（机构图略），由项目经理明确项目的环境目标并分解落实，明确相关人员的环境职责和权限，由项目技术负责人组织实施项目环境管理方案，由环境管理员负责施工现场的环境管理和监督，实施环境监测和测量；其他相关人员负责本职责和权限内的环境管理工作。

（2）环境保护措施（管理方案）

1）严格控制施工场地的噪声污染。具体措施如下：

① 电锯房、块材切割房要全封闭；对无法避免的强噪声应合理安排施工时间，如使用电锤、电钻、电锯等，除进行隔声封闭外，应尽量不安排在晚上。

② 块材、木制品等材料尽量在场外加工。

③ 对有特殊要求的混凝土施工，采购低噪声插入式振捣棒。

④ 尽量在夜间不安排有噪声的施工。严格作业时间，提高白天施工生产效率，控制夜间施工，一般不超过16h。必须昼夜连续施工的项目要制定措施，并报监理工程师和环保单位，申请批准后实施。根据现场实际周围有居民住宅，而在主体施工中噪声的来源主要是钢筋，模板运输，浇筑、振捣混凝土，以及为这些工序而工作的机械，在建筑物外侧搭设双排脚手架，在密目安全网内侧附聚氯乙烯苯板吸声。对混凝土泵车噪声的解决是在其周围上部

搭设隔声棚，用内附附聚氯乙烯苯板吸声。高考期间夜间不施工，保证符合《建筑施工场界环境噪声排放标准》（GB 12523—2011），给四周创造一个良好的环境。

⑤ 加强机械设备的保养。结构混凝土浇筑全部采用商品混凝土，现场不设搅拌站，使用的混凝土输送泵四周设置降音棚；此棚采用50mm厚的聚氯乙烯苯板做隔声，外部用木板固定，控制施工噪声。

⑥ 定期用声级计进行噪声检测，发现问题及时解决。

2）严格控制粉尘排放。具体措施如下：

① 派专人洒水降尘。

② 采用排风吸尘器吸尘。

③ 楼上垃圾分类装袋后应尽可能集中临时堆放在各层靠近楼梯间的房间内，并在每天晚上6点以后将当天产生的各种垃圾及时清运到场外垃圾场，严禁从楼上抛洒。

④ 对易起尘砂裸露的砂堆、水泥等，用完后用苫布覆盖。

3）严格控制固体废弃物及污水的排放。具体措施如下：

① 废旧材料回收利用。

② 防止不合格材料进场。

③ 加强质量控制，并严格制定、执行成品保护措施，以免造成不必要的返工修补。

4）现场不得焚烧产生有毒、有害、烟尘等有害健康的物资。

5）为了确保居民生活、工作秩序不受影响，我们将加强垂直、水平运输组织管理，根据具体施工进度计划制订详细的材料进场计划，严格控制材料进场时间，以降低夜间垂直、水平运输频率，减少噪声。

**8.5　文明施工管理计划**

8.5.1　文明施工管理目标

建立文明施工组织管理体系，制订文明施工管理规划，明确责任。认真贯彻执行建设部、新疆维吾尔自治区关于施工现场文明施工管理的各项规定，做到科学施工，力争取得市安全文明施工样板工程的称号。

8.5.2　现场文明施工领导小组

组 长：项目经理

副组长：项目主任工程师

成 员：工长、安全员、材料员、预算员

8.5.3　文明施工管理措施

1）由于本工程是在住宅区内施工，根据现场特点，挑选遵守纪律、专业技能熟练的施工作业队。绝对服从项目的管理，施工现场所有人员统一服装，佩戴标明其姓名、职务（工种）及作业队的胸牌。

2）根据公司标准化实施要求及标准，制订本项目现场标准化设计方案并严格组织实施。

3）严格执行项目所在地建筑工程现场管理办法及建委文件，施工现场内应严格按照施工现场平面布置图进行布置，并在公司的统一规划安排下设置安全文明生产牌、消防保卫牌，场容环保管理制度牌及施工现场平面布置图板。

4）施工现场的临时设施，包括料场、临时上下水管道及动力照明设备等，严格按照施工组织设计确定的施工现场平面布置图进行布置，并做到搭设或埋设整齐。

5）按照现场使用功能划分区域，建立文明施工责任制，明确管理负责人，实行挂牌制度，所辖区域的有关人员必须健全责任制。

6）施工作业有防火、防尘、排水等管理措施。

7）施工现场安排专人负责清扫，现场材料码放整齐。

8）教育施工人员养成良好的习惯，做到“活完脚下清”，保持施工现场清洁、整齐、有序。

9）现场严禁“长流水长明灯”。

10）进入施工现场的人员严格按照《施工人员安全帽形象规范》的要求佩戴安全帽。

## 8.6 成本管理计划

### 8.6.1 成本管理目标

采取现代化成本管理进行成本预算、成本决策、成本计划、成本控制、成本核算、成本分析，以及成本考核，使施工项目在保证产品质量的前提下，确保项目管理各个环节的成本得到有效的控制。

### 8.6.2 成本管理组织机构

建立以项目经理为首的工程项目成本管理组织机构，各部门制订成本管理计划，由项目副经理及项目副总工程师负责成本管理计划的实施及监督各相关部门，确保成本管理目标的实现。成本管理机构图（略）。

### 8.6.3 成本管理的控制措施

1）认真审查图纸：在施工过程中必须按图施工，对设计图纸进行认真会审，并提出修改意见，在取得用户和设计单位的同意后，修改设计图纸，同时办理增加签证。

2）合理组织施工：正确选择施工方案，提高经营管理水平。在施工前首先做好施工准备阶段的管理工作，如编制施工组织设计、编制工程预算、优化劳动力投入计划及组织材料采购工作等，从降低工程成本的角度来说，不仅在施工过程中要大力节约施工费用，而且在施工准备阶段也要十分注意经济效益。具体地说，做好施工组织设计，正确选择施工方案，是降低工程成本的重要途径之一。

3）提高劳动生产率：提高管理层和操作层的业务技术水平和施工生产积极性是提高经济效益的关键，因此要加强职工政治思想工作，开展劳动竞赛，实行定额管理和工资奖励制度，以调动广大职工的积极性；同时注重人才的培养，有效地提高职工的科学技术水平和劳动熟练程度，并注意不断改善生产劳动组织，以适应现代化施工的需要。

4）充分发挥施工机械设备的效能，加快施工进度，缩短工期，降低成本，提高经济效益。

5）节约材料消耗：施工项目材料费约占工程成本的60%左右，随着机械化程度的提高和技术的进步，以及劳动生产率的不断提高，材料费在工程成本中所占比例还会不断地增加，所以在施工过程中大力节约材料消耗是降低成本的主要途径。

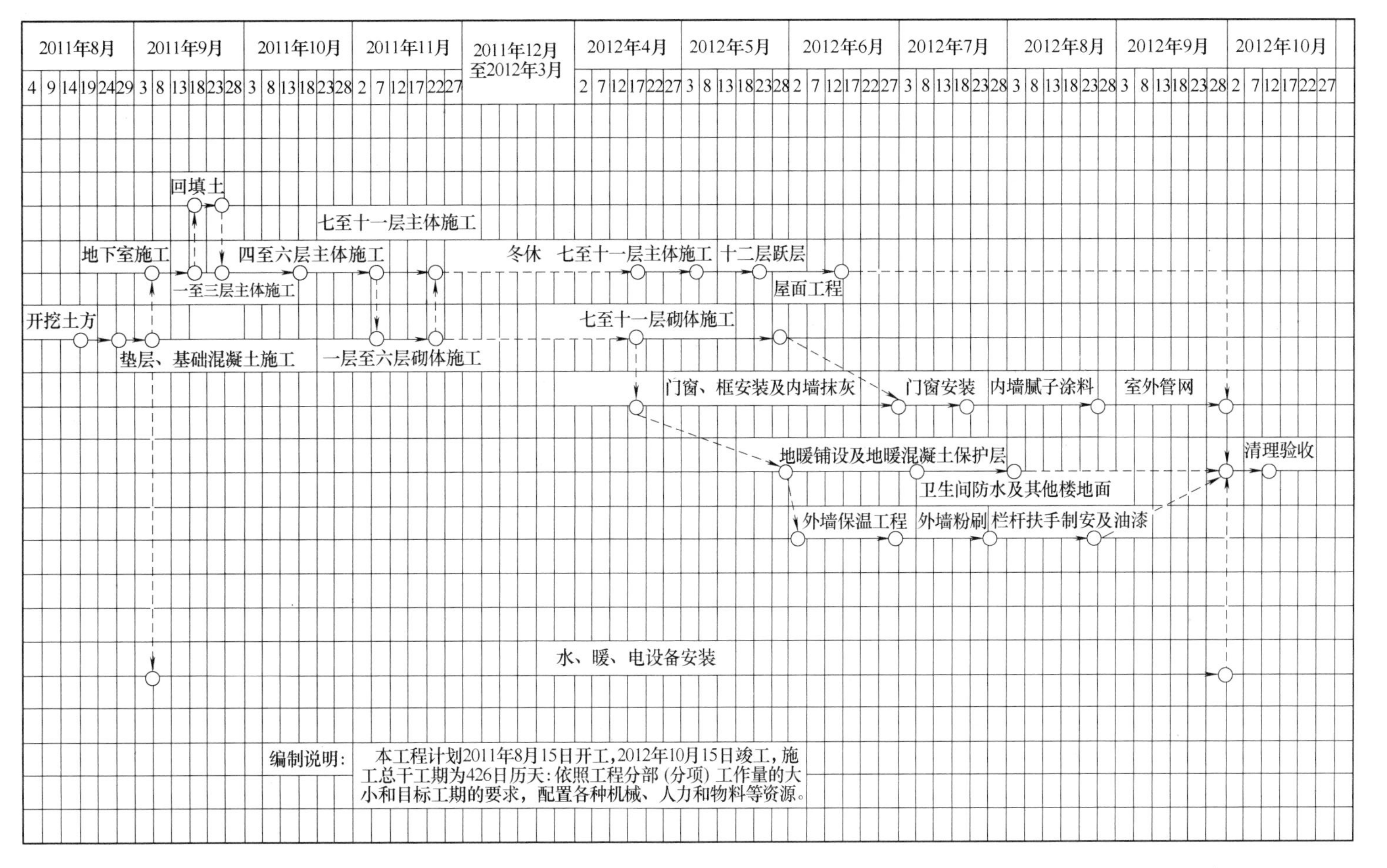
2011年8月
2011年9月
2011年10月
2011年11月
2011年12月至2012年3月
2012年4月
2012年5月
2012年6月
2012年7月
2012年8月
2012年9月
2012年10月
回填土
七至十一层主体施工
地下室施工
四至六层主体施工
冬休　七至十一层主体施工
十二层跃层
一至三层主体施工
屋面工程
开挖土方
七至十一层砌体施工
垫层、基础混凝土施工
一层至六层砌体施工
门窗、框安装及内墙抹灰
门窗安装
内墙腻子涂料
室外管网
地暖铺设及地暖混凝土保护层
清理验收
卫生间防水及其他楼地面
外墙保温工程
外墙粉刷
栏杆扶手制安及油漆
水、暖、电设备安装
编制说明：
本工程计划2011年8月15日开工，2012年10月15日竣工，施工总干工期为426日历天：依照工程分部（分项）工作量的大小和目标工期的要求，配置各种机械、人力和物料等资源。

附图 2

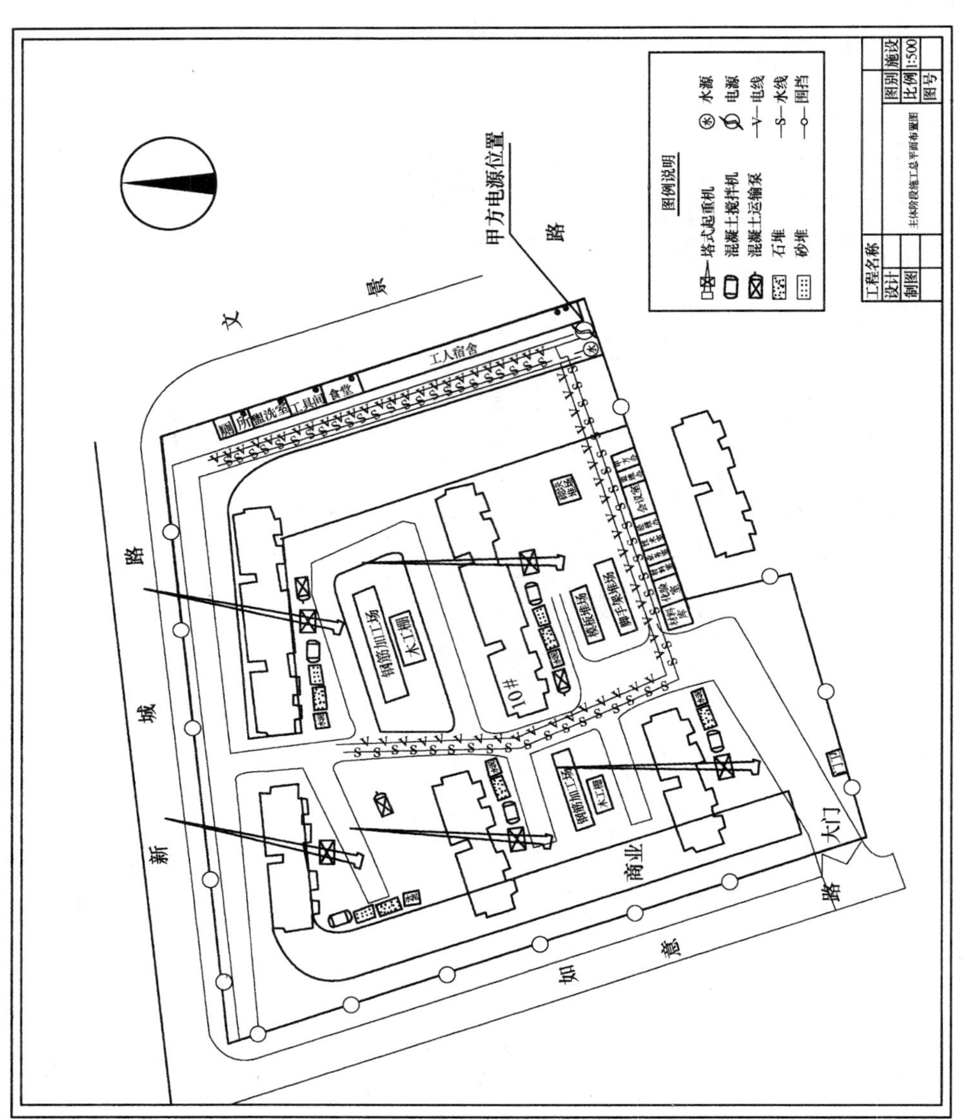

甲方电源位置
文
景
路
新
城
路
如
意
路
商业
路
工人宿舍
厕所
盥洗室
工具间
食堂
钢筋加工场
木工棚
10#
模板堆场
脚手架堆场
大门
图例说明
塔式起重机
混凝土搅拌机
混凝土运输泵
石堆
砂堆
水源
电源
—V—电线
—S—水线
—o—围挡
工程名称
设计
制图
主体阶段施工总平面布置图
图别
施设
比例
1:500
图号


附图 3　施工平面布置图

# 参 考 文 献


［1］中华人民共和国住房和城乡建设部．GB/T 50502—2009 建筑施工组织设计规范［S］．北京：中国建筑工业出版社，2009.

［2］中华人民共和国住房和城乡建设部．JGJ/T 188—2009 施工现场临时建筑物技术规范［S］．北京：中国建筑工业出版社，2009.

［3］建筑施工手册编写组．建筑施工手册［M］．4 版．北京：中国建筑工业出版社，2003.

［4］李子新．施工组织设计编制指南与实例［M］．北京：中国建筑工业出版社，2006.

［5］危道军．建筑施工组织［M］．2 版．北京：中国建筑工业出版社，2008.

［6］全国一级建造师执业资格考试用书编写委员会．建筑工程管理与实务［M］．北京：中国建筑工业出版社，2011.

［7］李红立．建筑工程施工组织编制与实施［M］．天津：天津大学出版社，2010.

［8］李源清．建筑工程施工组织设计［M］．北京：北京大学出版社，2011.

［9］中国建设监理协会．建设工程进度控制［M］．北京：中国建筑工业出版社，2011.

［10］张玉威．建筑施工组织［M］．北京：中国建筑工业出版社，2011.